クラウドを活用した
システムの構築と運用

エンタープライズ
のための
Google Cloud

遠山 雄二［著・監修］

矢口 悟志、小野 友也、渡邊 誠、岩成 祐樹、久保 智夫、村上 大河、星 美鈴［著］

中井 悦司、佐藤 聖規［監修］

JN081892

SE
SHOEISHA

本書内容に関するお問い合わせについて

このたびは翔泳社の書籍をお買い上げいただき、誠にありがとうございます。弊社では、読者の皆様からのお問い合わせに適切に対応させていただくため、以下のガイドラインへのご協力をお願い致しております。下記項目をお読みいただき、手順に従ってお問い合わせください。

●ご質問される前に

弊社Webサイトの「正誤表」をご参照ください。これまでに判明した正誤や追加情報を掲載しています。

正誤表　　　https://www.shoeisha.co.jp/book/errata/

●ご質問方法

弊社Webサイトの「刊行物Q&A」をご利用ください。

刊行物Q&A　　　https://www.shoeisha.co.jp/book/qa/

インターネットをご利用でない場合は、FAXまたは郵便にて、下記"翔泳社 愛読者サービスセンター"までお問い合わせください。
電話でのご質問は、お受けしておりません。

●回答について

回答は、ご質問いただいた手段によってご返事申し上げます。ご質問の内容によっては、回答に数日ないしはそれ以上の期間を要する場合があります。

●ご質問に際してのご注意

本書の対象を越えるもの、記述箇所を特定されないもの、また読者固有の環境に起因するご質問等にはお答えできませんので、あらかじめご了承ください。

●郵便物送付先およびFAX番号

送付先住所　　　〒160-0006　東京都新宿区舟町5
FAX番号　　　03-5362-3818
宛先　　　（株）翔泳社 愛読者サービスセンター

はじめに

　「クラウドコンピューティング」というコンセプトに、Googleのエリック・シュミット元
CEOが、2006年の米国カリフォルニア州サンノゼ市で開催された検索エンジン戦略会議[※1]で
触れてから、15年あまりが過ぎようとしています。

　この間、クラウドコンピューティングは大きな成長を遂げ、システム開発・運用を生業とす
る限り、今や耳にしない日はないくらい、重要で欠かせない存在になってきています。実際、そ
の広がりは、SoE（System of Engagement）に位置付けられる戦略的なシステムにとどまら
ず、SoR（System of Record）に位置付けられる、エンタープライズの基幹業務を支えるシス
テムにまで及んでいます。まさに、ここ数十年で最も大きな技術的ブレークスルーの
1つといって間違いないでしょう。

　一方、クラウドコンピューティングはそのサービス提供形態や、課金体系などが、従来のオ
ンプレミス環境で構築するシステムとは異なるため、効果的に利用するには、クラウドコン
ピューティングならではのシステム開発・運用の知識が必要になります。特に企業の重要業務
を支える基幹系システムなどをクラウドコンピューティング上で新規に構築する場合や、クラウ
ドコンピューティングに移行する場合は、多くのポイントを考慮する必要があるのも事実です。

　本書は、Googleの提供するクラウドコンピューティングサービス、Google Cloudについ
て、エンタープライズでの利用を想定した際に必要となる、代表的な設計要素を整理した書籍
です。本書では「エンタープライズ」の意味合いを、製造業、金融業、小売業といった業種の
一般企業と定義し、「エンタープライズシステム」の意味合いを、各企業が運用するコンシュー
マー向けシステムや、業務系システムなどのシステム要件に応えるために、さまざまな設計要
素が求められるシステムとしています。

　プロダクトカットで機能の説明のみにフォーカスをするのではなく、従来オンプレミスでシ
ステム開発を行う際にも考慮が必要だった「アカウント設計」「セキュリティ設計」「ネットワー
ク設計」「プロダクト設計」「監視・運用設計」「移行設計」といった設計軸で、Google Cloud
を利用する際のポイントについて述べています。

　また、説明の軸足を置くユースケースとしては主に、従来オンプレミスで稼働していたようなエ
ンタープライズシステムを、どうGoogle Cloud上で実現するかにフォーカスしているため、あ
えてコンテナ、データ分析、AIや機械学習といった領域の説明は簡易な記載にとどめています。

　本書が、Google Cloudを利用してエンタープライズシステムを開発・運用する皆さますべ
ての助けになれば幸いです。

筆者を代表して

遠山 雄二

※1　詳細は、Search Engine Strategies Conference「Conversation with Eric Schmidt hosted by Danny Sullivan」（https://www.
　　google.com/press/podium/ses2006.html）を参照してください。

本書の構成

　本書は全部で8つの章から構成されています。それぞれの章は独立しているため、読者の好きな順番で読み進めることができますが、Chapter 1でクラウドコンピューティングの概念やGoogle Cloudの全体像について記載しているので、まずはChapter 1を読んだうえで、興味のある章を読み進めていただくことをおすすめします。

　また、Chapter 2〜7は、従来オンプレミスでシステム開発を行う際にも考慮が必要だった、下記の設計軸に沿った構成となっています。各要素の設計時にどのようなポイントを考慮すればよいのか、参考にしてください。

- Chapter 2：アカウント設計
- Chapter 3：セキュリティ設計
- Chapter 4：ネットワーク設計
- Chapter 5：プロダクト設計
- Chapter 6：監視・運用設計
- Chapter 7：移行設計

　そして、最終章であるChapter 8では、「Google Cloudを用いたエンタープライズシステム（クラウド移行プロジェクトの例）」と題して、Chapter 7までに学んだ内容をもとに、架空の企業のGoogle Cloudへの移行プロジェクトを、シナリオベースで学んでいただけるようにしています。ビジネス要件をどのようにシステム要件に落とし込むか、また落とし込んだシステム要件をどのようにGoogle Cloudで実現するかイメージを確認ください。

■ 対象読者

　本書は主にGoogle Cloudに関する技術的な説明を行う書籍であるため、読者の皆さまには以下の知識があることを前提としています。

- システム開発に関する基礎知識：OS、仮想マシン、データベース、TCP/IPなど
- パブリッククラウドの基礎知識：パブリッククラウドの提供サービスの概要など

　また、本書は、従来オンプレミスで構築していたようなエンタープライズシステムをGoogle Cloudで構築するために必要となる基礎知識を把握いただくことにフォーカスして説明を行っています。

一方で、各プロダクトを利用する際の、Cloud ConsoleやCUIでの具体的な操作方法などの説明は割愛しており、その点はGoogle Cloudの公式ドキュメントにて補完いただきたいと考えています。

　実際、クラウドコンピューティングは新機能が追加されることも多いので、詳細な利用方法は公式ドキュメントを確認いただくのが最も安全な方法です。本書で記載した内容は2021年5月時点の情報であるため、実際にシステム構築を行う際は、公式ドキュメントを確認いただくことを推奨します。

　このような方針であるため、主な対象読者としては以下のような方を想定しています。

- オンプレミスで稼働しているエンタープライズシステムをGoogle Cloudで構築したい方
- プロダクトカットの機能詳細、コンソール/CUIでの具体的なプロダクトの操作方法ではなく、Google Cloudを利用したシステムの設計ポイントを把握したい方

謝辞

　出版を引き受けてくださった翔泳社編集部の皆さまには、構想から完成まで長期間にわたり、親身にサポートいただきました。

　また同僚の、有賀征爾さん、猪原茂和さん、佐藤貴彦さん、篠原一徳さん、寳野雄太さん、安原稔貴さん、山口能迪さん（五十音順）には、レビューをしていただき多くの有益なアドバイスを頂きました。本当にありがとうございます。また、今回、中井悦司さん、佐藤聖規さんに全体の監修をしていただき、さまざまな観点から丁寧にアドバイスを頂戴しました。ここに感謝申し上げます。

　最後に、夜遅くまで執筆をしていても、理解し応援してくれた家族にも、感謝します。

遠山 雄二

CONTENTS

目次

CHAPTER 1 Google Cloud の概要   1

CHAPTER 4　ネットワーク設計　　　101

CHAPTER 5　プロダクト設計　167

COLUMN

Google Cloud の概要

本章では、クラウドコンピューティングの基礎知識を整理したあとに、Google Cloudのサービス拠点、プロダクトの概要、料金体系など、Google Cloudの全体像を説明します。ここで説明する全体像を把握したうえでChapter 2以降を読み進めることで、Google Cloudを構成する個々のプロダクトの役割や相互の関係がよりよく理解できるでしょう。そのため、Google Cloudをすでにご存じの方も本章に一通り目を通しておくことをおすすめします。

1.1 クラウドコンピューティングとオンプレミスシステム

クラウドコンピューティングが一般的になる2010年以前を振り返ってみましょう。企業のITシステムは、自社のデータセンター、または、システムインテグレーターやデータセンター事業者が保有するデータセンターに、一連の専有サーバー群とネットワーク機器を配置し、これらのデータセンターを専用線でオフィスと接続することで提供されていました。これを**オンプレミスシステム**と呼びます。

オンプレミスシステムを新規に導入する場合や、ビジネスニーズに伴って増強や更改を行う場合は、予算計上からデータセンター設備の確保、サーバー機器・ソフトウェアの導入まで数カ月単位の導入期間が必要であり、変化の激しいビジネス環境に迅速に対応するのは難しいことがあります。また2000年代半ばには、あらかじめ準備されたサーバーやネットワーク機器から、CPUやメモリなどの必要なリソースを効率化して利用する仮想化技術が発展し、広く利用されるようになりました。

このような背景の中で生まれた「クラウドコンピューティング」とはどういうものか、はじめにその概要をまとめておきましょう。

1.1.1 クラウドコンピューティングとは

クラウドコンピューティングという用語や概念は、1990年代後半に提唱されたといわれていますが、当時の技術的な制約等により、普及に至りませんでした。その後、Google社の当時のCEOであるエリック・シュミットが、2006年に米国カリフォルニア州サンノゼ市で開催された検索エンジン戦略会議で、クラウドコンピューティングというコンセプトに触れ[1]、その後、本格的に広まることになります。

近年さまざまな分野で「クラウド」という用語が用いられていますが、ITシステムにおけるクラウドコンピューティングは「インターネット上のサービスとしてオンデマンドで利用でき

※1 詳細は、「Conversation with Eric Schmidt hosted by Danny Sullivan」(https://www.google.com/press/podium/ses2006.html) を参照してください。

るコンピューティングリソース」として定義されます※2。クラウドコンピューティングを利用すると、企業はハードウェアリソースの調達、設定、管理を行う必要がなくなり、使用した分にのみ課金されます。

　クラウドコンピューティングを利用すると、以下のようなメリットが得られます。

■ 高いコスト効率

　クラウドコンピューティングでは、企業は使用するコンピューティングリソースに対してのみ課金されます。需要の急増やビジネスの拡大に備えてデータセンターの容量を過剰に増やす必要はありません。

■ 高度なセキュリティ

　クラウドコンピューティングのセキュリティは、エンタープライズデータセンターのセキュリティより強力であると認識されています。クラウドプロバイダのセキュリティチームはこのフィールドにおけるエキスパートとして知られています。

■ 最新の技術の利用

　クラウドプロバイダは最新のイノベーションを把握して顧客にサービスを提供しているので、企業は間もなく廃止となる技術に投資するよりも競争上の優位性を得ることができ、費用対効果も高まります。

■ アクセシビリティと柔軟な拡張性

　クラウドコンピューティングのアーキテクチャにより、企業とそのユーザーは、インターネットを介してどこからでもクラウドサービスにアクセスでき、必要に応じてサービスをスケールアップまたはスケールダウンできます。

■ 開発の俊敏性

　企業は、システム基盤となるインフラストラクチャを心配することなく、新しいアプリケーションを開発し、本番環境に迅速に移行できます。

　これらのメリットを持つクラウドコンピューティングを利用することで、オンプレミスシステムでは困難だったビジネスアジリティを実現するITインフラが利用可能になります。

※2　詳細は、「クラウド コンピューティングの概要」（https://cloud.google.com/learn/what-is-cloud-computing?hl=ja）を参照してください。

1.1.2　クラウドコンピューティングのサービスモデル

クラウドコンピューティングのサービスモデルは、一般的に役割分担に基づく分類として、以下のような、3つのサービスモデルで説明されます。

■ Infrastructure as a Service（IaaS）

Infrastructure as a Service（IaaS）は、クラウドを介し、企業や個人にオンデマンドでコンピューティングサービスとストレージサービスを提供します。そのため、利用者はクラウドインフラストラクチャのハードウェアを管理または制御する必要はありませんが、オペレーティングシステム、ストレージ、デプロイされたアプリケーションと、データセキュリティを管理または制御する必要があります。

■ Platform as a Service（PaaS）

Platform as a Service（PaaS）は、クラウドを介し、企業や個人に、オンデマンドで開発やデプロイ環境を提供します。またサービス利用者は、作成したアプリケーションをクラウドインフラストラクチャにデプロイして使用することができます。

利用者は、ネットワーク、サーバー、オペレーティングシステム、ストレージなどの基盤となるクラウドインフラストラクチャを管理または制御する必要はありませんが、デプロイされたアプリケーションと、場合によってはアプリケーションホスティング環境の構成設定を制御する必要があります。

■ Software as a Service（SaaS）

Software as a Service（SaaS）は、クラウドを介して企業や個人にサービスとしてアプリケーションを提供します。サービス利用者は、クラウドインフラストラクチャ上で実行されているプロバイダのアプリケーションを利用します。利用者はユーザー固有のアプリケーション設定を除いて、アプリケーションが実行されるプラットフォームやインフラストラクチャを管理する必要はありません。

Google Cloudは、Google内部で使われているインフラストラクチャをマネージドサービスとして提供し、インフラの管理に煩わされず、開発者がアプリケーションの開発に集中できるPaaSモデルのサービスとして誕生しました。App Engineなどのプロダクトがこれに該当します。さらに現在では、Compute EngineなどのIaaSモデルのプロダクトや、ビジネスインテリジェンスやデータ・アプリケーションプラットフォームのLookerなどのSaaSモデルのサービスまで幅広いプロダクト群が提供され、エンタープライズのニーズを満たす統合プラットフォームへと進化を遂げています。

1.1.3　ハイブリッドクラウドとマルチクラウド

　最後に、Google Cloudを理解するうえで必要な、**ハイブリッドクラウド**と**マルチクラウド**について説明します。ハイブリッドクラウドとマルチクラウドという言葉は、状況によって違う使われ方をしますが、Google Cloudでは以下の環境を表します。

■ ハイブリッドクラウド

　ハイブリッドクラウドは、共通の、または相互接続されたワークロードが複数のコンピューティング環境にまたがってデプロイされる構成です。またその環境のうち1つはパブリッククラウドに基づき、少なくとも1つはプライベートコンピューティング環境となっています。

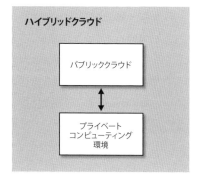

図1.1　ハイブリッドクラウド

■ マルチクラウド

　マルチクラウドは、2つ以上のパブリッククラウドプロバイダを組み合わせた構成、またはプライベートコンピューティング環境も含まれる構成です。

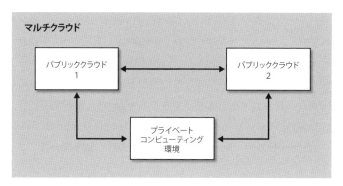

図1.2　マルチクラウド

　Google Cloudは、利用企業のプライベートコンピューティング環境と連携したハイブリッドクラウドやマルチクラウドに求められるシステム要件に対応するため、後述する「オープンクラウド」の思想に基づいて、プライベートコンピューティング環境や他のパブリッククラウドとの相互運用を支援するプロダクト（Anthos、BigQuery Omniなど）を提供しており、これもGoogle Cloudの特徴の1つといえるでしょう。

1.2 Google Cloudの歴史

ここからは、いよいよGoogle Cloudの説明に入っていきます。

Google Cloudは、Googleが提供するクラウドコンピューティングサービスで、Googleのさまざまなサービスが内部で利用しているインフラストラクチャのテクノロジーをクラウドサービスとして提供しています。クラウドサービス利用者は、Webアプリケーションの開発と実行、膨大なデータの分析、あるいは、AIを開発・実行するための環境など、さまざまな目的に対応したインフラストラクチャをオンデマンドで利用することができます。

このあとGoogle Cloudのプロダクトを紹介していきますが、その前にGoogle Cloudの歴史を振り返っておきましょう。

2008年4月に、Googleは、Google App Engineをプレビューリリースしました[3]。これは、Googleがフルマネージドで管理するインフラストラクチャ上でユーザーが作成したWebアプリケーションを実行できるサービスで、次のような機能を有していました。

- 標準的なWeb技術が利用可能なWebサービス実行環境
- 最大500MBが利用可能な永続化ストレージ
- オートスケーリング、および、ロードバランシング
- ユーザーを認証し、Eメールを送ることができるGoogle API
- ローカルの開発環境

オートスケーリングやロードバランシングなどは、Google社内のアプリケーション実行環境と同等の技術が利用されており、Webアプリケーションを効率的に開発でき、かつユーザー自身がインフラストラクチャを管理する必要がないという画期的なサービスでした。

続いて、2010年には、オブジェクトストレージであるCloud Storageを公開し、さらにビッグデータの分析基盤やデータウェアハウスとして利用できるBigQuery、機械学習による推論を実現するPrediction APIの限定プレビューも開始しました。Google Cloudはこのように、PaaSやサーバーレスといったサービスを、IaaSプロダクトより先行してリリースしてきたことがわかります。

その後の2012年に、仮想サーバープロダクトのCompute Engineがプレビューリリースされて、エンタープライズ向けの機能が拡充されていきました。そして現在では、AIの活用や膨大なデータの分析など、クラウドコンピューティングの利点を活かした機能を、高いセキュリティを確保しながら利用できるエンタープライズシステムに対応した幅広いプロダクトを提供するクラウドサービスプラットフォームとなっています。

---

[3] 詳細は、「Introducing Google App Engine + our new blog」(http://googleappengine.blogspot.com/2008/04/introducing-google-app-engine-our-new.html) を参照してください。

1.3 Google Cloud の特徴

Google Cloudは多岐にわたるプロダクトを提供しており、本書執筆時点（2021年5月）では、19のカテゴリに分類された186のプロダクトがあります。最新のプロダクト一覧は、以下のURLにあるGoogle Cloudのプロダクトページで確認できます。

- 「Google Cloud プロダクト」
  https://cloud.google.com/products

ここからは、それらのプロダクトに共通する、Google Cloudの特徴をまとめて紹介します。

■ 高度なセキュリティ

Google Cloudは、Google内部で利用されているインフラストラクチャ技術を活用したクラウドサービスであり、高い運用効率と高度なセキュリティを実現しています。

Google Cloudでは、カスタムビルドのテクノロジーにより、データセンター設備からエンドポイントまで、エンドツーエンドのセキュリティを提供しています。これは、他のGoogleのサービスを使用する世界中の顧客を保護する、というGoogle独自の経験から培った技術とベストプラクティスが利用されています。また、Google Cloudが提供するプロダクトは、Googleが運用する業界最大級のプライベートなネットワークインフラストラクチャを用いて提供されており、パブリックインターネットとその固有のリスクにさらされることが最小限に抑えられるように設計されています。

NOTE

Google Cloudのセキュリティの設計については、Chapter 3で詳しく解説します。

■ ハイブリッドクラウド、マルチクラウドソリューション

企業システムでクラウドサービスを利用する場合、「既存のデータセンター環境とクラウドを併用するハイブリッドクラウド」という構成を取ることが多くなります。あるいは、複数のクラウドサービスについて、それぞれの利点を活かす、あるいは、信頼性を高めるなどの目的で、「複数のパブリッククラウドを併用するマルチクラウド」という構成を取ることもあります。

このような場合、それぞれの環境を異なるツールやプロセスで運用すると、運用にかかる負担が大きくなります。このような課題に対して、Google Cloudでは、オンプレミスと複数のクラウドにまたがって利用できるソリューションを提供し、単一のツールで統合的に管理できるようにする、**オープンクラウド**の考え方を取り入れています。具体的には、複数の環境にある

システムを1カ所から監視できるCloud Operations、あるいは、Google Cloud上のコンテナ環境とオンプレミスのコンテナ環境を統合管理するAnthosなどのプロダクトが提供されています。

■ フルマネージド

Google Cloudでは、サーバーレス、もしくは、フルマネージドの多数のプロダクトを提供しています。マルチクラウド、ハイブリッド、オンプレミスという複数の異なる環境で、また、システム開発のすべての段階において、利用者の運用負荷を低減できるように考慮がなされています。例えば、ビッグデータの分析やデータウェアハウスとして利用できるBigQueryは、柔軟なスケーリングが自動的に行われ、「実際に分析に使用した計算能力に対して」料金が発生します。また、これらはサーバーレスアーキテクチャのため、初期のシステム構築は不要です。

他にもCompute Engineでは、継続使用時に自動的に割引が適用される機能や、利用統計からのインスタンスサイズ提案機能があり、クラウドサービスのコストが最適化されます。

■ AI、機械学習の組み込み

Google Cloudでは、AI（人工知能）やML（機械学習）の開発・実行環境に加えて、AI/MLを容易に利用するためのさまざまなプロダクトを提供しています。事前学習済みのモデルをAPIプロダクトとして提供する他に、後述するVertex AIから利用可能なAutoML機能を利用して、独自のデータから予測モデルを自動構築することもできます。

また、既存のGoogle Cloudのプロダクトに、AI/MLの機能を組み込んで提供しているものもあります。例えば、BigQueryでは、BigQuery MLの機能を利用することで、Pythonなどの新しい言語を学習することなく、データアナリストがSQLを用いて機械学習を利用することができます。

1.4　Google Cloudのインフラストラクチャ

続いて、Google Cloudのインフラストラクチャを紹介します。

1.4.1　Googleのネットワーク

Googleはこれまでに、世界最大級のグローバルネットワークを構築してきました。このネットワークでは、独自のSDN（Software Defined Network）技術により、アプリケーションのスループットとレイテンシの最適化が行われます。これらのネットワークは世界の140を超える拠点で相互接続されており、ユーザーからのトラフィックに対して、遅延が最小となるエッジネットワークから応答するように設計されています。

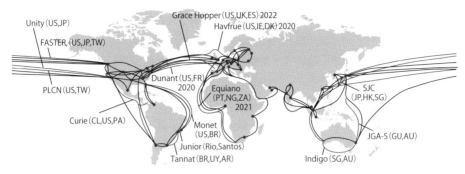

図1.3 Googleのネットワーク

※Google Cloud公式ドキュメント（https://cloud.google.com/about/locations/#network）をもとに作成

1.4.2 ゾーンとリージョン

　Google Cloudにおいて、物理的なコンピューティングリソースは、世界中の複数のロケーションでホストされており、これらのロケーションは**リージョン**と**ゾーン**から構成されています。本書執筆時点ではグローバルで25のリージョンに76のゾーンが設定されており、さらに、新たに9つのリージョンの設置が計画されています[4]。

　Google Cloudの主なプロダクトでは、「ゾーン単位」でリソースを作成して利用します。例えば、Compute Engineを使用して仮想マシンを起動する場合は、ゾーンを指定して起動します。

　また、ゾーンは独立した地理的エリアである**リージョン**という単位にグルーピングされます。通常、1つのリージョンは3つ以上のゾーンから構成されており、リージョン内のゾーン間は高速なデータセンターネットワークで接続されています。

図1.4 Google Cloudのリージョン

※Google Cloud公式ドキュメント（https://cloud.google.com/about/locations/#regions）をもとに作成

※4　詳細および最新情報は、「Cloudのロケーション」（https://cloud.google.com/about/locations）を参照してください。

■ 障害ドメインとマルチゾーン／マルチリージョン

リージョン内のゾーンは「単一の障害ドメイン」と考える必要があります。そのため、オンプレミス環境において単一障害点を排除した構成のシステムをGoogle Cloudに移行する場合、Google Cloudのリソースは、2つ以上のゾーンに分散配置するとよいでしょう。

プロダクトによっては、明示的な冗長構成の設定をしなくても、あらかじめマルチゾーン、または、マルチリージョンに冗長化された状態で提供されるものもあります。例えば、Cloud Load Balancingの外部ロードバランサはグローバルに冗長化されており、内部ロードバランサは1リージョン内の複数のゾーンに冗長化されています。このように、サービスごとの特性に応じた冗長化構成を検討することで、システム全体の可用性を向上することができます。

また、Google Cloudの主要なプロダクトには、**SLA**[5]（Service Level Agreement：サービスレベル規約）が設定されていますが、1つのゾーンで構成する場合と、複数のゾーンに分散させて構成した場合のSLAが異なることも注意が必要です。例えば、本書執筆時点のCompute EngineのSLAは、

* 複数ゾーンに冗長化して構成した場合：99.99%
* 1ゾーンに構成した1つのインスタンス：99.5%

となります。

さらに、オンプレミス環境において、自然災害等による地域全体の損失から保護するためにディザスタリカバリ環境を構成しているシステムであれば、Google Cloudの複数のリージョンにリソースを分散させて構成することを検討すべきです。例えば日本国内であれば東京と大阪の2つのリージョンが設定されているため、両リージョンの利用を検討するとよいでしょう。

1.4.3 エッジロケーション（Edge Point of Presence）

Googleのネットワークには、ユーザー側のネットワークとGoogleのプライベートネットワークを相互接続するための3種類の接続拠点があります。

■ エッジロケーション（エッジPoP：Edge Point of Presence）

Googleのネットワークには、**エッジロケーション**、または、**エッジPoP**（Point of Presence）と呼ばれる、「Googleのプライベートネットワークに接続するための接続拠点」があります。エッジロケーションは、リージョンの数よりも多く、本書執筆時点では、世界の主

※5　SLAは各プロダクトの稼働率などに対して適用されますが、プロダクトの稼働を保証するものではありません。プロダクトに応じて、例えば毎月99.95%以上の稼働率を目標とするといったサービスレベル目標（SLO）が提供され、Googleの提供するプロダクトがSLOを満たしておらず、かつユーザーが本SLAに基づく義務を満たしている場合、ユーザーはSLAに応じた返金を受けられます。詳細は、「Google Cloud Platform Service Level Agreements」（https://cloud.google.com/terms/sla）を参照してください。

要都市を中心に144カ所に設定されています※6。

このエッジロケーションでは、複数のインターネットサービスプロバイダや、通信キャリア
のネットワークが接続されています。インターネット経由でGoogle Cloudのリソースを使用
する場合、主にこのエッジロケーションが接続拠点になります。

■ Cloud CDNキャッシュロケーション

Cloud CDNは、Google Cloudのコンテンツをキャッシュ・配信するためのプロダクトで
す。Googleが自社サービスのコンテンツを世界中のユーザーに配信するために使用している
ものと同じインフラストラクチャが用いられています。Cloud CDNキャッシュロケーション
は、本書執筆時点で、世界の主要都市における、100カ所以上の接続拠点に配置されていま
す※7。

■ Cloud Interconnectロケーション

Google Cloudのプライベートネットワークと Google Cloudを利用するユーザーのオンプ
レミスネットワークとを、インターネットを介さずに専用線で接続する場合に利用するのが、
Cloud Interconnectの接続ロケーションです。Cloud Interconnectの接続ロケーションは、
本書執筆時点で、グローバルで100カ所以上、日本では東京に7カ所、大阪に4カ所設定され
ています※8。

Cloud Interconnect接続の詳細については、Chapter 4で説明します。

1.5 Google Cloudのプロダクト

本節では、Google Cloudの主要なプロダクトについて、「コンピューティング」「ストレー
ジ／データベース」「監視／運用」「データ分析基盤」「AI/ML」および「その他」に分類して、
代表的なプロダクトの概要とユースケースを説明します。「コンピューティング」「ストレージ
／データベース」関連プロダクトについては、Chapter 5でより詳細に説明します。

※6　詳細は、Virtual Private Cloudドキュメントの「ネットワーク エッジのロケーション」（https://cloud.google.com/vpc/docs/edge-locations?hl=ja）を参照してください。

※7　詳細は、Cloud CDNドキュメントの「ロケーション」（https://cloud.google.com/cdn/docs/locations?hl=ja）を参照してください。

※8　詳細は、Cloud Interconnectドキュメントの「コロケーション施設のロケーションの選択」（https://cloud.google.com/network-connectivity/docs/interconnect/concepts/choosing-colocation-facilities?hl=ja）を参照してください。

1.5.1 コンピューティング

はじめに、エンタープライズシステムの基盤として最もよく利用される、**コンピューティングプロダクト**について説明します。

Google Cloudでは、アプリケーションを実行するためのコンピューティングリソースとして、Compute Engine、App Engine、Google Kubernetes Engine、Cloud Functions、Cloud Runなどのプロダクトが選択できます。また、既存のオンプレミス環境を極力維持した移行に適したコンピューティングプロダクトとして、Bare Metal Solution、Google Cloud VMware Engineも提供されています。

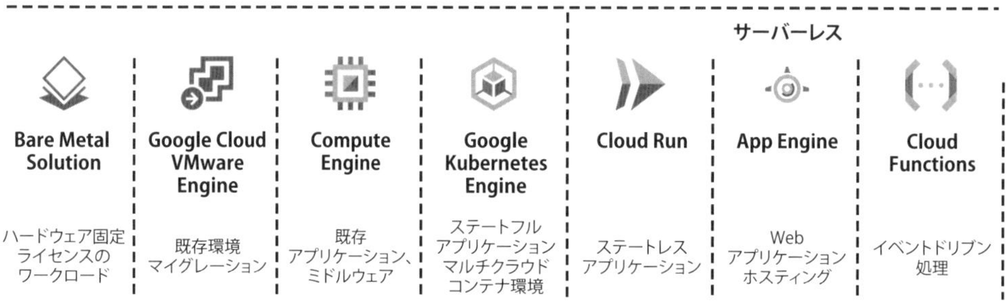

					サーバーレス	
Bare Metal Solution	**Google Cloud VMware Engine**	**Compute Engine**	**Google Kubernetes Engine**	**Cloud Run**	**App Engine**	**Cloud Functions**
ハードウェア固定ライセンスのワークロード	既存環境マイグレーション	既存アプリケーション、ミドルウェア	ステートフルアプリケーションマルチクラウドコンテナ環境	ステートレスアプリケーション	Webアプリケーションホスティング	イベントドリブン処理

図1.5 コンピューティングプロダクトとユースケース例

これらのコンピューティングプロダクトは、プロダクトごとにGoogleが管理する範囲と管理レベルが異なり、また、インスタンスのライフサイクルや想定されるユースケースが異なります[9]。それぞれのプロダクトの概要と想定するユースケースは、表1.1のようになります。

表1.1 コンピューティングプロダクトの概要

プロダクト名	概要	ユースケース
Bare Metal Solution	Bare Metalサーバーを提供する	• 特殊なOS、OSバージョンの利用 • 物理サーバー固定ライセンスの使用時
Google Cloud VMware Engine	VMware vSphere環境をシームレスに実現するプラットフォーム	• 既存のVMware vSphere環境を単純移行する場合 • VMware vSphere環境の運用操作性を変えられない場合
Compute Engine	Googleインフラストラクチャで実行する仮想マシン	• 特定のOSに依存するソフトウェアワークロード • 外部永続化ディスクに依存するミドルウェア • 迅速なスケーラビリティが不要なワークロード • RDBやERPパッケージ
Google Kubernetes Engine	コンテナを実行するマネージドKubernetesプラットフォーム	• コンテナベースのアプリケーション • Kubernetesを利用した既存アプリケーションのマイグレーション

※9 詳細は「Where should I run my stuff? Choosing a Google Cloud compute option」(https://cloud.google.com/blog/topics/developers-practitioners/where-should-i-run-my-stuff-choosing-google-cloud-compute-option) を参照してください。

プロダクト名	概要	ユースケース
App Engine	フルマネージド型サーバーレスWebホスティングプラットフォーム	• WebホスティングにおけるHTTPサービスとバックエンドアプリケーション • スケーラビリティが求められるモバイルバックエンド
Cloud Run ※フルマネージド型	コンテナを実行するフルマネージド型サーバーレスプラットフォーム	• コンテナベースのステートレスアプリケーション • リクエストがない時間帯があるWebアプリケーション
Cloud Functions	サーバーレスの関数実行プラットフォーム	• イベントドリブンな処理を実行するアプリケーション • データコピーや画像サムネイル作成などの単純な処理

以降、これらのプロダクトをどのように選択するかの1つの目安を示します。プロダクトを選定する際の参考にしてください。

■ プロダクト選択の目安

ライセンス・サポート制約のあるシステムを移行する場合

クラウドへの移行を検討する際に、認定ハードウェアの利用が求められる、あるいは、複雑なライセンス／サポート契約の制約を受けるなどの理由で、クラウド移行が困難なワークロードがあります。このような課題の解消に役立つプロダクトが、Bare Metal Solutionです。Bare Metal Solutionは、高パフォーマンスのベアメタルサーバーで特殊なワークロードを実行できる安全な環境を提供します。

NOTE Bare Metal Solutionについては本章末尾のコラム（28ページ）で特徴を説明します。

仮想マシンを移行する場合

仮想マシンで運用してきたオンプレミスのシステムをGoogle Cloudに移行する場合、Google Cloud VMware EngineやCompute Engineへの移行が検討できます。Google Cloud VMware Engineは、VMware vSphereベースの既存のデータセンター環境をGoogle Cloudへ移設することを支援するプロダクトで、VMware vSphereを利用した運用を移行後も継続できるため、オンプレミスでVMware vSphereを利用している場合は、比較的低い難易度で移行を実現できます。また、Compute EngineはGoogleのインフラストラクチャで稼働する仮想マシンを提供する、IaaSタイプのサービスです。Googleが提供する、Linux、もしくは、Windows Serverのマシンイメージを選択して起動することや、オンプレミス環境で稼働する仮想マシンのイメージをインポートして利用することもできます。

仮想化技術としてコンテナを利用する場合

IaaSタイプのサービスとして、仮想化技術に、仮想マシンではなくコンテナを利用する場

合、Google Kubernetes Engine（GKE）が選択肢となります。その特徴としては、コンテナ
を利用してアプリケーションをパッケージングすることで、ターゲット環境がプライベート
データセンター、パブリッククラウド、開発者個人のパソコンのどれであっても、同じ方法で
簡単にデプロイできることが挙げられます。またコンテナでは、オペレーティングシステムレ
ベルでの仮想化を利用することで、複数のコンテナをOSカーネル上で直接実行できるため、
仮想マシンと比較して軽量に実行できるという特徴もあります。GKEは、このようなコンテナ
の特徴を活かしたアーキテクチャ、例えばマイクロサービスアーキテクチャ（Chapter 8を参
照）などを実現する際に適したプロダクトです。

コンテナのより詳細な特徴については、以下のURLにある公式ドキュメントも参照してください。
- 「クラウドのコンテナ」
  https://cloud.google.com/containers/?hl=ja

制約が少なく、PaaSへ移行できる場合

　利用するOS等に制約がなく、より迅速にアプリケーションをデプロイしたいといったユー
スケースでは、より広い範囲のインフラ管理をGoogle Cloudに委ねられるPaaSタイプのプ
ロダクトに移行して、より大きな「クラウドコンピューティングのメリット」を実現することも
有効です。例えばApp Engineでは、負荷分散、ヘルスチェック、ロギング、ユーザー認証な
ど、Webアプリケーションが必要とするさまざまな機能がGoogleのマネージドプラット
フォームとして提供されており、ユーザーはアプリケーションをデプロイするだけでこれらの
機能を利用できます。また、Cloud Runを選択することで、コンテナ化されたアプリケーショ
ンをデプロイするためのサーバーレスプラットフォームを利用できます。コンテナを利用する
ことで任意の言語やOSライブラリを使用でき、トラフィックに応じて起動するインスタンスを
ゼロから自動スケールすることも可能になります。

イベントドリブンなサーバーレス処理を実現する場合

　FaaS（Function as a Service）[10]に位置付けられるプロダクトがCloud Functionsです。
Cloud Functionsを使用すると、事前に用意した関数をサーバーレスに実行することができま
す。対象のイベントが発生すると、Cloud Functionsがトリガーされ、コードがフルマネージ
ドの環境で実行されます。軽量のAPIでの利用などに向いており、作成した関数は、イベント
ドリブンにすることも、HTTP(S)で直接呼び出すこともできます。

※10　サーバーレスでコードを実行するランタイム環境のこと。

1.5.2　ストレージ／データベース

　Google Cloudでは、さまざまなデータストレージ、および、NoSQLを含むデータベースプロダクトが提供されており、ユースケースに応じて適切なプロダクトを選択して利用します。それぞれのプロダクトの概要をまとめると、表1.2のようになります。

表1.2　ストレージ／データベースプロダクトの概要

プロダクト名	種別	概要
Cloud Storage	オブジェクトストレージ	高い耐久性を備えるデータ量無制限のオブジェクトストレージサービス
Cloud Bigtable	NoSQLデータベース	マネージドでスケーラブル、高速なNoSQL Key-Value型データベース
Cloud Firestore（ネイティブモード）	NoSQLデータベース	マネージドでスケーラブル、高速なNoSQLドキュメント型データベース
Cloud Firestore（Datastoreモード）	NoSQLデータベース	マネージドでスケーラブル、高速なNoSQL Key-Value型データベース
Cloud SQL	リレーショナルデータベース	MySQL、PostgreSQL、Microsoft SQL Server向けのマネージドなデータベースサービス
Cloud Spanner	リレーショナルデータベース	無制限のスケーリング、99.999%の可用性を備えたマネージドデータバーベスサービス
Memorystore	インメモリデータストア	RedisとMemcached向けのインメモリデータストア

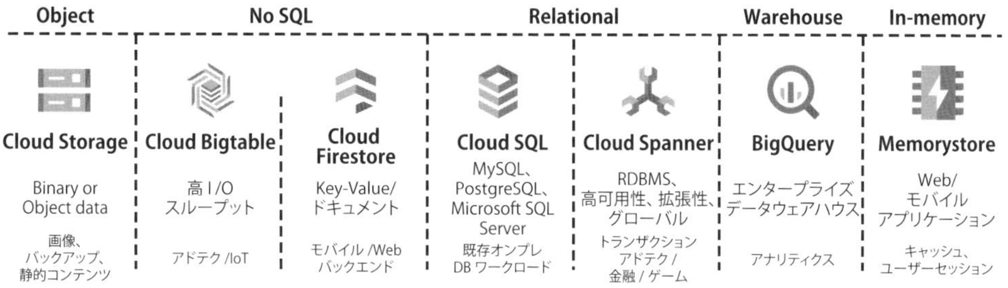

図1.6　ストレージ／データベースプロダクトとユースケース例

　以降、これらのプロダクトをどのように選択するかの1つの目安を示します。プロダクトを選定する際の参考にしてください。

■ プロダクト選択の目安

オブジェクトストレージが必要な場合

　バイナリデータやオブジェクトデータ、Blob、非構造化データを保存するオブジェクトストレージが必要な場合、Cloud Storageを検討しましょう。Cloud Storageはストリーミング動画、画像やドキュメントの配信、Webサイトなど、データの高可用性と高耐久性を必要とする

アプリケーションや、データ分析において大量のデータを保存する場合、また各種データのバックアップやアーカイブの保存など、さまざまなユースケースの利用に適しています。

大規模データに対する非常に高いスループットと
スケーラビリティが求められるNoSQLデータベースが必要な場合

　非常に低いレイテンシと高いスケーラビリティが必要で、キーを用いて一意にアクセスできるデータを扱う場合は、Cloud Bigtableを検討します。Cloud Bigtableは超大容量データをKey-Value形式で格納するのに適しており、大量のデータにすばやくアクセスできるよう、低レイテンシで高スループットの読み取りと書き込みをサポートしています。ギガバイトからペタバイト規模のデータを利用する低レイテンシアプリケーションや、高スループットなデータ処理や分析などの利用に適しています。

さまざまなユースケースに利用できるNoSQLデータベースが必要な場合

　サーバーレスなNoSQLデータベースが必要な場合、Cloud Firestoreを検討します。Cloud Firestoreには「ネイティブモード」と「Datastoreモード」の2種類があり、両者には保存するデータモデルや、クライアントライブラリとしてサポートされる環境、提供される機能などに違いがあります。そのため例えば、

- モバイルアプリケーションやWebアプリケーションから利用する場合はネイティブモード
- エンタープライズシステムのデータベースとして利用する場合はDatastoreモード

といったように、ユースケースに応じて使い分けることが重要です。

NOTE　ネイティブモードとDatastoreモードのより詳細な比較については以下のURLにある公式ドキュメントを参照ください。
- 「ネイティブモードとDatastoreモードからの選択」（Firestoreドキュメント）
GoogleCloud：https://cloud.google.com/firestore/docs/firestore-or-datastore?hl=ja

リレーショナルデータベースが必要な場合

　オンライントランザクション処理（OLTP）システムにおいて、標準的なSQLが利用できるリレーショナルデータベースが必要な場合は、Cloud Spanner、または、Cloud SQLを検討します。高い可用性と高いスケーラビリティが必要な場合は、Cloud Spannerを検討し、既存のRDBMSエンジン（MySQL、PostgreSQL、Microsoft SQL Server）を踏襲する必要がある場合は、Cloud SQLの利用を検討します。

データウェアハウスを実現する場合

　大規模なオンライン分析処理（OLAP）システムには、後述するBigQueryを検討します。BigQueryは、大規模データに対応したスケーラブルなデータ分析基盤で、フルマネージドのデータウェアハウスとしても使用することができます。

インメモリキャッシュが必要な場合

　極めて低いレイテンシが求められるオンラインのトランザクションの一時データアクセスが必要な場合、インメモリデータベースのMemorystoreを検討します。MemorystoreはRedisとMemcachedという2つのキャッシュエンジンをサポートしており、費用や可用性の要件に合った適切なエンジンを選択できます。

1.5.3　監視／運用

　Google CloudではCloud Operations（旧Stackdriver）として、インフラとアプリケーションの監視を行うための一連のプロダクトを提供しています。これらのプロダクトは、マネージドサービスとして提供されており、高い拡張性とリアルタイムな処理に対応しているという特徴があります。Cloud Operationsには、表1.3のプロダクトが含まれます。

表1.3　Cloud Operationsのプロダクト

プロダクト名	概要
Cloud Monitoring	CPUやメモリの使用率といった各種システム指標値の収集、可視化／分析、通知設定が可能なプロダクト
Cloud Logging	各種システムのログの収集、可視化／分析、通知設定が可能なプロダクト
Error Reporting	実行中のクラウドサービスで発生したクラッシュ状況の、分析と集計を可能とするプロダクト
Cloud Trace	アプリケーションからレイテンシデータを収集し、可視化、分析を行うための分散トレーシング（詳細はChapter 6を参照）を行うためのプロダクト
Cloud Debugger	アプリケーションの停止や実行速度の低下を招くことなく、実行中のアプリケーションに対するデバッグを可能とするプロダクト
Cloud Profiler	本番環境のアプリケーションからCPU使用率やメモリ割り当てなどの情報を継続的に収集する、オーバーヘッドの少ないプロファイラ

　各プロダクトは監視する対象や確認できる指標などが異なるため、構築するシステムに求められる監視／運用要件に応じて必要なプロダクトの利用を検討します。また、これらプロダクトはGoogle Cloudのプロダクトと親和性が高いため、Google Cloud上にシステムを構築する場合は、積極的に利用を検討するとよいでしょう。各プロダクトのより具体的な仕様については、本書のChapter 6や、各プロダクトの公式ドキュメントを参考にしてください。

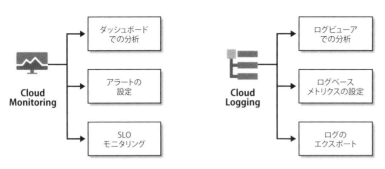

図1.7 Cloud Monitoring、Cloud Loggingの利用イメージ

1.5.4 データ分析基盤

　Googleは、膨大なデータを効率的に分析する技術を用いて、自社サービスの改善に役立ててきました。グローバル規模のデータを効率よく管理、分析するためのノウハウは、Google Cloudのデータ分析向けのフルマネージドプロダクトとして、スケーラブルかつ高いセキュリティを実現して提供されています。ここでは、データ分析基盤として利用するGoogle Cloudのプロダクトを紹介します。

　表1.4に示すような、さまざまなユースケースに対応したプロダクトが提供されています。

表1.4 Google Cloudのデータ分析基盤系プロダクト[11]

ユースケース	代表的なプロダクト	概要
データウェアハウス	• BigQuery	スケーラブルで高速なビジネスデータ分析を提供する
データレイク	• Cloud Storage • BigQuery • Dataproc • Dataplex　※本書執筆時点プレビュー	多様なデータをより安全かつ費用効率的に収集、保存、分析する
ストリーム分析	• Pub/Sub • Dataflow	イベントストリームの取り込み、処理、分析をリアルタイムに行う
ビジネスインテリジェンス	• Looker • データポータル 　※Google Marketing Platformのプロダクト	データをさまざまな角度から分析、見える化する
データの統合	• Data Fusion • Dataproc	ETLおよびELTパイプラインを効率的に構築して管理する
ワークフローオーケストレーション	• Cloud Composer	ハイブリッドおよびマルチクラウドの環境全体でタスクを作成、スケジューリング、モニタリングを行う
データセキュリティとガバナンス	• Data Catalog • Cloud DLP • Cloud IAM	適切なレベルのデータアクセスと管理機能をチームに提供する

※11　詳細は、「Google Cloud スマート アナリティクス ソリューションでイノベーションを促進する」（https://cloud.google.com/solutions/smart-analytics?hl=ja）を参照してください。

　表1.4に記載したように、各ユースケースに1対1で対応するプロダクトがあるわけではなく、それぞれのプロダクトが使い方に応じてさまざまなユースケースをカバーします。例えばBigQueryはデータウェアハウスとして利用することが多いですが、構造化されたデータに対してはストレージのスケーラビリティを活かしてデータレイクとして利用されることもあります。

　また、各プロダクトは親和性が高いため、各プロダクトを組み合わせて、データ分析基盤を構築することができます。例えば、BigQueryへストリーム形式でデータを保存したい場合、Pub/Sub、Dataflow、BigQueryを組み合わせた図1.8のような構成で実現できます。各プロダクトの特徴を十分把握したうえで、構築するデータ分析基盤に適したプロダクトを選択することが重要です。

データソース	Pub/Sub	Dataflow	BigQuery	分析担当者
データソース	**データの取り込み**	**データの処理**	**データの蓄積・分析**	**分析担当者**

図1.8　Pub/Sub、Dataflow、BigQueryを組み合わせたストリームデータ処理基盤のイメージ

1.5.5　AIと機械学習（Machine Learning：ML）

　Google Cloudでは、Googleのプロダクトやデータセンターの効率化で利用してきたAI/MLのノウハウを活用し、機械学習の専門家だけではなく、すべてのIT技術者が利用できるAI/MLのプロダクトを提供しています。AI/MLに関連するプロダクトは、事前にトレーニング済みの機械学習モデルをAPIとして提供するプロダクト群、ユーザー独自の学習データを用いてトレーニングや推論などを可能とするプロダクト群に分かれます。

事前トレーニング済み機械学習モデルをAPIとして利用するプロダクト

　機械学習APIプロダクトは、事前にトレーニング済みの機械学習モデルをAPIから利用できるプロダクト群です。ユーザーは、これらのサービスをアプリケーションに組み込んで利用することができます。本書執筆時点で、表1.5に挙げるプロダクトが提供されています。

表1.5　機械学習APIプロダクトとユースケース例

分類	プロダクト	ユースケース
画像認識	Vision API	クラウドやエッジにある画像からのオブジェクト検出や画像分類を行う
動画認識	Video Intelligence API	動画からのコンテンツ検出やトラッキングを行う
会話	Dialogflow	仮想エージェントなどの会話環境を構築する
	Text-to-Speech	テキストを音声に変換する
	Speech-to-Text	音声をテキストに変換する
翻訳	Translation API	言語を動的に検出し翻訳する
自然言語	Natural Language API	自然言語の構造や意味を分析する

ユーザー独自の学習データで機械学習モデルを構築して利用するプロダクト

　ユーザー独自の学習データを用いてトレーニングや推論などを可能とするAI/ML基盤としては、Vertex AIを利用することができます。Vertex AIでは、機械学習のコードを記述せずユーザー独自の学習データを用いて機械学習モデルを構築できるAutoMLによるトレーニングと、ユーザー独自のコードを用いて実施するカスタムトレーニングの両方を利用できます。また、Vertex AIは機械学習モデルのトレーニングのみではなく、AI/MLの開発サイクルに含まれる一連のプロセス（データの準備、モデルの構築とトレーニング、モデルの検証、モデルのデプロイなど）に対して、統合されたプラットフォームを提供します。Vertex AIに含まれる主なコンポーネントは以下のとおりです。

表1.6　Vertex AIの主なコンポーネント

コンポーネント	概要
Training	モデル構築のためのトレーニングとして、AutoMLを利用したトレーニングおよび、ユーザー独自のコードで実装するカスタムトレーニング環境を提供するコンポーネント。 AutoMLを利用したトレーニングでは、画像データ、動画データ、テキストデータ、表形式データを利用したトレーニングが可能。 カスタムトレーニングでは、トレーニングジョブを実行するマシンとして、さまざまなマシンタイプを選択できる。分散トレーニングの有効化、ハイパーパラメータチューニングの実行、GPUとTPUによるアクセラレーションにも対応している。
Prediction	トレーニング済みモデルを利用した予測サービスを提供するコンポーネント。Vertex AI上でモデルがトレーニングされたかどうかにかかわらず、トレーニング済みモデルに基づく予測を行うことができる。
Workbench	JupyterLabがあらかじめパッケージ化された仮想マシンを提供するマネージドサービス。Notebooksインスタンスには、ディープラーニングパッケージスイート（TensorFlowおよびPyTorchフレームワークのサポートなど）がプリインストールされている。また、ニーズに合わせて、CPUのみのインスタンスかGPU対応のインスタンスを構成することも可能。
Data Labeling	学習データセット作成のためのラベリング作業をリクエストできるコンポーネント。動画、画像、テキストデータのラベル付けに対応している。 本書執筆時点、日本語ではサービス未対応。

コンポーネント	概要
Pipelines ※本書執筆時点プレビュー	機械学習に関するオペレーションのワークフロー（データの取り込み、データの前処理、モデルのトレーニング、モデルの評価、モデルのデプロイなど）をオーケストレートし、パイプラインとして実行可能とすることを支援するコンポーネント。パイプラインの実装には、Kubeflow Pipelines SDKまたはTensorFlow Extendedを利用可能。
Model Monitoring ※本書執筆時点プレビュー	一度構築したモデルの妥当性評価を行うためのコンポーネント。モデルが本番環境にデプロイされたあと、モデルのトレーニング時に利用したデータの特徴と、予測用としてモデルに提供される入力データの特徴が異なってしまった場合、モデル自身に変化がなくても、モデルが提供するパフォーマンスは低下する可能性がある。Model Monitoringでは、このような、トレーニング時のデータの特徴と本番環境で予測時に利用されるデータの特徴に差が生じていないかを評価可能とする。
Feature Store ※本書執筆時点プレビュー	モデル構築時などに利用するデータ（特徴量）の保存、管理を行うデータストア。フルマネージドソリューションであり、ストレージやコンピューティングリソースなどの基盤となるインフラストラクチャの管理とスケーリング機能を提供する。

Vertex AIには、上記以外にも、AI/ML関連プロジェクトをサポートする機能が提供されているので、詳細は公式ドキュメントを確認ください。

1.5.6　その他のプロダクト

これまで紹介してきたプロダクト以外にも、Google Cloudにはさまざまなプロダクトが存在します。しかしながら、そのすべてを紹介するのは難しいため、ここでは企業でのシステム開発に役立つ可能性のあるプロダクトの抜粋として、API管理プロダクトおよびFirebaseを紹介します。これらのプロダクトは、APIサービスを構築する場合や、モバイルアプリケーションを開発する場合などに利用できます。

■ API管理（Cloud Endpoints／API Gateway／Apigee）

Google Cloudでは、API開発、APIライフサイクル管理、API Gatewayの機能を実現するプロダクトとして、Cloud Endpoints、API Gateway、Apigeeの3つのプロダクトを提供しています。それぞれの特徴を表1.7に整理します。

Cloud Endpointsは、Google Cloudで構築された社内システムをAPIで公開する場合に利用するとよいでしょう。また、API Gatewayは、Google Cloudのサーバーレスプロダクト（Cloud Functions、Cloud Run、App Engineなど）に対するAPIエンドポイント管理としての利用を想定しています。Cloud Endpointsと似ていますが、Cloud Endpointsの利用で必要となるProxyコンテナなどのセットアップが不要となるという利点があります。最後に、Apigeeは、開発したAPIを公開、管理するだけでなく、APIを利用した収益化や、第三者の開発者によるAPIの公開など、APIビジネスの構築を目的としたユースケースでの利用を検討できるプロダクトです。

表1.7　API管理プロダクト

	Cloud Endpoints	API Gateway	Apigee
概要	Google Cloud内で利用できる高速でスケーラブルなAPIゲートウェイとAPI開発・管理プロダクト	Google Cloudのサーバーレスバックエンド（Cloud Functions、Cloud Run、App Engineなど）向けのAPIを作成、保護、モニタリングするためのAPI管理プラットフォーム	Google Cloudだけでなく、他の環境のAPIも統合、管理できる高機能なAPI管理プラットフォーム
対象API	Google Cloud内で実装したAPI	Cloud Functions、Cloud Run、App Engineで実装したAPI	オンプレ、他クラウド上のAPIも統合可能
対応プロトコル	OpenAPI、gRPC	OpenAPI、gRPC	Open API、REST、SOAP、XMLなどに対応
収益化	非対応	非対応	収益化の機能が提供されている
料金	100万コール単位の従量制（無料枠あり）	100万コール単位の従量制	年単位のサブスクリプション
開発者ポータル	Google Cloud内での開発者向けのポータルCloud Endpoints Portalを開設できる	非対応	第三者の開発者、API提供者も含む開発者向けのApigeeデベロッパーポータルを開設できる
開発	コマンドベース	コマンドベース（一部GUIベース）	GUIベース
モニタリング	レイテンシ、トラフィック、エラーの3つをログに出力可能	GUIより、リクエスト数やレスポンスコードごとの状況、レイテンシなどの情報を確認できる	高度なAPI利用リアルタイムコンテキスト分析が可能 • APIトラフィックの傾向 • トラフィックが最も多いアプリ • トラフィックが最も多いデベロッパー • 最もよく利用されているAPIメソッド • 最短／最速のAPIレスポンス時間 • 最もAPIトラフィック量の多い地理的な場所 など
認証	APIキー、Firebase Authentication、Auth0、GoogleIDトークン、サービスアカウント	APIキー、OAuth2.0	OAuth2.0、SAML

■ Firebase

　FirebaseはGoogleの提供するモバイル開発プラットフォームです。モバイルやWebアプリケーションのバックエンドとして利用できるデータベース、メッセージングサービスなど、表1.8に示すようなプロダクトが提供されており、アプリケーション開発をサポートします。

表1.8　Firebaseプロダクト群概要

プロダクト	概要
Firebase Authentication	メールアドレスとパスワードの組み合わせ、電話認証、Google、Twitter、Facebook、GitHubのログインなどに対応したエンドツーエンドのID管理サービス
Firebase Cloud Messaging（FCM）	同期可能な新しいメールやその他のデータがあることをクライアントアプリに通知可能な、サーバーとデバイス間のメッセージングサービス
Cloud Firestore	クラウドホストのNoSQLデータベースであり、iOSアプリ、Androidアプリ、およびWebアプリからネイティブSDKを介して直接アクセス可能。リアルタイムリスナーを介してクライアントアプリ間でデータを同期し、モバイルとWebのオフラインサポートを提供する
Cloud Functions for Firebase	Firebaseにて利用可能なFaaSサービス。先に説明したCloud Functions同様にさまざまなトリガーを起因とした処理を実行できる
Firebase Hosting	Webコンテンツホスティングサービス。1つのコマンドですばやくWebアプリをデプロイすることができ、静的コンテンツと動的コンテンツの両方をグローバルCDN（コンテンツ配信ネットワーク）に配信できる。Firebase HostingとCloud FunctionsまたはCloud Runを併用してマイクロサービスを構築するといったユースケースも考えられる

　FirebaseはGoogle Cloudとの親和性も高く、例えばFirebaseとBigQueryを連携することで、Firebaseを利用するネイティブアプリケーションから収集したデータをBigQueryにエクスポートし、ネイティブアプリケーションの稼働状況を詳細に分析しアプリケーションの改善に役立てたり、BigQuery上で自社の持つ別データと組み合わせて発展的な分析を行うといったことを実現することもできます。Chapter 2で詳しく説明するGoogle Cloudのプロジェクトは、Firebaseプロジェクトと統合されており、課金も共通して管理することができるため、Google Cloud、Firebaseそれぞれのプロダクトを組み合わせてシステムを構築するのも有効です。

1.6 Google Cloudの料金

　クラウドサービスの料金は、一般的に、利用したリソースに対するオンデマンドの料金を支払う従量課金制の料金モデルです。従来のオンプレミスシステムの場合、サーバー等の機器を購入する場合、購入時に資産計上し、償却期間に応じて減価償却する会計処理を行うことが多いですが、クラウドサービスの場合、利用料は変動費になることを考慮する必要があります。
　Google Cloudの各プロダクトの基本的な料金体系は下記のようになります。

- 利用した分を支払う従量課金制
- 料金は米ドルで設定されるが、日本円で支払うこともできる
- 通常はクレジットカード払い。特定の要件を満たすことで、請求書払いも利用できる
- 月額の料金見積もりのために料金計算ツールが提供されている

　上記はあくまでも基本的な料金体系ですので、利用にあたっては、プロダクトごとの料金体系を確認してください。ここでは、一例として、Compute Engineの料金体系について説明します。

1.6.1　例：Compute Engineの料金

　Compute Engineは、vCPU、GPU、メモリリソースに対して、インスタンスの1秒単位の稼働時間（ただし、起動時には最低1分間分の料金が発生）で課金されます。Compute Engineには、その利用方法に応じて、次のような割引オプションが用意されています。

■ 継続利用割引（Sustained Use Discounts：SUD）

　継続利用割引は、Compute Engineリソースの実行時間が一定の割合を超えた場合に自動的に適用される割引プランです[12]。マシンタイプにより割引率は異なりますが、例えば、汎用N1マシンタイプでは、実行時間が1カ月の25%を超えると、超えた時間の料金が基本料金の80%になり、その後、25%ごとに割引率が増え、月100%利用時には合計30%相当の割引率になります。

　継続利用割引は、サーバー単位ではなく、リソース単位での適用のため、各リージョンごとに同じマシンタイプであれば、月の利用率が合算されて適用されます。なお、Kubernetes Engine、および、Compute Engineで作成した仮想マシンには、継続利用割引が自動的に適用されますが、App Engineフレキシブル環境とDataflowを使用して作成した仮想マシン、および、E2マシンタイプには適用されません。

■ 確約利用割引（Committed Use Discounts：CUD）

　確約利用割引は、1年間、または、3年間の支払いを確約する代わりに、コンピューティングリソース（vCPU／メモリ／GPU／ローカルSSD）を割引価格で購入できる割引プランです[13]。事前の支払いは不要ですが、利用料月額を確約した期間に利用をやめた場合でも支払いをする必要があります。ほとんどのリソースタイプは最大57%の割引、メモリ最適化マシンタイプは最大70%の割引が受けられます。Kubernetes Engine、Dataproc、Compute Engineでは、確約利用割引が仮想マシンに自動的に適用されます。確約利用割引は、App Engineフレキシブル環境、または、Dataflowを使用して作成された仮想マシンには適用されません。

　割引を利用したコスト最適化の考え方としては、開発期間中や、本番稼働直後は、継続利用

※12　詳細は、Compute Engineドキュメントの「継続利用割引」（https://cloud.google.com/compute/docs/sustained-use-discounts?hl=ja）を参照してください。

※13　確約利用割引は、Compute Engine、Cloud SQL、Google Cloud VMware Engine、Kubernetes Engine、Cloud Runに対して提供されています。詳細は、基本情報の「確約利用割引」（https://cloud.google.com/docs/cuds?hl=ja）および、Compute Engineドキュメントの「確約利用割引」（https://cloud.google.com/compute/docs/instances/signing-up-committed-use-discounts?hl=ja）を参照してください。

割引の適用を検討し、リソース利用率の予測ができるようになったあとに確約利用割引を検討するとよいでしょう。

1.7 まとめ

　本章では、クラウドコンピューティングとGoogle Cloudの全体像について説明しました。クラウドコンピューティングについては、具体的なサービス提供形態など、オンプレミスと比較した際のクラウドコンピューティングの特徴を紹介しました。また、Google Cloudについては、歴史、特徴、インフラ、プロダクト、料金といった切り口でその全体像を紹介しました。

　Chapter 2からは、いよいよ、エンタープライズシステム設計を行う際に必要となる、各設計テーマの説明に入ります。

割り当て

　Google Cloudでは、プロジェクトごとに、リソース使用量に対する一定の割り当てが定められており、プロジェクトで使用できる特定のリソースの量に上限が設けられています。これにより、予期しない使用量の急増を防いだり、環境に応じた独自の上限を設定することができます。割り当ては、次の2つのカテゴリに分類されます。

- 頻度に基づく割り当て（1日あたりのAPIリクエスト数など）：サービスに固有の時間間隔（1分や1日など）のあとにリセットされる
- 数量に基づく割り当て（特定の時点でプロジェクトで使用された仮想マシンやロードバランサの数など）：時間が経過してもリセットされない

　それぞれの割り当て上限は、1日あたりのAPIリクエスト数や、アプリケーションで同時に使用されているロードバランサの数など、カウント可能な特定のリソースを表します。

　また、割り当てが足りなくなった場合、割り当てエラーが発生し、該当する作業の実施ができなくなります。期間をリセットするか（頻度に基づく割り当ての場合）、リソースを解放するか（数量に基づく割り当ての場合）、もしくは割り当ての増加をリクエストして付与されるまで、タスクは引き続き失敗します。

　このような状況に至らぬよう、割り当てエラーの発生を回避するためにモニタリングを設定して、割り当て上限に近づいた時に通知されるようにすることが可能です。割り当てのモニタリングの詳細については、以下のURLにある公式ドキュメントをご確認ください。

- 割り当ての操作（基本情報）
  https://cloud.google.com/docs/quota?hl=ja

図1.9　割り当て設定画面のイメージ（BigQuery Storage APIの例）

COLUMN　既存ワークロードを活かした Google Cloud 利用

　Google Cloud では、企業システムのクラウド化の要求に対して、既存のワークロードをそのまま移行するためのソリューションや、ハイブリッドクラウドを構築するためのソリューションを提供しています。ここでは、1.5.1 項に記載できなかった、既存システムの移行先候補になるであろう Google Cloud サービスを紹介します。

■ Google Cloud VMware Engine

　Google Cloud VMware Engine は、VMware vSphere ベースの既存のデータセンター環境を Google Cloud へ移設することを支援するプロダクトであり、Google が提供・サポートする、スケーラブルでネイティブな VMware vSphere 環境です。Google Cloud の VPC ネットワーキングにより、VMware vSphere 環境とその他の Google Cloud のサービスをプライベートなネットワークで接続します。

　オンプレミスからのアクセスには、Cloud VPN や Cloud Interconnect などの標準的なアクセス手段が利用できます。課金、ID 管理、アクセス制御が統合されており、サポートも Google Cloud のサポートに統合されています。Google Cloud に統合された環境として利用することができます。

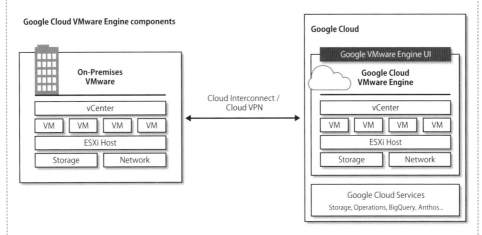

図1.10　Google Cloud VMware Engine の構成

　ユースケースとしては、以下のような、既存のシステムアーキテクチャを極力変更せずにクラウド化する場合などが想定されます。

- データセンターの統廃合：老朽化したデータセンター施設の廃止や、サーバー設備更新タイミングでのサーバー維持管理コストの削減を目的とした移設
- ディザスタリカバリサイト：既存のデータセンターのディザスタリカバリサイトの構築

- ハイパフォーマンス：既存のホストハードウェアサーバーよりも、高性能なハードウェアリソースが必要な場合
- アプリモダナイゼーション：移設に伴いGoogle Cloudのさまざまなプロダクトと連携してアプリケーションのモダナイゼーションを行う場合

■Bare Metal Solution

クラウドへの移行を検討する場合に、ソフトウェアのライセンス制約等でクラウド移行が困難なワークロードがあります。データセンター全体を移行する場合などに、そのようなワークロードの制約で、一部を既存データセンターに残す必要があり、結果として、思ったようなコスト削減効果が得られないことがあります。このような課題の解消に役立つプロダクトが、Bare Metal Solutionです。

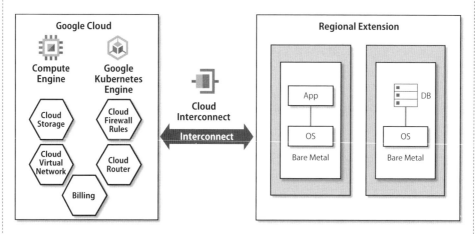

図1.11　Bare Metal Solutionの構成

　Bare Metal Solutionでは、Google Cloudと高性能のネットワークで接続されたRegional Extensionと呼ばれる拡張されたリージョンで、専用のHPEまたはAtosベアメタルサーバーを利用することができます。

　Bare Metal Solutionでは、データセンターファシリティ、ネットワーク、ハードウェアモニタリング機能等が提供されますが、Bare Metal Solution環境で使用する、オペレーティングシステムを含むソフトウェア、アプリケーション、および、データに対する、ライセンスとセキュリティの維持、サポートの契約などの責任はユーザーに帰属します。ソフトウェアライセンスは、ユーザー所有のライセンスを使用するモデル（Bring Your Own Licence：BYOL）を利用することになります。

　Bare Metal Solutionは、技術的要件や利用する製品のライセンスモデルの都合などで、Compute Engineでの実行が難しく、ベアメタル環境での実行が要求される製品の実行環境と

しての利用や、それらの製品をGoogle Cloud上の他ワークロードと密接に連携して利用したい場合に利用します。

　ユースケースとしては、「オンプレミスで稼働しているシステムをGoogle Cloudに移行することを検討しているものの、オンプレミス環境とクラウド環境のライセンスが異なるため、ライセンスコスト増が見込まれる」ような場合が想定されます。例えば、商用データベース製品のクラウド移行時のライセンスコストが増加する場合、その他のワークロードはCompute Engine、当該の商用データベースをBare Metal Solutionに移行することを検討できます。

■ Anthos

　Anthosは、コンテナ化したアプリケーションをオンプレミスとクラウドのユーザー環境のどちらでも実行可能にするハイブリッドクラウドやマルチクラウドを実現するためのプラットフォームです。最大の特徴は、Google Cloudのみならず、Amazon Web Service（AWS）など他社クラウド、さらにオンプレミス環境のVMware vSphereやBare Metal上で動作するワークロードを共通の方針で管理できるようになる点にあります。これは、コンテナオーケストレーション技術のKubernetesをベースとしたインフラにより実現されています。これにより、マルチ／ハイブリッドクラウド環境を一貫したオペレーションで運用できるようになります。

　Anthosを導入することで実現できる利点は大きく2つあります。

アプリケーションのモダナイズ

　AnthosはKubernetesそのものの技術要素だけではなく、マネージドサービスメッシュを提供するAnthos Service Mesh[14]などアプリケーションのモダナイズに役立つ要素も合わせて提供します。これらAnthosの提供する技術要素を用いることで、アプリケーションアーキテクチャをモダナイズすることができます。

オペレーションの一貫性

　Google Cloudおよび、オンプレミス、他社クラウドの各環境の構成情報を中枢のGitリポジトリで集中管理することで、マルチクラウド、ハイブリッドクラウド環境に対する共通的なインフラ管理を実現するAnthos Config Management[15]などを利用して、オペレーションの一貫性を実現できます。

　Anthosのユースケースとしては、「Kubernetesを利用して既存インフラ環境をコンテナ化することで、アプリケーションのモダナイズを行いたい場合」や「オンプレミスや他パブリッククラウドを含む、マルチクラウド／ハイブリッドクラウド環境を統一的な方法で管理したい場合」が想定されます。

※14　詳細は、「Anthos Service Meshのドキュメント」（https://cloud.google.com/service-mesh/docs?hl=ja）を参照してください。

※15　詳細は、「Anthos Config Managementのドキュメント」（https://cloud.google.com/anthos-config-management/docs?hl=ja）を参照してください。

2

アカウント設計

　　複数のメンバーでクラウドを利用する際は、仮想マシン／ストレージ／データベースなどの
リソースについて、「誰がどのように利用できるか」を決める**アカウント設計**が重要になりま
す。特に、多数のユーザーが利用するエンタープライズ企業で利用するシステムでは、アカウ
ント設計が不十分な場合、利用者の適切な管理が行えず、セキュリティ上の懸念が生まれるだ
けではなく、事業部や部署間でのデータ共有がうまく行えないなど運用面での不都合も生じま
す。

　　そこで本章では、Google Cloudにおけるアカウント設計について、リソース管理および権
限管理の観点から説明します。リソースの階層構造や、ユーザーアカウントの管理方法のイ
メージをつかみ、企業での利用において考慮すべき設計ポイントを把握してください。

　　流れとしては、はじめに「Google Cloudにおけるリソース管理の考え方」と「これらのリ
ソースを使う際の支払い方法の設定」を説明します。続いて「Google Cloudを利用するユー
ザーアカウントに対する認証・認可の仕組み」を説明し、最後に「これらの仕組みを使いこな
すためのベストプラクティス」を紹介します。

2.1 リソース管理

　　本節では、Google Cloud全般のリソース管理にかかわる、リソースコンテナを用いたリ
ソース管理の方法、および、ユーザーアカウントとの関連について説明します。

2.1.1 リソースコンテナによる階層管理

　　企業システムでクラウドを利用する際は、仮想マシンやストレージなど多数のリソースを使
うため、これらを統一的に管理する必要があります。個人で利用するPC環境においても、さま
ざまなファイルをフォルダにまとめて管理するように、Google Cloudでは、仮想マシンやスト
レージなどのリソースを整理するための入れ物として、「組織」「フォルダ」「プロジェクト」と
いう3種類の**リソースコンテナ**が用意されています（図2.1）。階層として下から上の順に説明
すると、次のようになります。

■ プロジェクト

　　プロジェクトは、仮想マシン／データベース／ストレージなど、システム構築に必要なリ
ソースをグルーピングする最小単位であり、課金請求の最小単位です。システム環境（開発環
境／テスト環境／本番環境など）ごとにプロジェクトを分けるのが一般的です。

■ フォルダ

フォルダは、プロジェクトをグループ化するために利用するもので、「利用部署ごとにフォルダを分ける」といった使い方をします。フォルダ内にフォルダを配置することができるので、組織の部門構成に対応した階層構造を作ることもできます。

■ 組織

組織は、Google Cloudを利用する1つの企業に対応するもので、「example.co.jp」といった利用企業のドメイン名に紐付けられます。組織の下にあるフォルダやプロジェクトを集中管理するために使用します。

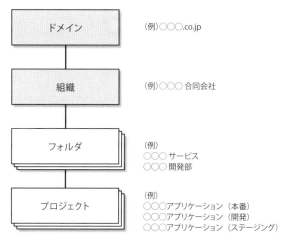

図2.1 リソースコンテナの階層構造

■ 階層構造の例

これらのリソースコンテナを利用して、Google Cloudのリソースをグループ化して、階層的に管理することができます。この階層の最上位にあたるのが「組織」であり、「example.co.jp」といった利用企業のドメイン名に紐付けられます。組織のレベルで設定されたリソースポリシーにより、その下にあるすべてのリソースを集中管理することができます。システムの構築に必要となる、コンピューティングリソース／ストレージリソース／ネットワークリソースといったプロダクトレベルのリソースは、プロジェクトの中に含まれます。

一例として、表2.1のような階層構造の作り方が考えられます。

表2.1 3つの階層構造例

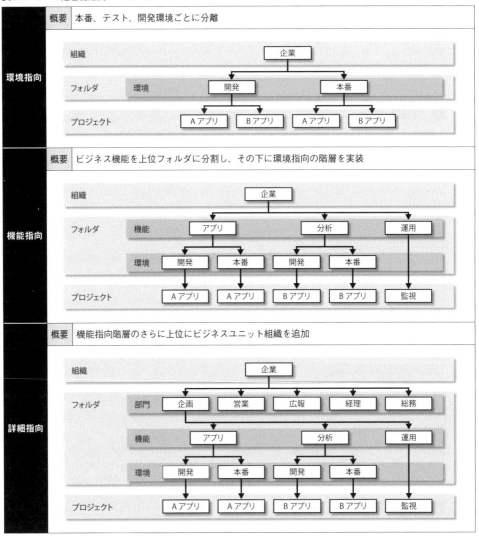

それぞれの特性の比較を表2.2にまとめます。環境指向は管理負荷が少ない反面、柔軟性に欠け、詳細指向は最も柔軟ですが、管理負荷が大きくなります。こうした特性をもとに、企業ごとに、どの設計思想が適しているかを判断する必要があります。

表2.2 環境指向、機能指向、詳細指向の比較

比較項目	環境指向	機能指向	詳細指向
管理負荷	小	中	大
本番、テスト、開発といった環境分離が可能か	○	○	○
複数環境の共有サービスデプロイは容易か	×	○	○
事業単位ごとのアクセス制御は可能か	×	×	○

2.1.2 Resource Manager

　リソースコンテナおよび個々のリソースについて、さまざまなポリシー設定を行うための仕組みが**Resource Manager**です。Resource Managerの機能を用いて、図2.2のような階層を構成したり、「フォルダ単位」あるいは「プロジェクト単位」でのアクセス管理を行います。図2.2のように、複数のプロジェクトをフォルダにまとめることで、部署やチームの単位でプロジェクトを管理することができるようになります。

　Resource Managerは、REST APIから操作することもできるので、クライアントライブラリを使用して「セキュリティポリシーの設定やプロジェクトを別のフォルダに移動する」といった作業を自動化することもできます。

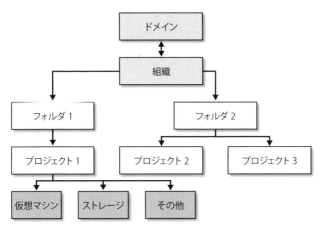

図2.2　リソースコンテナを用いた階層の構成例

2.1.3 リソース管理とユーザーアカウントの関係

　ここまで、Google Cloudで使用するリソースの階層について説明してきましたが、これらのリソースを使用するユーザーとは、どのように関係するのでしょうか。

　前述のResource Managerとは別に、**Cloud Identity**と呼ばれるユーザー管理のためのプラットフォームがあり、「どのユーザーがどのリソースを使用できるか」といった、認証／認可の仕組みが用意されています。Cloud Identityの詳細は後ほど2.3節で説明しますが、ここでは重要なポイントとして、ドメインによる紐付けについて説明します。

　具体的には、図2.3のように、ドメインを介して、組織とCloud Identityが紐付けられます。Cloud Identityを使用する際は、特定の企業ドメインに紐付ける必要があり、その一方で、これまでに説明したように、リソースコンテナとしての組織も企業ドメインに紐付けられます。

この部分に同じ企業ドメインを使用することで、Cloud Identityで管理されるアカウントをGoogle Cloudのリソースに紐付けることができます。

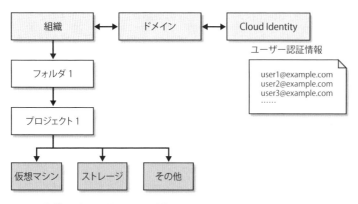

図2.3　組織とCloud Identityの関係

なお、Googleが提供するコラボレーションツールである**Google Workspace**でも、Cloud Identityを用いたユーザー管理が行われます。すでにGoogle Workspaceを利用している企業であれば、Google Workspace用のCloud Identityをそのまま利用することもできます。ただし、その場合は、Google Workspaceで用いているユーザー管理ポリシーを引き継いで利用することになります。Google Workspaceとは独立したユーザー管理を行うのであれば、新規にCloud Identityを構成する必要があります。この場合、Google Workspaceで使用している企業ドメインを再利用することはできないので、新たなドメインを取得する必要があります。

2.1.4　キーワードのまとめ

ここまで、いくつかの新しい概念が登場したので、ポイントとなるキーワードをもう一度まとめます。

■ ドメイン

Google CloudなどのGoogleが提供するサービスでは、利用企業を特定するユニークなIDとして**ドメイン**を使用します。

ドメインは、Cloud Identityと紐付けられます。このドメインを通じて、Cloud Identityには、特定の1つの組織が関連付けられます。

■ 組織

組織は1つのドメインに紐付けられます。組織の下に複数のフォルダが作成できます。

■ フォルダ

フォルダはプロジェクトをグループ化するために利用します。利用部署ごとにフォルダを分けるといった使い方をします。

■ プロジェクト

仮想マシン、データベース、ストレージなど、システム構築に必要なリソースをグルーピングする最小単位が**プロジェクト**です。システム環境（開発環境／テスト環境／本番環境など）ごとにプロジェクトを分けるのが一般的です。

　ここでは、フォルダとプロジェクトの利用例として、部署ごとにフォルダを分ける、あるいは、システム環境ごとにプロジェクトを分けるといった説明をしましたが、実際にどのような階層構造がベストかは、クラウドの利用要件によって変わってきます。「リソースの利用料金をどのような単位でまとめるのか」や「インフラ担当チームとアプリケーション開発チームの役割分担」などさまざまな要素がかかわるほか、オンプレミスにある既存のID基盤を活用する場合なども考えられます。

　以下のURLにオンプレミスのID基盤を活用するシナリオを紹介した公式ドキュメントがあるので、そちらも参考になります。既存のID基盤との連携については、後ほど2.3.1項の「ユーザーアカウント」（42ページ）でも説明します。

- エンタープライズのお客様向けのポリシー設計：
  https://cloud.google.com/architecture/designing-gcp-policies-enterprise

2.2 請求先の管理

　ここでは、プロジェクトで使用するリソースに対する課金の仕組みを説明します。Google Cloudでは、リソースを利用した分量に応じて費用が発生する従量課金モデルが採用されており、料金を支払うための設定が事前に必要となります。このための仕組みとして、**Cloud Billing**が用意されており、図2.4のように、「Googleお支払いプロファイル」と「Cloud請求先アカウント」を通じて、各プロジェクトへの課金が行われます。本節では、Cloud Billingの概要を説明したあとに、Cloud請求先アカウントとGoogleお支払いプロファイルについて説明します。

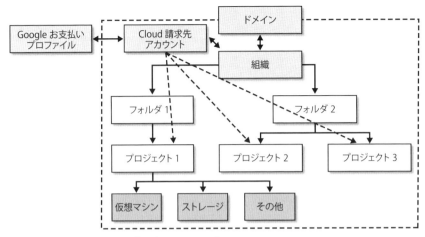

図2.4　Cloud Billingによるプロジェクトへの課金

2.2.1　Cloud Billingとは

　Cloud Billingは支払い方法を設定するための仕組みです。

　はじめに、（Google Cloudに限らず）すべてのGoogleサービスの支払いで利用する「Googleお支払いプロファイル」を設定し、この中で、複数の支払い方法を登録しておきます。次に、Google Cloudの課金管理に用いる「Cloud請求先アカウント」を作成します。この際、Googleお支払いプロファイルと紐付けて、登録済みのどの支払い方法を使用するかを指定します。また、複数のCloud請求先アカウントを作成することもできます。

　そして、プロジェクトを作成する際にCloud請求先アカウントを指定することで、プロジェクトに対する課金・支払い処理が行われます。図2.5に示すように、Googleお支払いプロファイルは、Google Cloud以外の支払いにも利用できるGoogleレベルのリソースであり、Cloud請求先アカウントは、Google Cloud内で管理されるGoogle Cloudレベルのリソースです。

　Cloud請求先アカウントに対するアクセス管理は、課金処理にもかかわるため、特に注意が必要となります。Cloud請求先アカウントの設定変更ができるユーザー、あるいは作成したプロジェクトにCloud請求先アカウントを割り当てられるユーザーなど、後述するIdentity and Access Management（IAM）ロールを用いて、ユーザーアカウントごとのアクセス制御を確立します。

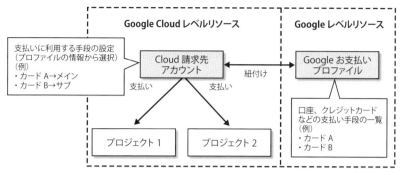

図2.5　Cloud請求先アカウントとGoogleお支払いプロファイル

2.2.2　Cloud請求先アカウントと Googleお支払いプロファイル

　前述のように、それぞれのプロジェクトでは、**Cloud請求先アカウント**を指定することで、プロジェクトに対する課金・支払い処理が行われます。Cloud請求先アカウントには「アカウント」という名称が付いていますが、いわゆるユーザーアカウントとは異なるので注意が必要です。このあとで説明するIAMロールを用いて、図2.6のように実際のユーザーアカウントを紐付けることで、Cloud請求先アカウントを設定、もしくは、利用できるユーザーアカウントが指定されます。

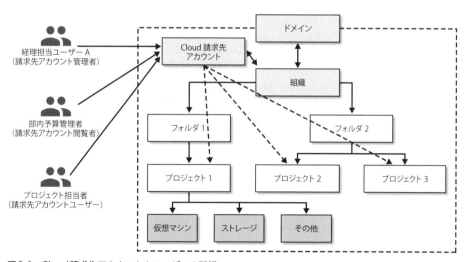

図2.6　Cloud請求先アカウントとユーザーの関係

　Cloud請求先アカウントは、選択する支払い方法の種類に応じて2種類あり、それぞれの違いは、表2.3のようにまとめられます。請求書発行アカウントとしてCloud請求先アカウントを利用する場合は、所定の要件を満たす必要があります※1。

表2.3　Cloud請求先アカウントの種類

	セルフサービスアカウント（オンラインアカウント）	請求書発行アカウント（オフラインアカウント）
支払い方法	クレジットカード、デビットカードなど	小切手または銀行振込み
登録方法	オンライン	利用資格を確認し、請求書発行をリクエスト
請求書／領収書払い	Cloud Consoleから取得	郵送またはメール Cloud Consoleから取得

　もう一方のGoogleお支払いプロファイルは、Googleレベルのリソースであり、複数のCloud請求先アカウントに紐付けることができます。両者の違いを整理すると以下のようになります。

表2.4　Cloud請求先アカウントとGoogleお支払いプロファイル

Cloud請求先アカウント	Googleお支払いプロファイル
• Cloud Consoleで管理されるクラウドレベルのリソース • Google Cloudを使用することで発生したすべての費用（料金と使用量に適用されるクレジット）を追跡する 　◦ Cloud請求先アカウントは、1つ以上のプロジェクトにリンクされる 　◦ プロジェクトの使用料は、リンクされたCloud請求先アカウントに請求される • Cloud請求先アカウントごとに1つの請求書が作成される • 単一の通貨で運用される • 所定のリソースセットに対する支払い者を定義する • Googleお支払いプロファイルに関連付ける。支払い方法が記録されたこのプロファイルが、料金の支払い方法を定義する • 請求関連の機能に対するアクセスと変更を制御する、支払い固有のロールと権限がある（IAMロールによって確立される）	• payments.google.comで管理されるGoogleレベルのリソース • すべてのGoogleサービス（Google広告、Google Cloud、Fi電話サービスなど）に関連付けられる • （Google Cloudだけでなく）すべてのGoogleサービスの支払いを処理する • そのプロファイルの管理責任を持つユーザーの名前、住所、納税者番号（法的に義務付けられている場合）などの情報が保管される • 各種支払い方法（Googleでの購入に以前使用したクレジットカード、デビットカード、銀行口座など）が保管される • 請求書、支払い履歴などを確認できるドキュメントセンターとして機能する • 各種のCloud請求先アカウントおよびプロダクトについて、請求書の表示と受け取りを誰に許可するかを管理する

　Googleお支払いプロファイルには「個人」と「ビジネス」の2つのタイプがあります。個人タイプの場合は、お支払いプロファイルにアクセスできるユーザーは一人しか登録ができないので、企業利用の際は基本的に、ビジネスタイプのGoogleお支払いプロファイルを作成することになります。それぞれの違いは次のようにまとめられます。

※1　詳細は、Cloud Billingドキュメントの「毎月の請求書発行に申し込む」(https://cloud.google.com/billing/docs/how-to/invoiced-billing)を参照してください。

■ 個人

個人で利用する際に、自分専用の個人的な支払い方法を登録します。登録した個人が、プロファイルの内容を自分で管理できます。管理ユーザーの追加や削除、プロファイルに対する権限の変更を行うことはできません。

■ ビジネス

企業や教育機関などの組織としての支払い方法を登録します。

複数のユーザーがプロファイルにアクセスして管理できるように、管理ユーザーの追加登録が可能です。追加されたすべてのユーザーは、そのプロファイルに登録された情報を確認できます。

2.3 ユーザー権限の管理

本節では、Google Cloudにおけるユーザーアカウントの管理で必要となる、ユーザーアカウントに対する認証・認可の機能を説明します。Google Cloudでは、Identity and Access Management（IAM）を用いて、「誰が」「どういう操作を」「何に対して」行えるのかという設定を行います。これら3つの要素は、図2.7のように、**アイデンティティ**（誰が）、**権限**（どういう操作を）、**権限の対象**（何に対して）という形で整理して理解することができます。このあとの説明は、この3つの要素を意識しながら読み進めてください。

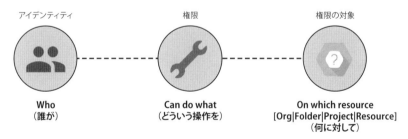

図2.7 Google CloudにおけるIDと権限管理

2.3.1 アイデンティティの種類

Google Cloudでは、権限を付与できるアイデンティティには、次の3つの種類があります。

- ユーザーアカウント
- Google グループ
- サービスアカウント

ユーザーアカウントは利用者個人に紐付けられたアカウントで、Google グループは複数の
ユーザーアカウントをグループにまとめる目的で用いられます。一方、サービスアカウントは、
アプリケーションから Google Cloud の各種サービスの API を利用する際に使用します。基本
的な利用方法の違いをまとめると、表2.5のようになります。Google グループは、あくまでも
ユーザーアカウントをグループ化するためのもので、グループに所属するユーザーアカウント
の権限設定をまとめて行う際に使用します。Google グループのアカウントそのもので、各種
サービスを利用することはできません。

表2.5　3種類のアイデンティティの違い

	ユーザーアカウント	Google グループ	サービスアカウント
利用者	ユーザー	グループのすべてのメンバー （各ユーザー）	アプリケーション
API の利用	可	不可	可
コンソールへのログイン	可	不可	不可
認証方法	Google アカウント、または SSO	各ユーザー経由で認証	サービスアカウントキー

これら3つのアカウントの詳細を順に説明します。

■ ユーザーアカウント

Googleが提供するサービス全般を利用する際に使用するGoogleアカウントをユーザーア
カウントとして使用することができます。Googleアカウントには、図2.8に示すように、個人
管理と企業管理の2種類の管理形態があります。

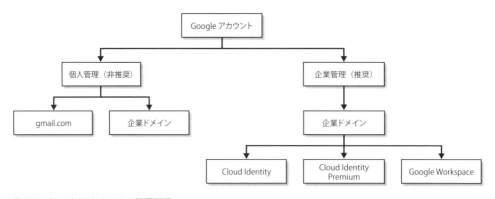

図2.8　Googleアカウントの管理形態

　エンタープライズ企業で利用する場合は、図2.8右側に示す**企業管理**を推奨します。企業管理の場合は、利用企業のセキュリティポリシーに応じて、パスワードポリシーや2要素認証を強制適用することができます。2.1.3項で触れたCloud Identityは、企業管理において、Googleアカウントを管理するための仕組みです。Google Workspaceを使用する場合も、内部的にはCloud Identityが利用されています。

　なお、Cloud Identityでは、それ自身の機能でユーザー認証を行う他に、外部の認証システムと連携することもできます（図2.9）。Active DirectoryやAzure Active Directoryなど、ユーザーIDを管理・検証する**Identity Provider（IdP）**をすでに持っている企業では、Cloud IdentityのIdP機能をこれらの外部IdPに委任することで、既存資産を有効活用することができます。具体的には、外部IdPに登録されているIDとCloud Identityに登録されているIDをマッピングすることで、**シングルサインオン（SSO）**を実現できます。外部IdPとしてActive Directoryを使用する場合は、**Google Cloud Directory Sync**を使用することで、ID情報を同期することができます。Azure Active Directory、Oktaなど、他の外部IdPに対しては、Google Workspaceにユーザー情報を複製するアダプタが用意されており、これらのアダプタは、Cloud Identityに対しても使用することができます。

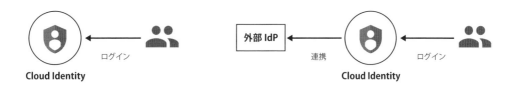

パターン1：IdPとしてのCloud Identity　　　　　　パターン2：外部IdPとの連携

図2.9　IdPとしてのCloud Identityと外部IdPとの連携

■ Googleグループ

　Googleグループは、Googleアカウントをグループにまとめるために使用します。企業管理の場合は、基本的には、企業に紐付いた独自ドメインの内部だけで利用することになります。企業内の組織や役割に応じた権限を効率的、かつ、適切に設定することができます。Googleグループは、あくまでも複数のユーザーをグループ化するためのものであり、「GoogleグループのアカウントそのものでCloud Consoleにログインする」といった使い方はできません。

■ サービスアカウント

　サービスアカウントとは、アプリケーションや自動化ツールなど、人間以外のシステムが利用するアイデンティティです。自動化ツールで仮想マシンを作成したり、仮想マシン上で稼働

するアプリケーションからGoogle Cloudの他のサービスにアクセスするような場合に使用します。

表2.6に示す3種類のサービスアカウントがあり、それぞれ作成者や管理責任者が異なります。デフォルトのサービスアカウントには、プロジェクトに対する編集者ロールがデフォルトで付与されており、広範囲の操作が可能ですが、このあとで説明する「最小権限の原則」に基づいて、デフォルトでの編集者ロールの付与は無効にすることが推奨されます。具体的には、2.4.2項で説明する「組織ポリシーの設定」などで無効化することができます。

表2.6 サービスアカウントの種類

	ユーザー管理サービスアカウント	デフォルトのサービスアカウント	Googleが管理するサービスアカウント
作成者	ユーザー	Google	Google
管理責任	ユーザー	ユーザー	Google
IAMを利用した権限の設定	可	可（デフォルトでは、プロジェクトに対する編集者ロールが付与されている）	不可（自動で付与される）

サービスアカウントの認証には、**サービスアカウントキー**を利用します。これは、Googleの認証システムで使用されるRSA鍵ペア（公開鍵と秘密鍵のペア）であり、それぞれのサービスアカウントには、特定のサービスアカウントキーを割り当てて使用します。表2.7に示す2種類のサービスアカウントキーを使用することができます。

表2.7 サービスアカウントキーの種類

	Googleが管理するキー	ユーザーが管理するキー
作成方法	自動で作成されます	コマンドにてユーザーにより作成（アップロードも可能※2）
ダウンロード可否	不可	可
運用	自動的にローテーションされます	ユーザーによって、キーの保存、配布、取り消し、ローテーション、リカバリなどを行います

自動で作成されるサービスアカウントについては、Googleが管理するキーが自動的に割り当てられます。一方、ユーザーが作成したサービスアカウントについては、必要に応じて、ユーザーが管理するキーを割り当てて使用します。例えば、オンプレミスの環境からGoogle Cloudのサービスを利用する場合、ユーザーが管理するキーを作成して、オンプレミス側に秘密鍵を保存します。この場合、秘密鍵に対するアクセスの制限や、定期的なキーのローテーションなどの管理作業は、ユーザー自身で行う必要があります。ユーザーが管理するキーは重要な認証情報であり、セキュリティ上のリスクを避けるために適切な管理を行い、キーの作成やアップロードができるユーザーを限定する必要があります。

※2 適切な形式の公開鍵を作成して、アップロードして利用することもできます。詳細は、IAMのドキュメント「サービスアカウント」の「ユーザーが管理するキー」(https://cloud.google.com/iam/docs/service-accounts#user-managed_keys)を参照してください。

2

アカウント設計

　なお、サービスアカウントはアカウント情報であると同時に、ユーザーアカウントから操作するリソースとしても扱うことができます。それぞれのサービスアカウントに対して、それを利用できるユーザーアカウントを制限することで、ユーザーアカウントからサービスアカウントへの切り替えを行い、サービスアカウントの権限でAPIの操作やアプリケーションの実行を許可するといった使い方もできます（図2.10）。

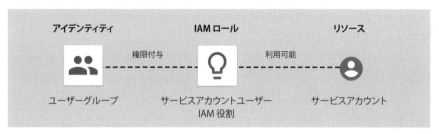

図2.10　サービスアカウントもリソースの1つ

2.3.2　ロールと権限

　IAMでは、「誰（メンバー）が」「どのリソースに対して」「どのようなアクセス権（ロール）を持つか」を定義することで、アクセス制御を行います。またその際、リソースに対する操作権限を直接に割り当てるのではなく、複数の権限をまとめたロールを定義したうえで、メンバーに対してロールを割り当てる形を取ることができます（図2.11）。

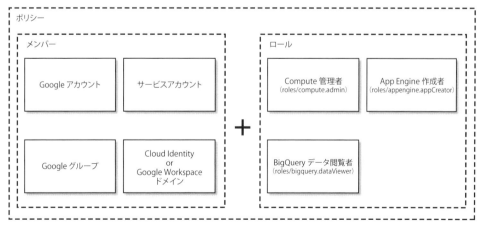

図2.11　IAMで権限を管理する仕組みのイメージ

　このモデルでは次の3つの要素を理解する必要があります。

- メンバー：3種類のアイデンティティ（ユーザーアカウント、Googleグループ、サービスアカウント）を個別に指定する他に、全ユーザー、Google Workspace（Cloud Identity）のドメインに属するユーザー、認証済みのユーザーといった形で指定することもできます。
- ロール：複数の権限をまとめたものがロールであり、メンバーにロールを付与することで、そのロールに含まれるすべての権限が付与されます。個々の権限によって、リソースに対して許可される操作が決まります。
- ポリシー：IAMポリシーは、メンバー、リソース、ロールを組み合わせて定義されます。これにより、どのメンバーがどのリソースにどのような権限を持つかが決定されます。

　これらの3つの要素について、順番に説明します。

■ メンバー

　IAMでは、メンバーに対してロールを付与することでアクセス権を設定しますが、メンバーには、アイデンティティとして説明した、

- ユーザーアカウント（Googleアカウント）
- Googleグループ
- サービスアカウント

が指定できます。

　また、すべてのユーザーに権限を付与するなどの特殊な要件のために、次のようなアイデンティティも指定できるようになっています。

- 全ユーザー（allUsers）
- 認証済みのすべてのユーザー（allAuthenticatedUsers）
- Google Workspaceドメイン
- Cloud Identityドメイン

　Google Workspaceドメイン、および、Cloud Identityドメインは、Googleグループのような仮想的なグループであり、それぞれ、組織内のGoogle Workspaceアカウントで作成されたすべてのGoogleアカウント、および、組織内のすべてのGoogleアカウントを含んだグループになります。

　認証済みのすべてのユーザーは、すべてのサービスアカウント、および、Googleアカウント

で認証されたすべてのユーザーを表す特殊な識別子です。これには、個人用のGmailアカウントなど、Google Workspace、もしくは、Cloud Identityのドメインに所属しないアカウントも含まれます。不特定のユーザーにアクセスを許可したいが、少なくとも、Googleアカウントとしての認証は必要という場合に利用します。

全ユーザーは、認証されたユーザーと認証されていないユーザーの両方を含む、インターネット上のすべてのユーザーを表す特殊な識別子です。一部のリソースではサポートされていないメンバータイプとなっています。

それぞれのメンバーは、表2.8に示す識別子を用いて特定できます。

表2.8　メンバーの識別子

メンバー	ID
Googleアカウント	
Googleグループ	関連付けられているメールアドレス
サービスアカウント	
Google Workspaceドメイン、および、Cloud Identityドメイン	ドメイン名

■ ロール

前述のように、複数の権限をまとめたものがロールです。個々の権限は、「service.resource.verb」という形式で表現され、多くの場合は、特定サービスのREST APIメソッドと1対1で対応します。図2.12の右側には、Compute Engineの仮想マシンを操作するAPIメソッドに対応した権限が示されています。これらの権限をまとめたロールとして、Instance Adminが用意されており、このロールを付与されたメンバーは、仮想マシンが操作できるようになります。

ただし、IAMポリシーを定義する際は、メンバーとロールに加えて、操作対象となるリソースが指定されます。これにより、特定の仮想マシンのみ操作を許可するといった制御が可能になります。

役割　　　　　　　　　　　　　　　　　　　　　　権限の集合

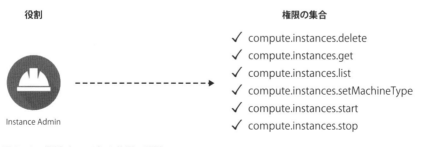

✓ compute.instances.delete
✓ compute.instances.get
✓ compute.instances.list
✓ compute.instances.setMachineType
✓ compute.instances.start
✓ compute.instances.stop

Instance Admin

図2.12　役割（ロール）と権限の関係

また、ロールには、次の3つの種類があります。

- 基本ロール：Cloud Consoleで使用される最も基本的なロール。オーナー、編集者、閲覧者の3種類のロールがある
- 事前定義ロール：事前に用意されているロールで、基本ロールよりも詳細なアクセス制御が可能
- カスタムの役割：利用者が独自に定義するロール

ほぼすべてのGoogle Cloudのプロダクトに事前定義ロールが用意されており、基本的にはこちらを利用することが推奨されています。カスタムの役割を定義する前に、まずは、事前定義ロールのリストを参照して、適切なロールがないか確認することをおすすめします。

　メンバーの権限管理は、このあと説明するIAMポリシーによってこれらのロールを各メンバーに割り当てることから始めます。さらに、IAMの提供する機能である**IAM Conditions**[※3]を使用すると、「どのような条件下で」ロールを割り当てるのかというきめ細かな設定も行えます（図2.13）。例えば、「業務時間帯は管理者権限、それ以外の時間帯は閲覧者権限でのアクセスを許可する」といった設定が可能になります。

図2.13　IAM Conditions利用イメージ

■ IAMポリシー

　IAMポリシーは、メンバーとロールに、リソースを組み合わせて紐付けることで、誰がどのリソースにどのようなアクセス権を持つかを指定します。IAMポリシーの適用対象となるリソースは、リソース階層の任意のレベル（組織レベル、フォルダレベル、プロジェクトレベル、リソースレベル）で指定できます（図2.14）。この時、下位のリソースは上位のリソースのポリ

※3　詳細は、IAMドキュメントの「IAM Conditionsの概要」（https://cloud.google.com/iam/docs/conditions-overview）を参照してください。

シーをすべて継承します。つまり、特定のリソースに対して有効なポリシーは、そのリソースに直接設定されたポリシーに対して、上位のリソースから継承されるポリシーを組み合わせたものになります。

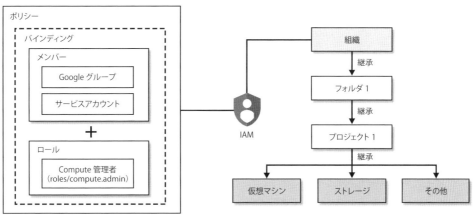

図2.14 IAMポリシーとリソースの関係

2.4 ベストプラクティス

　ここまで、Google Cloudにおけるリソースの管理とユーザー権限の管理について説明しました。本節では、より具体的な設定方法や実践的な考え方を含んだベストプラクティスを紹介します。

2.4.1 最小権限の原則を適用する

　情報システムの権限管理においては、それぞれのユーザーに対して必要最小限の権限を与えるという「最小権限の原則」が基本です。Google Cloudにおいても、IAMポリシーの設定は最小権限の原則に従うことが推奨されます。事前定義ロールを活用する際は、管理が煩雑にならない範囲において、必要最小限の権限を含んだロールを選択してください。

　Google Cloudには、**IAM Recommender**[4]という機能があり、実際の利用状況に応じて、より権限の低いロールを提案してくれます。提案された内容を確認することで、最小権限の原則が保たれているかが確認できます。また、特定の条件に応じてより細かな権限の制御を行いたいような場合は、前述のIAM Conditionsの利用を検討するとよいでしょう。

※4　詳細は、IAMドキュメントの「ロールの推奨事項を使用した最小権限の適用」（https://cloud.google.com/iam/docs/recommender-overview）を参照してください。

2.4.2 組織と組織ポリシーを利用する

　企業でGoogle Cloudを利用する場合、Google Workspace、もしくはCloud Identityに紐付いた**組織**を使用することが強く推奨されます。組織を設定しない場合、このあとで説明する組織ポリシーや、Chapter 3で説明するVPC Service Controls、Security Command Centerなど、Google Cloudをより安全に利用するための一部の機能が利用できないといった制約も生じます。また、組織の設定がない場合、それぞれのプロジェクトは作成者個人に紐付くため、その個人のアカウントが削除されるとプロジェクトも削除されるといった問題が発生します。

　一方、組織を設定した場合は、Google WorkspaceまたはCloud Identityのアカウントを持つユーザーが作成したプロジェクトが自動的に組織の配下に割り当てられるので、このような問題を避けることができます。この場合、組織の管理者は、組織の配下にあるすべてのプロジェクトを把握することができます。つまり、組織を使用することで、組織の管理者は、すべてのリソースを集中的に管理できるという管理・統制面でのメリットが得られます。

　例えば、企業の組織構造をフォルダの階層構造にマッピングすることで、IAMポリシーと会社内の組織・部門ごとのポリシーを論理的に紐付けることができます。IAMポリシーは上位の階層から継承されるため、事業部Aのフォルダにポリシーを設定することで、事業部Aに所属するすべての部署に同一のポリシーを適用するといったことが可能になります。

　また、IAMポリシーとは別に、組織、もしくは、フォルダレベルで設定するための**組織ポリシー**が事前に用意されており、サービスアカウントの作成を禁止するなど、組織全体や部署全体で設定されることが多い制約条件が含まれています。組織ポリシーを活用することで、安全性の高いセキュリティ設計を効率的に行うことができます。実際に利用できる組織ポリシーは以下のURLにある公式ドキュメントから確認できます。

- 「組織のポリシーの制約」（Resource Manager ドキュメント）
  https://cloud.google.com/resource-manager/docs/organization-policy/
  org-policyconstraints

　IAMポリシーと同様に、組織ポリシーも上位の階層のポリシーが継承されます。例えば、最上位の組織にポリシーを適用することで、組織内のすべての要素に同一の制約を適用することができます。継承されたポリシーを上書きしたり、新たなポリシーを追加する場合は、下位の要素にカスタム組織ポリシーを設定します。

　組織ポリシーの継承の様子は、図2.15のようにまとめられます。図内の「制約」として記載した記号は、それぞれが特定の制約を表し、「操作」は「＋」が制約を追加することを、「－」が制約を削除することを表しています。継承の結果、各パターンで最終的に適用されるポリシー

は、最下部の「利用可能なポリシー」として記載した記号で表されます。この図には、次の4
つのパターンが記載されています。

- リソース1：継承した制約に追加した場合
- リソース2：継承した制約を削除した場合
- リソース3：新たに制約を設定した場合
- リソース4：すべての制約を有効にした場合

　これらのパターンを利用することで、組織全体としては「仮想マシンには外部IPアドレスを
設定できない」という制約を設定しておき、特別な事情のあるプロジェクトだけ制約を外すと
いったことも可能になります。

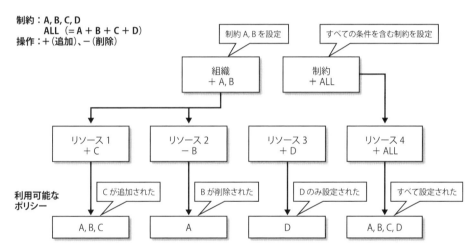

図2.15　組織ポリシーの継承

　組織ポリシーには、対象を列挙する**リスト型制約**と制約の有効／無効を設定する**ブール型制
約**の2種類があり、さらに、リスト型制約は、「許可する対象」を列挙する**許可リスト**と「拒否
する対象」を列挙する**拒否リスト**に分かれます。継承された制約において、許可リストの指定
と拒否リストの指定が競合した場合は、拒否リストの指定が優先されます。ブール型制約の場
合は、上位の階層（親ノード）での指定は、下位の階層（子ノード）による指定で上書きされ
ます（表2.9）。

表2.9　ポリシー継承時のリスト型制約とブール型制約の違い

制約タイプ	利用例	競合時の挙動
リスト型制約	外部IPの利用をリスト内の仮想マシンのみに制限	値を拒否しているのが親ノードであるか子ノードであるかにかかわらず、拒否設定（DENY値）が常に優先される
ブール型制約	サービスアカウント作成の無効化	TRUE値やFALSE値を使用して、実際に適用されるポリシーが決定される。つまり、子ノードの設定が優先される

　リスト型制約の場合、許可リストと拒否リストが混在すると、最終的にどのような制約が適用されるかがわかりにくくなるため、これらが混在する設定は避けるほうがよいでしょう。

2.4.3　IDを一元管理する

　エンタープライズ企業でGoogle Cloudを利用する場合、Google Cloud用のユーザーIDを新たに作成するのではなく、既存の企業アカウントを利用して、企業全体でのユーザーID管理を一元化することが推奨されます。Google Workspaceを利用している企業であれば、すでにGoogleアカウントが用意されているので、Google Cloudを含めたユーザー情報の一元管理は容易です。オンプレミス、もしくは、サードパーティのIdentity Provider（IdP）を利用している場合は、2.3.1項の「ユーザーアカウント」（42ページ）で説明した方法により、ユーザーディレクトリをCloud Identityと同期することで、既存の企業アカウントによるシングルサインオンが実現できます。

　問題となるのは、組織の中に、企業アカウント（企業のメールアドレス）を利用してYouTubeなどのGoogleサービスに登録するために個人のGoogleアカウントを作成しているメンバーがいる場合です。この場合、すでにGoogleアカウントが存在するのでCloud Identityへの2重登録ができなくなるため、個人で作成したアカウントをCloud Identityに移行する必要があります。このような状況を把握して、適切な移行を行う方法が以下のURLにある公式ドキュメントで解説されているので、参考にしてください。

- 「アカウント統合の概要」（IAMドキュメント）
  https://cloud.google.com/architecture/identity/overview-consolidating-accounts?hl=ja

2.4.4　プロジェクトの作成を自動化する

　プロジェクトやリソースの作成・管理は、手動で行うのではなく、ツールを用いて自動化することが推奨されます。自動化によって、一貫した命名規則やラベル付けを適用することで、ベストプラクティスを確実に適用できるほか、命名規則などの要件が変化した場合でも、プロジェクトの再構成（リファクタリング）を効率的に行うことができます。

　プロジェクト作成の自動化では、Terraform、Ansible、Puppetなどのサードパーティのツールに加えて、Google Cloudの機能である**Cloud Deployment Manager**[5]を使用することもできます。これらのツールを用いれば、プロジェクト作成プロセスの一部として、開発者への適切なアクセス権の付与といった、セキュリティ設定を確実に行うことができます。

2.4.5　グループを使用して業務を委任する

　エンタープライズ企業など、多数のユーザーが利用する環境では、同一の業務に携わるユーザーをグループ化しておき、IAMポリシーによるロールの割り当てをグループに対して行うことが推奨されます。例えば、「データサイエンティスト」のグループを作成して、データ分析業務に必要なロールを割り当てておけば、新しいデータサイエンティストがチームに参加した際は、該当のグループに追加するだけで、定義済みの権限を簡単に割り当てることができます。

　表2.10は、企業におけるグループの作成例を示しています。実際に必要となるグループは、それぞれの企業における組織形態や業務分担に応じて検討することになります。

表2.10　グループの作成例

グループ	対象	役割
gcp-organization-admins	組織管理者	組織で使用するリソースの構造の編成を担当
gcp-network-admins	ネットワーク管理者	ネットワーク、サブネット、ファイアウォールルール、およびCloud Router、Cloud VPN、Cloud Load Balancingなどのネットワークデバイスの作成を担当
gcp-security-admins	セキュリティ管理者	アクセス管理や組織の制約ポリシーなどの組織全体のセキュリティポリシーの確立と管理を担当
gcp-billing-admins	請求管理者	請求先アカウントの設定とその使用状況の監視を担当
gcp-devops	DevOps従事者	継続的インテグレーション、継続的デリバリー、モニタリング、システムプロビジョニングをサポートするエンドツーエンドのパイプラインを作成または管理
gcp-developers	開発者	アプリケーションの設計、コーディング、テストを担当

※5　詳細は、「Google Cloud Deployment Managerのドキュメント」（https://cloud.google.com/deployment-manager/docs?hl=ja）を参照してください。

2.4.6　費用管理を行う

　従量課金のサービスを利用する場合、実際に発生する費用を事前に見積もることが難しい場合があります。Google Cloudでは予算を定義することで、費用が特定の閾値に達した時にアラートを発生させることができます（図2.16）。

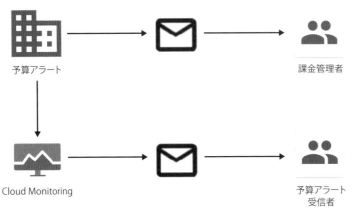

予算アラート　　　　　　　　　　　　　　　　　　　　課金管理者

Cloud Monitoring　　　　　　　　　　　　　　　　　予算アラート
　　　　　　　　　　　　　　　　　　　　　　　　　受信者

図2.16　予算アラートの設定

　予算はCloud請求先アカウント全体、もしくは、Cloud請求先アカウントに紐付けられた個々のプロジェクトに適用できます。例えば、「あるプロジェクトの月額費用が、指定した予算額の50%／80%／100%に達した時にアラートを発生する」といった設定ができます。

　予算設定は、あくまでアラートを通知するだけであり、予算を超えて費用が発生することを強制的に防止するわけではありませんが、予算を超えたプロジェクトを強制停止するなどの自動化を行うこともできます。アラートの通知手段として、デフォルトのメール送信に加えて、Pub/Subメッセージを発行することができるので、これにより自動化ツールとの連携を行う形になります。以下のURLにある公式ドキュメントに具体的な設定例が紹介されています。

- 「コスト管理の自動レスポンスの例」（Cloud Billing ドキュメント）
  https://cloud.google.com/billing/docs/how-to/notify?hl=ja

　なお、事前の費用見積もりには、以下のURLからアクセス可能な料金計算ツール「Google Cloud Pricing Calculator」を利用できます。

- 「Google Cloud Pricing Calculator」
  https://cloud.google.com/products/calculator?hl=ja

2.5 まとめ

　本章では、リソース管理および権限管理を中心に、Google Cloudにおけるアカウント設計について主なポイントを説明しました。多数のユーザーが利用するエンタープライズ企業のシステムでは、アカウント設計が不十分な場合、利用者の適切な管理が行えず、セキュリティ上の懸念が生じかねません。また他にも、事業部や部署間でのデータ共有がうまく行えないなど、運用面での不都合も生じます。

　このような不都合が生じないよう、本章の内容を参考に、アカウント設計を進めてください。

COLUMN

IAMによる設定・管理ができないアカウント

　本章では、次の3種類のアイデンティティに対して、IAMポリシーを用いた権限管理ができることを説明しました。

- ユーザーアカウント（Googleアカウント）
- Googleグループ
- サービスアカウント

　企業でGoogle Cloudを利用する場合、この他に、次のようなアカウントを管理する必要があります。これらは、IAMによる権限設定の対象外となります。

- Google WorkspaceとCloud Identityの特権管理者アカウント
- Googleお支払いプロファイルに登録するユーザー

　Google WorkspaceとCloud Identityの特権管理者アカウントは、Google Cloudの「組織」全体に適用される強力な権限が設定されています。特権管理者権限が必要な作業はごく少数なので、特権管理者権限を持つ管理者の数は可能な限り制限しておき、特権管理者権限を必要としない日常的な管理作業には、より権限の少ないユーザーアカウントを使用することが推奨されます。ただし、パスワード失念等のリスクを避けるために、特権管理者権限を持つユーザーは、2～3名程度は用意するほうがよいでしょう。

　なお、本文でも説明したように、「Googleお支払いプロファイル」と「Cloud請求先アカウント」は異なるものです。Cloud請求先アカウントは、Cloud Billingで管理されるリソースであり、適切なIAMポリシーの設定が必要となります。

CHAPTER

3

セキュリティ設計

　エンタープライズ企業では、システムに対するさまざまなセキュリティ要件があります。クラウドを使用するということは、自社のシステムで扱うデータを外部ベンダーが管理するインフラに持ち出すことを意味するので、セキュリティ上の不安を感じる企業も少なくないようです。

　一方、それぞれのクラウドプロバイダでは、自社が提供するインフラのセキュリティ強化を重視しています。Google Cloudの場合、Googleが自社サービスを保護するために開発してきたセキュリティ機能を、一般企業でも容易に利用できるようにする仕組みが用意されています。漠然とした不安からクラウドの利用をあきらめるのではなく、クラウドプロバイダが提供する最新のセキュリティ機能を確認したうえで、適切なセキュリティ対策の方法を検討することをおすすめします。

　本章では、Google Cloudで利用できるセキュリティ機能、そして、これらを利用したセキュリティ対策の方法を説明していきます。はじめに、利用者からは直接には見えない、Google Cloudのインフラそのものにおけるセキュリティ対策とセキュリティコンプライアンスへの対応を説明し、続いて、Google Cloudで利用できるセキュリティ機能について、境界型ネットワークと呼ばれる、従来型のネットワークセキュリティ機能を提供するプロダクト、そして、ゼロトラストと呼ばれる新しいネットワークセキュリティの考え方を実現するプロダクトを紹介します。最後に、具体的な構成例をもとにして、主要なプロダクトの機能や使い方を説明します。

3.1 Google Cloudにおけるセキュリティ

　オンプレミスのシステム環境では、インフラからアプリケーションまで、すべてをユーザー企業の責任で管理する必要があります。一方、クラウドサービスを利用する場合は、クラウドプロバイダとユーザーで責任を共有し、それぞれの担当範囲においてセキュリティ対策を行う必要があります。クラウドプロバイダとユーザーの責任範囲は、IaaS／PaaS／SaaSといったクラウドサービスの利用形態によって、図3.1のように、それぞれの担当範囲が変わります。

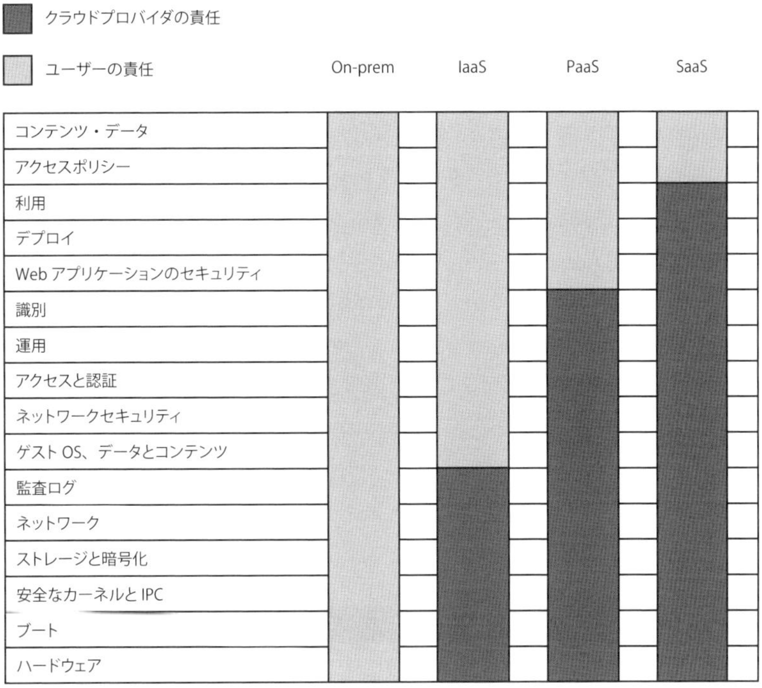

クラウドプロバイダの責任

ユーザーの責任

	On-prem	IaaS	PaaS	SaaS
コンテンツ・データ				
アクセスポリシー				
利用				
デプロイ				
Web アプリケーションのセキュリティ				
識別				
運用				
アクセスと認証				
ネットワークセキュリティ				
ゲスト OS、データとコンテンツ				
監査ログ				
ネットワーク				
ストレージと暗号化				
安全なカーネルと IPC				
ブート				
ハードウェア				

図3.1 責任共有モデル

　このような**責任共有モデル**[※1]を前提としたうえで、本節では、Googleが責任を持つレイヤにおいてGoogleが実施している、セキュリティ対策とコンプライアンスへの対応を説明します。コンプライアンス対応には、各国における規制の遵守や独立機関による監査・セキュリティ認証の取得などが含まれます。

　なお、Google Cloudでは、2021年3月に責任共有モデルの発展形となる「運命共有モデル」という取り組みを開始しました。責任共有モデルでは最初に責任の範囲を定め、ユーザー、クラウド事業者それぞれで対応を行ってきましたが、運命共有モデルでは、設計・構築・デプロイ・実行など、それぞれのフェーズを共同で実施し、既存のクラウドセキュリティを超えて、リスクを軽減するだけでなくユーザーが包括的かつ効率的なリスク管理プログラムを構築できるよう支援します。詳細は、次に示すWeb上の記事を参考にしてください。

- 「Risk Protection Program の発表: 責任の共有から運命の共有への移行」:

  https://cloud.google.com/blog/ja/products/identity-security/google-cloud-risk-

  protection-program-now-in-preview

※1　詳細は、「Google Cloud security foundations guide」（https://services.google.com/fh/files/misc/google-cloud-security-foundations-guide.pdf）を参照してください。

3.1.1 インフラストラクチャのセキュリティ

ここでは、Google Cloudのインフラストラクチャを設計・構築・運用するにあたり、Googleがどのような考え方や方法でセキュリティに対する取り組みを行っているのか、その概要を説明します。企業システムのプラットフォームとしてクラウドを利用する際に感じる不安の背景には、「プロバイダが実施するセキュリティへの取り組みが利用者には直接見えない」ということも挙げられるかもしれません。

企業システムとしての利用に堪えうるかどうかを客観的に判断するためにも、本項で紹介する情報は役立つはずです。なお、Googleが実施するセキュリティへの取り組みはベストプラクティスセンターにまとめられており、3.1.3項で紹介するように、さまざまなホワイトペーパーも発行されています。より詳細な情報が必要な際は、そちらも参照してください。

Google Cloudのセキュリティ対策は、表3.1に示すカテゴリに分類することができます。

表3.1 セキュリティのカテゴリ

分類	概要
オペレーションセキュリティ	• 侵入検知 • インサイダーリスクの低減 • 従業員の端末と認証情報の保護 • 安全なソフトウェア開発
インターネット通信	• Google Front End（Chapter 4で後述） • DoS攻撃に対する防御
ストレージサービス	• 保存時暗号化 • データの削除
ユーザーの識別	• 認証 • 不正ログインからの保護
サービスのデプロイ	• エンドユーザーデータのアクセス管理 • サービス間通信の暗号化 • サービス間アクセスの管理 • サービスID、整合性、分離
ハードウェアインフラストラクチャ	• ブートスタックとマシンIDのセキュリティ • ハードウェアの設計と供給元 • 物理施設のセキュリティ

それぞれのカテゴリは、以下のような特徴を持ちます。

■ オペレーションセキュリテイ

Googleでは、厳しいセキュリティ基準のもとにインフラストラクチャにかかわるソフトウェアの開発とリリースを行います。Googleの運用チームが24時間365日体制で、社内外を問わず、インフラストラクチャに対して仕掛けられる脅威の検出と対応にあたっています。

■ インターネット通信

インターネット上でのGoogleのパブリッククラウドサービスとの通信は、転送時に暗号化[2]されます。

　また、DoS攻撃から保護するための多層防御の仕組みが用意されており、これは、Google Cloudを用いて一般の利用者が公開したサービスにも適用されます。

■ ストレージサービス

　Googleのインフラストラクチャに保存されるデータは、デフォルトで暗号化処理が行われます。また、データの可用性と信頼性を高めるために複数のロケーションに分散配置が行われます。これらにより、不正なアクセスからデータを保護し、障害によるサービスの中断を防ぐことができます。

■ ユーザーの識別

　Googleの関係者がGoogleのインフラストラクチャにアクセスする際は、利用者を識別するユーザーIDについて、複数の要素を用いた厳密な認証が行われます。インフラストラクチャへのアクセスは、フィッシング耐性のあるセキュリティキーなどの高度なツールによって保護されています。

■ サービスのデプロイ

　Googleのインフラストラクチャ上で実行されるソフトウェアは、セキュリティを考慮して実装されています。ソフトウェアの信頼関係を自明のものとはせず、複数の機構を用いて、信頼できるソフトウェアであることを継続的に検証します。また、Googleのインフラストラクチャは、設計の初期段階より、マルチテナントでの利用を想定した設計が行われています。

■ ハードウェアインフラストラクチャ

　物理的なデータセンター設備から始まり、専用設計のサーバーとネットワーク機器、独自設計のセキュリティチップ、そして、サーバー上で実行される低レベルのソフトウェアスタックまで、Googleのハードウェアインフラストラクチャは、その全体がGoogleによって制御されており、Googleによるセキュリティ保護の実装と強化が行われます。

※2　詳細は、「Encryption in Transit in Google Cloud」（https://cloud.google.com/security/encryption-in-transit/resources/encryption-in-transit-whitepaper.pdf）を参照してください。

3.1.2 コンプライアンス対応、規制遵守

金融、医薬、製造などの業界にもGoogle Cloudを利用する企業・団体が数多くありますが、これらの業界のユーザーは、さまざまな規制を遵守することが求められます。ここではさまざまな業界で必要とされる、規制とコンプライアンスへの対応について、その全体像を示すとともに、Google Cloudが提供する公開情報を紹介します。

■ 認証、コンプライアンス証明書、監査レポート

Googleのプロダクトは、独立した機関によるセキュリティ・プライバシー・コンプライアンス管理に関する監査を定期的に受けており、世界各地の基準に照らした認証、コンプライアンス証明書、監査レポートを取得しています。代表的なものとしては、以下のような例が挙げられます。

- ISO 27001：https://cloud.google.com/security/compliance/iso-27001/
- ISO 27017：https://cloud.google.com/security/compliance/iso-27017/
- ISO 27018：https://cloud.google.com/security/compliance/iso-27018/
- SOC 2：https://cloud.google.com/security/compliance/soc-2/
- SOC 3：https://cloud.google.com/security/compliance/soc-3/

すべてのレポートは、次のURLから確認できます。

- コンプライアンスリソースセンター
  https://cloud.google.com/security/compliance/

また、認証、コンプライアンス証明書、監査レポートはCompliance Reports Managerからダウンロードすることができます。

- Compliance Reports Manager
  https://cloud.google.com/security/compliance/compliance-reports-manager

■ 法令、規制

GDPR（欧州一般データ保護規則）やHIPPA（米国における医療保険の相互運用性と説明責任に関する法令）等の法令と規制に対するユーザー側のコンプライアンス状況については、クラウドサービスプロバイダが正式な証明書を提供することはできません。Googleでは、ユー

ザーがコンプライアンスプロセスをできる限り簡単に実施できるように、法令や規則を遵守したプロダクトを始めとして、技術支援やガイダンス、そして、法的効力を持つ誓約書などを提供しています。

　代表的なものとしては、PCI DSS、あるいは日本の法令対応においては「マイナンバー法」に対応するための準備がなされています。

■ アライメント、フレームワーク

　Googleは、各種のフレームワークやアライメントに準拠したプロダクト、技術支援とガイダンス、そして、法的効力を持つ誓約書を提供しています。また、正式な認定や証明書を必要としないガイドライン等についても、ユーザーがそれらに対応できるよう、Googleが取得した認証、証明書、報告書に基づいた支援を行います。

　日本のフレームワーク／アライメントについては、以下が準備されています。

- CSVガイドライン
- FISC
- NISC
- 3省2ガイドライン
- 政府情報システムのためのセキュリティ評価制度（ISMAP）

図3.2　コンプライアンス状況
Google Cloud公式ドキュメント（https://cloud.google.com/security/compliance/offerings）より引用

　次項では、より詳細を理解できるよう、セキュリティとコンプライアンスに関する各種のホワイトペーパーを紹介しています。ぜひ、興味ある分野のホワイトペーパーを一読してください。

3.1.3　規約とホワイトペーパー

　Google Cloudの規約文書、およびセキュリティとコンプライアンスに関するベストプラクティス・ホワイトペーパーが記載されたURLを紹介します。企業でGoogle Cloudの採用を検討する際は、セキュリティチェックリストに基づいた確認作業を行うことがあるでしょう。そのような際の参考文献、あるいは、回答の根拠としても利用できます。

■ 規約

　Google Cloudの規約はGoogle Cloud Platform Terms of Service※3で公開されており、サービス固有の規約と**サービスレベル規約（SLA）**、**データ処理およびセキュリティ規約**について確認することができます。

 NOTE
データ処理およびセキュリティ規約（https://cloud.google.com/terms/data-processing-terms）に関連して、よくある質問と回答を本項末尾のコラム（66ページ）にて紹介します。

■ ベストプラクティス・ホワイトペーパー

　主要なベストプラクティス・ホワイトペーパーが記載されたURLを紹介します。企業でGoogle Cloudの採用を検討する際の参考文献、あるいは、回答の根拠としても利用を検討してください。

- Google Cloud セキュリティ ベストプラクティスセンター：Google Cloud を利用するにあたりセキュリティコンプライアンスのベストプラクティス情報を提供
  https://cloud.google.com/security/best-practices?hl=ja

- BeyondCorp：Googleが実装したゼロトラストモデルの情報を提供
  https://cloud.google.com/beyondcorp

- 信頼できるインフラストラクチャ：Google Cloudのインフラストラクチャのセキュリティ対策の情報を提供
  https://cloud.google.com/security/infrastructure

※3　最新の内容は、https://cloud.google.com/termsで確認してください。

- Googleのセキュリティに関するホワイトペーパー：Googleがユーザーのデータを保護するために行っているセキュリティ対策についての情報を提供

  https://cloud.google.com/security/overview/whitepaper/?hl=ja

- Google Cloudでの転送データの暗号化：転送データの暗号化について解説するホワイトペーパー

  https://cloud.google.com/security/encryption-in-transit?hl=ja

- Trusting your data with Google Cloud Platform：データ保護をどのように実現しているかの情報を提供

  https://cloud.google.com/files/gcp-trust-whitepaper.pdf?hl=ja

- Google Cloud security foundations guide：Google Cloudを安全に使うためのガイド

  https://services.google.com/fh/files/misc/google-cloud-security-foundations-guide.pdf?hl=ja

- Data residency, operational transparency, and privacy for European customers on Google Cloud：GDPRの情報を提供

  https://services.google.com/fh/files/misc/googlecloud_european_commitments_whitepaper.pdf?hl=ja

- コンプライアンスリソース センター：複雑な法令要件の遵守やフレームワーク、ガイドラインへの準拠に関連する情報を提供

  https://cloud.google.com/security/compliance

- プライバシーリソースセンター：Google Cloudの企業プライバシーに対するコミットメント、ユーザーのプライバシーを保護する方法についての情報を提供

  https://cloud.google.com/security/privacy

- PCI DSS：PCI DSSに関連する情報を提供

  https://cloud.google.com/security/compliance/pci-dss/?hl=ja

- Google Cloudセキュリティホワイトペーパー：Google Cloudのインフラストラクチャのセキュリティに関連する情報を提供

  https://services.google.com/fh/files/misc/security_whitepapers_4_booklet_jp.pdf?hl=ja

- CISO's Guide to Cloud Security Transformation：クラウドセキュリティ変革に関するCISO向けガイド

  https://services.google.com/fh/files/misc/ciso-guide-to-security-transformation.pdf

3

セキュリティ設計

- 個人情報保護法(日本)：Google Cloudサービスの導入という観点から個人情報保護法に関連する情報を提供
https://services.google.com/fh/files/misc/appi_japan_google_cloud_whitepaper_jpn.pdf?hl=ja

---

COLUMN データ処理およびセキュリティ規約に関連して、よくある質問と回答

Q：Googleは保管しているデータを広告や自社のAIのトレーニングデータにするのでしょうか？

A：いいえ。ユーザーのデータはユーザーが所有しており、Googleは契約上、法的義務を果たすために必要な目的以外でそれを使用することは決してありません。また、コミットメントに加えて、顧客はクラウドサービスプロバイダからの追加の透明性と制御を望んでいることも理解しています。

　Google CloudはGoogleのサポートまたはエンジニアによる未承認のユーザーデータアクセスを防ぐ制限を提案しています。後述するAccess Approvalで詳細は説明しますが、まれな法的なケースや障害時の調査を除き、ユーザーの事前の承認を得てからデータアクセスする仕組みになっています。こちらはホワイトペーパーの次の部分でも言及されています。

- https://cloud.google.com/security/overview/whitepaper#our_philosophy

---

3.2 セキュリティ関連のプロダクト

　前節では、Google Cloudのインフラストラクチャについて、Google側で実施しているセキュリティ対策を説明しました。本節では、ユーザー側でのセキュリティ要件に応じて、ユーザー側で利用を検討すべきプロダクトを紹介します。

　従来のシステム開発では、「ネットワーク境界を設けてセキュリティを担保する」という考え方に基づいたセキュリティ対策が中心でした。しかしながら、それだけでは対策として十分ではないことがわかってきました。ネットワーク境界の内側にある、安全とされる領域において、悪意のあるユーザーがデータを抜き出して漏洩させるという事例や、設定ミスにより、意図せずに機密情報を外部に漏洩させてしまうといった事例があり、これらは、従来のネットワーク境界型のセキュリティ対策だけでは、十分に防ぎ切ることができません。

このため、ネットワーク境界の内部／外部にかかわらず、「すべてのアクセスを信頼しない」という考え方（**ゼロトラスト**）に基づいた、新しいセキュリティ保護の考え方が生まれました。「ネットワークレイヤのみ」のような1つだけの防御手法に頼るのではなく、多層的なセキュリティレイヤを設けて、さらに強靭なセキュリティ対策を実施していきます。

本節では、Google Cloudを利用するうえで必須となるセキュリティ関連のプロダクトを紹介します。まずはじめに、従来型のセキュリティ対策の観点で、ネットワークセキュリティ、および暗号化に関連するプロダクトを説明します。続いて、クラウド時代のセキュリティ対策の観点から、ゼロトラストネットワークを実現するためのプロダクト、そして特にクラウドの利用で必要となるセキュリティ対策を実現するためのプロダクトを説明します。最後に、システム監査に関連して、監査ログの種類とそれらを有効化する方法を説明します。これには、クラウドプロバイダの運用者がどのような操作を行ったかを確認する機能も含まれます。

3.2.1 従来型のセキュリティ対策

オンプレミスの環境でシステムを構築する場合、一般に、次のようなネットワークセキュリティ対策が行われます。

- ファイアウォール：ネットワークレベルでのセキュリティ対策。送信元や送信先の情報（IPアドレスやポート番号）などをもとに、通信の許可、拒否を設定する
- Webアプリケーションファイアウォール（WAF）：アプリケーションレベルでのセキュリティ対策。ファイアウォールがネットワークレベルのセキュリティ対策であるのに対し、WAFはWebアプリケーションレベルの脆弱性を突く攻撃に対する対策といえる
- パケット解析：ネットワークを流れるトラフィックをキャプチャして解析することで、アプリケーションのパフォーマンスをモニタリングしたり、セキュリティに対する脅威の兆候を把握するなど、ネットワーク上での活動を包括的に検査するためのセキュリティ対策。コンプライアンスなどの法規制対応で使用されるネットワークフォレンジック（ネットワーク上のイベントをキャプチャ、記録、分析すること）では、ほぼすべてのパケットをキャプチャして検査する必要がある場合もある

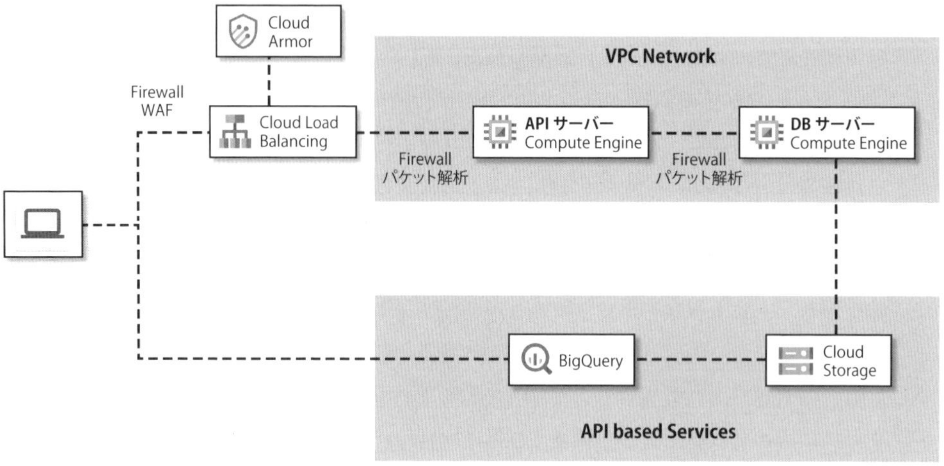

図3.3　一般的なセキュリティ対策

　本項では、クラウド上でこれらのネットワークセキュリティ対策を実現するためのGoogle Cloudのプロダクトと主な特徴を記載したあと、暗号化に関連する機能について説明します。

■ ファイアウォール

　Google Cloudのファイアウォールは、Google Cloudのリソースをネットワークレベルで保護するためのプロダクトで、仮想マシンに対してアクセス制限をかけることができます。

　Google Cloudのファイアウォールでは、以下の機能が提供されています。それぞれの機能について、順番に説明します。

- VPCファイアウォールルール
- 階層型ファイアウォールポリシー
- ファイアウォールインサイト
- ファイアウォールルールロギング

VPCファイアウォールルール

　VPCファイアウォールルール[4]は、特定のプロジェクトとネットワークに適用される、仮想マシンとの接続を許可または拒否する機能です。Cloud Console上では「ネットワーキング＞VPCネットワーク＞ファイアウォール」でファイアウォールルールを作成・変更し、「コンピューティング＞Compute Engine＞VMインスタンス」で、ネットワークタグ、サービスア

※4　詳細はVirtual Private Cloudドキュメントの「VPC ファイアウォール ルールの概要」（https://cloud.google.com/vpc/docs/firewalls）を参照してください。

カウントを利用してファイアウォールのソース／ディスティネーションを定義できます。

　VPCファイアウォールの利用に際して考慮すべき特性は、「ファイアウォールルールは双方向ではなく、受信接続または送信接続に対して、個別に適用される」という点です。またVPCファイアウォールは応答パケットの制御についても考慮されたステートフルファイアウォールであり、例えば、上り方向のHTTPトラフィックを許可するルールを明示的に定義すれば、それに対する下り方向の応答パケットは暗黙的に許可されるため、意識的に宣言する必要はありません。

　なお、App Engineのファイアウォールは「コンピューティング＞App Engine＞ファイアウォールルール」で設定することができます。また、Google Cloud Load Balancingについては、後述するCloud Armorを利用することでIP制限を設定することが可能であり、Cloud Run、Cloud Functionsでも同様にGoogle Cloud Load Balancingと紐付けることでアクセス制限をかけることができます。

階層型ファイアウォールポリシー

　階層型ファイアウォールポリシーは、組織あるいはフォルダ単位でファイアウォールルールを設定する機能です。組織全体で一貫したファイアウォールポリシーを適用する際に用います。

　階層型ファイアウォールポリシーは、上位レベルのルールから順番に評価されていくため、下位レベルのルールでポリシーを上書きすることはできません。そのため例えば「リソース階層の最上位ノードである組織に対して、特定のネットワークからのアクセスのみを許可する」ようなポリシーを設定した場合、個別のプロジェクトにそれ以外のネットワークからのアクセスを許可するルールを設定したとしても、アクセスは拒否されます。これにより、重要なファイアウォールルールを、組織全体に対して1カ所で適用することができます。

　階層型ファイアウォールポリシーを利用し、以下の条件を満たすファイアウォール構成を実現した例を図3.4に示します。

- 組織下の全リソースに対して、外部インターネットからのアクセスについては、特定のポート以外のアクセスを拒否。自社拠点からのアクセスについては、ポート制限は設けない
- 機密情報を扱う部署が管理するフォルダ以下のプロジェクトについては、本社ネットワークからのアクセスのみを許可

3

セキュリティ設計

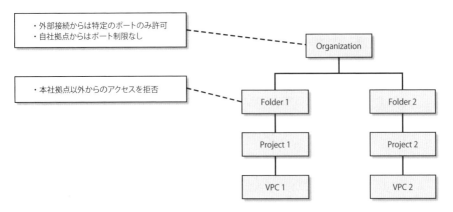

図3.4 階層型ファイアウォールポリシーを利用したファイアウォールルール構成例

ファイアウォールインサイト

ファイアウォールインサイト[5]は、クラウド内のネットワークを可視化するプラットフォームであるNetwork Intelligence Centerのモジュールであり、ファイアウォールの利用状況を可視化して、ファイアウォール構成の問題を検出することができます。システムの運用を続ける中で、ファイアウォールルールの数が増加すると、ファイアウォールルール全体の構成を把握することが困難になり、利用されていないルールが削除されずに残るなど、セキュリティリスクの増大を招くことがあります。ファイアウォールインサイトを利用することで、ファイアウォールルールが意図どおりに利用されていることを確認するなど、ファイアウォールの構成ミスやネットワーク経由のセキュリティ攻撃の特定に役立てることができます。

ファイアウォールルールロギング

ファイアウォールルールロギング[6]は、ファイアウォールルールの適用状況を記録する機能です。この機能を有効化すると、ファイアウォールルールにトラフィックが適合するたびに、接続レコードと呼ばれるレコードが記録されて、Cloud Logging（Google Cloudでログを管理、分析するためのツール）で閲覧、分析が可能になります。さらに、Cloud Loggingのエクスポート機能を利用して、BigQueryにログを蓄積することもできます。これにより、ファイアウォールルールの動作状況を分析したり、その結果をCloud Storageに蓄積して、監査対応に利用することができます。

※5 詳細は、ネットワーク インテリジェンス センターのドキュメントにある「ファイアウォール インサイトの概要」（https://cloud.google.com/network-intelligence-center/docs/firewall-insights/concepts/overview）を参照してください。
※6 詳細は、Virtual Private Cloudドキュメントの「ファイアウォール ルールロギングの概要」（https://cloud.google.com/vpc/docs/firewall-rules-logging）を参照してください。

■ Webアプリケーションファイアウォール

　Google CloudでWebアプリケーションファイアウォール（WAF）の機能を提供するのが、**Cloud Armor**[7]です。WAFによるアプリケーションレベルでのセキュリティ対策を実施することで、DDoS攻撃、クロスサイトスクリプティング（XSS）、SQLインジェクション（SQLi）などからシステムを防御することができます。なお、Cloud Armorは、Google Cloud Load Balancing（L7ロードバランサ）の機能として提供されます。また、Google Cloud上のアプリケーションだけでなく、オンプレミスや、他のクラウド上にデプロイされているアプリケーションに対しても、Google Cloud Load Balancingを前段に配置することで、Cloud Armorの機能を利用することができます。

　Cloud Armorの主な特徴は、以下のとおりです。

- IP、位置情報に基づくアクセス制御
- WAFルール
- 名前付きIPアドレスリスト
- Google Cloud Armor Managed Protection
- 可視化、モニタリング、ロギング

IP、位置情報に基づくアクセス制御

　IPv4、IPv6、CIDRに基づいて、受信トラフィックを制限する機能です。アクセスを拒否する場合のHTTPレスポンスコードは、403／404／502から選択できます。

WAFルール

　IPアドレスおよびその範囲で指定する「基本モード」と、ルール言語で記述する「詳細モード」のいずれかを選択し、セキュリティポリシーを設定する機能です。特に後者では、Cookie、HTTPヘッダー、ユーザーエージェントなど、さまざまな要素を用いてルールを記述することができます。

　また、Open Web Application Security Project（OWASP）Foundationによるすべてのアプリケーションオーナーが把握すべきセキュリティリスクのトップ10リストである「OWASP10大リスク[8]」を軽減する事前設定ルールも提供されています。これにより、各シグネチャを手動で定義することなく、OWASP 10大リスクを含む、一般的な攻撃を防ぐため、OWASP Modsecurityコアルールセットに基づいたルールを簡単に利用できます。例えば、次

※7　詳細は、「Google Cloud Armor」（https://cloud.google.com/armor）を参照してください。
※8　詳細は、Cloudアーキテクチャセンターの「Google CloudにおけるOWASPトップ10 緩和策」（https://cloud.google.com/architecture/owasp-top-ten-mitigation）を参照してください。

のような事前設定ルール[※9]が利用可能です。

- xss-<version>: クロスサイトスクリプティング攻撃から保護
- sqli-<version>: SQLインジェクション攻撃から保護
- lfi-<version>: ローカルファイルインクルージョン攻撃からの保護
- rfi-<version>: リモートファイルインクルージョン攻撃からの保護
- rce-<version>: リモートコード実行攻撃から保護

名前付きIPアドレスリスト

　サードパーティプロバイダが管理するIPアドレスリストを参照することができる機能です。例えば、CDNプロバイダからのリクエストのみを許可したい場合は、CDNプロバイダを指定することで、CDNプロバイダからのアクセスのみを許可するルールを設定することができ、IPアドレスのリストをユーザー自身で管理する必要がありません。

　なお、プレビュー時点ではすべてのユーザーが利用可能ですが、一般提供後はGoogle Cloud Armor Managed Protectionプラスティアに登録されたプロジェクトのみ利用することができます。

Google Cloud Armor Managed Protection

　分散型サービス拒否（DDoS）攻撃や、さまざまなインターネット上の脅威からWebアプリケーションとサービスを保護するマネージドアプリケーション保護サービスです。従量モデルの料金モデル（スタンダードティア）以外に、サブスクリプションモデルの料金モデル（プラスティア）が利用可能です。

可視化、モニタリング、ロギング

　最後の「可視化、モニタリング、ロギング」は、セキュリティポリシーからCloud Loggingに対してモニタリングデータをエクスポートすることで、ポリシーが意図したとおりに適用されているかを確認することができるCloud Armorの機能です。また、「プレビューモード」でセキュリティポリシーをデプロイすることで、実際にトラフィックをブロックすることなく、ルールの有効性や影響範囲を検証することができます。そのため、セキュリティポリシーを追加、変更する場合は、まずプレビューモードで影響範囲を見極めたうえで本番環境にデプロイする方法が推奨されます。

　なお、Cloud ArmorのCloud Loggingに出力されるログは、Google Cloud Load Balancing

---

※9　詳細は、Google Cloud Armorドキュメントの「Google Cloud Armor WAF ルールのチューニング」（https://cloud.google.com/armor/docs/rule-tuning）を参照してください。

のログの一部として提供されますが、Google Cloud Load Balancingのログはデフォルトで
オフになっているため、必要な場合は有効化してください。また、Cloud Armorは後述の
Security Command Center（SCC）と統合されており、「許可されたトラフィックの急増」や
「拒否率の増加」の検出結果は、自動的にSCCに集約されます。これにより、潜在的なL7攻撃
の傾向をモニタリングするなど、これまでのトラフィック特性と異なるトラフィック特性が発
生していることを知ることができます。

■ パケット解析

　パケット解析とは、ネットワーク上を流れるトラフィックを解析することで、アプリケーショ
ンパフォーマンスをモニタリングしたり、セキュリティに対する脅威の兆候を把握するなど、
ネットワーク上の活動を包括的に検査するためのセキュリティ対策です。Google Cloudでは、
パケット解析のためのプロダクトとして、パケットミラーリングが提供されています。

　パケットミラーリングでは、VPCネットワーク内で特定のインスタンスのトラフィックのク
ローンを作成し、それを別のインスタンスに転送します。その際、パケットミラーリングポリ
シーを設定することで、サブネット、ネットワークタグ、インスタンス名を使って転送対象を
指定することができます。

図3.5　パケットミラーリングの概要

　パケットミラーリングを利用してトラフィックを収集することで、OSSのパケット解析ツー
ルなどを利用して、パケットを解析することができます。また、「Palo Alto VM-Series」など
のサードパーティツールと組み合わせて利用することも可能です[10]。

　なお、パケットミラーリングを利用する際、パケットミラーリングの対象となるインスタンス
の帯域幅[11]を消費する点に注意が必要です。例えば、上りのトラフィックが「1」、下りのトラ
フィックが「1」の場合、すべてのトラフィックをミラーリングする設定にすると、上りのトラ
フィックが「1」、下りのトラフィックが「3」（通常の下りとして「1」、上りと下りのミラーリ
ング用として「2」）としてカウントされます。帯域幅はインスタンスサイズによって異なるた
め、パケットミラーリングを利用するのに十分な帯域幅が割り当てられているかを確認すると
ともに、フィルタ設定により、必要なトラフィックのみを収集するようにしましょう。

※10　詳細は、「Packet Mirroringによる高度なネットワーク脅威検出のセットアップ」（https://cloud.google.com/blog/ja/products/networking/packet-mirroring-enables-better-network-monitoring-and-security）を参照してください。

※11　詳細は、Compute Engineドキュメントの「ネットワーク帯域幅」（https://cloud.google.com/compute/docs/network-bandwidth）を参照してください。

■ 暗号化

暗号化は、システムを構築するうえで広く利用されるセキュリティ対策です。暗号化を行うことで、データを安全に取り扱うことができるようになります。Google Cloudでは、「転送中の暗号化」「データ保管時の暗号化」の2つの暗号化がデフォルトで実施されます。

さらに、データ保管時とデータ処理時において、ユーザーが必要に応じて選択できる暗号化オプションがあります。

まず、データ保管時、つまりGoogle Cloudにデータを保存する際には、前述のように、デフォルトで暗号化が行われます。後ほど「鍵管理サービス」で説明するCloud Key Management Serviceを利用すると、保存データの暗号化方法と暗号鍵の保管方法を詳細に制御することができます。

一方、データ処理時においては、Confidential Computingを実現するConfidential VMsが提供されています。これは、Compute Engineの特定の仮想マシンで利用できる機能です。

Confidential Computingは、アプリケーションのコードを変更することなく、仮想マシンの使用中、つまり、データの処理中もデータを暗号化するテクノロジーです。Confidential Computing環境では、メモリを含むCPU外のすべての場所で、データが暗号化された状態が保持されます。

これを実現しているのが、CPUによって提供されるセキュリティテクノロジー（第2世代AMD EPYC CPUによってサポートされるSecure Encrypted Virtualization）です。

■ 鍵管理サービス

Google Cloudでは複数の暗号化のオプションを提供していますが、まずは図3.6に全体のポートフォリオを示します。

図中、左側にあるほどユーザーのコントロールできる範囲が小さく、右に行くにつれてユーザーのコントロールできる範囲が大きくなります。コントロールできる範囲が大きくなると運用の負荷も上がるため、セキュリティと運用負荷のバランスを考えて適切なオプションを選択します。

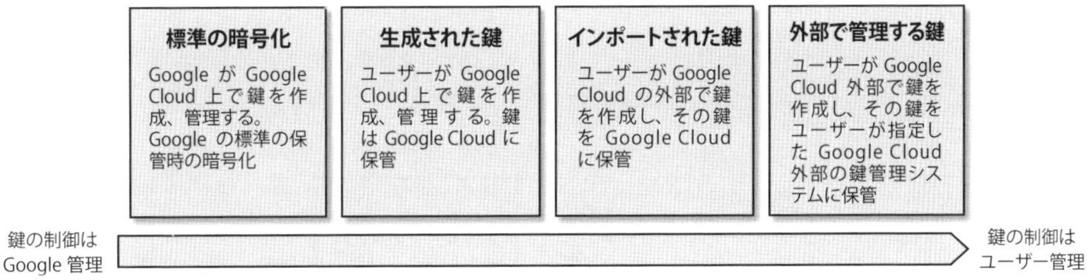

図3.6　暗号化のポートフォリオ

　また、鍵管理サービスで、これらのオプションをどのように実現するかを説明する前に、Google Cloudで行う暗号化方式についても説明しておきましょう。Google Cloudではデータの暗号化には、**エンベロープ暗号化**を使用しています。エンベロープ暗号化とは、暗号化に利用する鍵（**データ暗号鍵**）をさらに別の鍵（**キー暗号鍵**）で暗号化して保存するという方式です。このエンベロープ暗号化の過程では、データを複数のチャンクに分割し、チャンクごとに暗号化します。Google Cloudのストレージサービスは、次のような手順でデータの暗号化・復号（復号化）を行っています。

- 暗号化
  - データ暗号鍵（Data Encryption Key：DEK）を利用し暗号化を実施
  - DEKはキー暗号鍵（Key Encryption Key：KEK）で暗号化
  - KEKは鍵管理サービス（Key Management Service：KMS）に保管

- 復号（復号化）
  - DEKを鍵管理サービス内でKEKを利用して復号
  - 平文のDEKをストレージサービスへ返答
  - ストレージサービスはDEKを利用して、データチャンクを復号し整合性を確認

以上の流れを図示すると次のようになります。

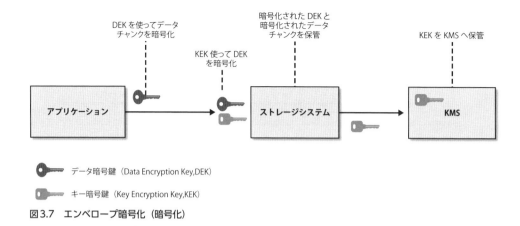

図3.7　エンベロープ暗号化（暗号化）

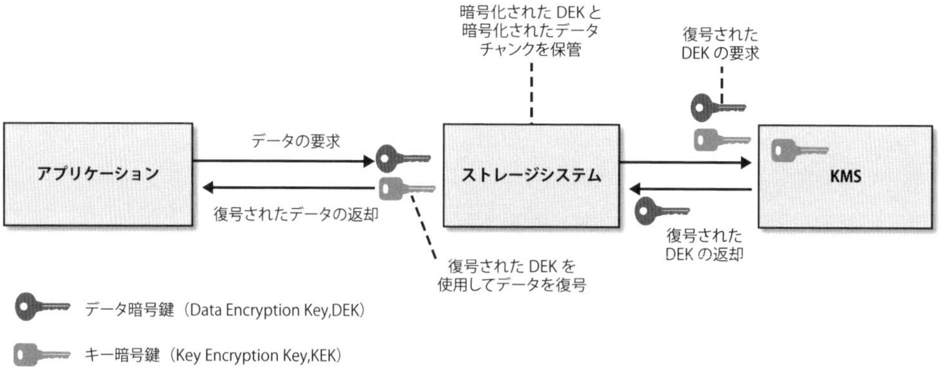

図3.8　エンベロープ暗号化（復号）

　それではここから、図3.6に記載したオプションについて、鍵管理サービスでの実現方法を説明します。

　図3.6に記載したオプションのうち、「生成した鍵」「インポートされた鍵」「外部で管理する鍵」はCloud KMSによって実現します。図3.9は、Cloud KMSを利用する際の設定画面の例です。

図3.9　Cloud KMSの画面例

　ここからは、図3.9に示すCloud KMSの画面で設定できる、各項目について説明します。

作成する鍵の種類

　本項目で、図3.6で説明した「生成した鍵」「インポートされた鍵」「外部で管理する鍵」のどのオプションを利用するかを選択します。企業の鍵の管理ポリシーに基づいて、最適な方式を選択してください。

- 生成した鍵：Cloud KMSを利用する際に、Google Cloudで鍵（KEK）を生成し、ユーザーが鍵の管理（鍵バージョンの有効・無効化、ローテーション期間の設定、破棄）を行います。
- インポートされた鍵：ユーザーが作成した鍵をCloud KMSへ登録します。前述した「生成した鍵」との違いは、鍵をGoogleが作成するか、ユーザーが作成するかです。「生成した鍵」と同様に、ユーザーが鍵の管理を行います。
- 外部で管理する鍵：Google Cloudの外部にある、サポート対象の外部鍵管理パートナー内で管理される鍵を利用します。これをCloud External Key Manager（Cloud EKM）といい、鍵はすべてGoogle Cloudの外部システムに存在することになります。

保護レベル

　上記の「生成した鍵」や「インポートされた鍵」に対して、鍵の保護レベルをソフトウェア

または、ハードウェアから選択します。ハードウェアを選択すると、Cloud HSMを利用し、FIPS140-2レベル3認定HSMのクラスタで暗号鍵のホスティングや暗号オペレーションを実行できるようになります。

目的

作成する鍵の目的を「暗号化・復号化用」、もしくは「署名用」の2種類から選択します。さらに「暗号化・復号化用」については「対称暗号化」と「非対称暗号化」の2つから選択できます。また「署名用」については「非対称署名」を選択し、それぞれに対応したアルゴリズムを選択できます。

Cloud KMSを利用することで、セキュリティ要件に応じた適切な暗号化が実現できます。例えば、BigQueryやCloud Storageなどのプロダクトでは、Cloud KMSが提供する、顧客管理の暗号鍵（Customer Managed Encryption Key：CMEK）の機能を用いると、独自の暗号鍵をユーザーが管理することができます。ただし、Cloud KMSはすべてのプロダクトには対応していないため、利用を検討する際は最新の情報を参照して、使用するプロダクトで利用できることを事前に確認してください。

なおここまでは、Cloud KMSを利用する場合、つまりCMEKについて記述しましたが、Cloud Storage、Compute Engineの機能として、Customer Supplied Encryption Keys（CSEK）があります。ユーザーが独自の暗号鍵を提供した場合、Google Cloudはその鍵を利用して、データの暗号化と復号に使用されるGoogle生成の鍵を保護することができます。Cloud KMS（CMEK）では、Cloud StorageやCompute Engineといったプロダクト利用時に、ユーザーが作成した鍵をCloud KMS経由で提供できます。一方、CSEKでは、Cloud StorageやCompute Engineを利用する際、ユーザーが作成した鍵を、Cloud KMSを経由せず、直接提供する必要があります。

COLUMN　　Cloud KMSの詳細

本節では、暗号化についてどのような種類、保護レベルがあるかの紹介にとどめました。Cloud KMSの詳細なアーキテクチャについては、以下のドキュメントから確認できます。より理解を深めたい場合は参照してください。

- Cloud Key Management Service の詳細
  https://cloud.google.com/security/key-management-deep-dive

3.2.2 クラウド時代のセキュリティ対策

　昨今、セキュリティ対策に求められる要件は、より複雑化・多様化しています。例えば、リモートワークが一般的になった結果、柔軟なワークスタイルに対応するため、さまざまなネットワークデバイスからシステムにアクセスすることが求められるようになりました。これをセキュアに実現するには、従来のネットワークレベルのセキュリティ対策だけでは難しいでしょう。また、システムの開発・運用に携わるステークホルダーも、フルタイムのエンジニアや委託先のエンジニアなどに多様化した結果、より細かな粒度での認証・認可の仕組みを用意する必要があるケースが増えています。

　Google Cloudでは、従来のセキュリティ対策に利用できるプロダクトに加えて、より多様なセキュリティ要件に対応するプロダクトが提供されています。これらを活用することで、従来のセキュリティ対策のみでは対応しきれないリスクに対応すると同時に、運用負荷を大きく減らすことが可能になります。

　本節で説明するプロダクトの一般的なシステム構成へのマッピングを図3.10に示します。

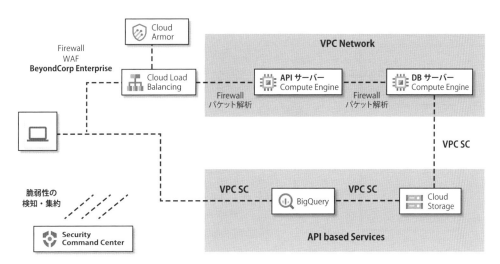

図3.10　Google Cloudを活用したセキュリティ対策例

■ VPC Service Controls

　VPC Service Controls（VPC SC）は、Google Cloudに格納した機密データに対してセキュリティ境界を設定することで、データ漏洩のリスクを軽減し、組織下のリソースに対して一貫したセキュリティポリシーを適用するためのプロダクトです。

　機密データを保護するために用いられてきた従来のネットワークレベルのセキュリティ対策では、次のような事象を防ぐのは困難といえます。

- 機密データが格納されたCloud Storageバケットへのアクセス権を持つ正規の従業員が、意図的に個人管理のプロジェクトにデータをコピーしてしまった
- IAMポリシーの設定を誤ってしまい、本来アクセス権限を付与してはいけないユーザーによって、インターネット経由で機密データにアクセスされてしまった
- 誤ってインターネット上にアップロードされたID、サービスアカウントを用いて、インターネットからデータを抜き取られた

VPC SCを利用することで、前述の従来のネットワークレベルでのセキュリティ対策では対応が難しかったデータ漏洩のリスクから、Google Cloud上のデータを守ることができます。

VPC SCでは、信頼できるサービス境界を設定し、サービス境界内の仮想マシンからAPIサービスへの通信や、サービス境界内のプロジェクト間のAPIサービス間の通信を許可します。一方で、サービス境界をまたがる通信は、デフォルトでは遮断されます。例えば、サービス境界内に存在するCloud Storageバケット間であれば今までどおりコピー操作などの通信が可能で、逆にサービス境界内外のバケット間の場合は、仮にユーザーが両方に対して適切な権限を持っていたとしても、データをコピーすることはできません。

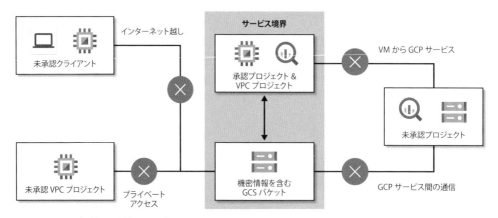

図3.11　サービス境界と外部との通信

また、VPC SCでは、4.2.3項の「限定公開のGoogleアクセス」（115ページ）で後述するオンプレミス拡張機能を利用して、ハイブリッド環境にまたがるVPCネットワークから、Google Cloudリソースへのプライベート通信を構成することができます。

サービス境界の外に存在するリソースからのアクセスが必要な場合は、送信元IPアドレスなどの属性に基づいたアクセスレベルを定義することで、サービス境界外からサービス境界内へのアクセスを適切に制御することができます。

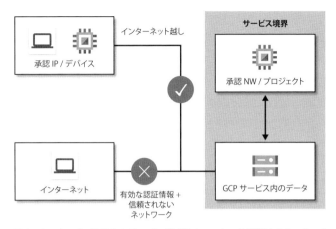

図3.12　サービス境界内とサービス境界外のアクセスを制御するアクセスレベル

このように、サービス境界を適切に設定することによって、従来のネットワークレベルの対策では対応しきれなかった、データ漏洩のリスクに対処することができます。

ただし、VPC SCの利用に際して、いくつか注意点があります。まず、VPC SCはあくまでも「仮想マシン⇔APIサービス、APIサービス⇔APIサービス間の通信をサービス境界によって保護する」ためのプロダクトです。すなわち、仮想マシン⇔仮想マシンの通信については、VPC SCとは別に、ファイアウォールなどのネットワークレベルでの制御が必要となります。また、VPC SCでは、すべてのプロダクトがサポートされているわけではありません。特に、ブラウザを介してGoogle Cloudのインフラストラクチャ管理とアプリケーション開発に利用できるシェル環境であるCloud Shellがサポート対象外となっています。つまり、Cloud Shellはサービス境界外と見なされるため、Cloud ShellからVPC SCで保護されたデータへのアクセスは必ず拒否されます。さらに、サポートされているプロダクト[12]であっても、制限事項がある場合があります。そのため、VPC SCの適用を検討する際は、対象のプロダクトがサポートされているかどうかを確認したうえで、実際の挙動には影響せず、設定内容に基づいたログが出力されるドライランモード[13]で影響範囲を把握してから、本番環境に適用することが望ましいでしょう。

VPC SCは、データ漏洩を防ぐセキュリティ対策になる一方、サービス境界の設定や対象とするプロダクトを適切に選ぶ必要があります。VPC SCを検討する場合は、実現したいセキュリティの要件を精査したうえで、Chapter 2で説明したIAM Conditionsなど別の方法での実現方法がないかどうかもあわせて検討するとよいでしょう。

※12　サポート対象となるプロダクトについては、VPC Service Controlsドキュメントの「サポートされているプロダクトと制限事項」（https://cloud.google.com/vpc-service-controls/docs/supported-products）を参照してください。

※13　詳細は、VPC Service Controlsドキュメントの「サービス境界のドライラン モード」（https://cloud.google.com/vpc-service-controls/docs/dry-run-mode?hl=ja）を参照してください。

> **NOTE**
> ネットワークレベルでのセキュリティとVPC SCでのセキュリティの適用箇所の違いについては、
> 図3.10を参照してください。詳細は4.1.2項で記載しますが、Google Cloudには、BigQueryや
> Cloud StorageのようなAPIサービスと、VPCの上で稼働するプロダクトがあり、そのうちVPC SCはAPI
> サービスにかかわる通信を制御するものです。

■ Security Command Center

Security Command Center（SCC）は、セキュリティ上の脅威を防止、検出、および対処するために役立つ、セキュリティやコンプライアンスに関する情報を一元管理するプラットフォームです。

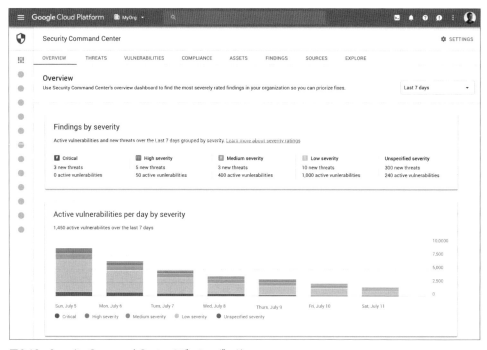

図3.13　Security Command Centerのダッシュボード
※Google Cloud公式ドキュメント（https://cloud.google.com/security-command-center/docs/how-to-use-security-command-center#using_the_dashboard）より引用

　SCCを有効にすると、組織下のアセットを自動的に検出し、SCCのダッシュボードを通じて確認することができます。また、後述する各機能やサードパーティサービスによって検出された知見（Findings）もSCC内で確認することができるため、組織下のプロジェクトでどのような脅威が存在するのかを、一元的に管理することができます。さらに、検出結果をCloud

Loggingにエクスポートすることもできるため、Cloud Logging→Pub/Sub→Cloud Functionsという流れを組むことで、検出結果を通知したり、検出結果に基づいたアクション（例えば、オープンになったCloud Storageを自動的にクローズに戻すなど）を実行することができます。

なお、SCCには、「スタンダードティア」と「プレミアムティア」という2つのティアがあり、提供される機能が異なります。表3.2に、ティアごとの機能一覧を示します。

表3.2　SCCのティアごとの機能一覧

	スタンダードティア	プレミアムティア
Security Health Analytics	一部のみ	全機能
Web Security Scanner	カスタムスキャン	マネージドスキャン カスタムスキャン
Event Threat Detection	—	利用可能
Container Threat Detection	—	利用可能

このうち、主な機能の詳細を抜粋して紹介しておきましょう。

Security Health Analytics

まずSecurity Health Analyticsは、収集されたアセットの情報をもとに、設定ミスやコンプライアンス違反をリアルタイムに検出する機能です。以下に、検出可能な脆弱性の一例を挙げます。

- 公開されているCloud Storageバケット、Compute Engine
- 過度にオープンなファイアウォールルール
- ロギング、モニタリングが無効になっているGoogle Kubernetes Engine（GKE）クラスタ

Anomaly Detection

Anomaly Detectionは、システムの外部からの動作シグナルを使用して、認証情報の漏洩や仮想マシンの不正利用を検出する機能です。SCCを有効化すると、自動的に有効化されます。

Cloud Data Loss Prevention（Cloud DLP）

SCCでは、機密データの検査、分類、匿名化に利用できるCloud Data Loss Prevension（Cloud DLP）※14のスキャン結果を確認することもできます。SCCの機能を活用することで、クレジットカード情報、電話番号など、機密性の高いデータや個人情報を随時把握し、適切な管理に役立てることができます。

※14　詳細は、「Cloud Data Loss Prevention（DLP）のドキュメント」（https://cloud.google.com/dlp/docs/?hl=ja）を参照してください。

Event Threat Detection（ETD）

　Event Threat Detection（ETD）は、システム内の脅威を特定する機能です。ETDは、組織のCloud Loggingストリーム（VPCフローログ、ファイアウォールルールのログなど）を監視し、それらを利用して、システムに発生している脅威をほぼリアルタイムに特定します。表3.3に、ETDの検出ルール[15]の一例を示します。

表3.3　検出ルールの一例

ルール名	説明
外部テーブルへの漏洩	組織外に保存されたリソースの検出
VPC境界違反	VPC Service Controlsで保護されているBigQueryリソースへのアクセス試行の検出
送信DoS	送信DoSトラフィックの検出
IAM：異常付与検出	組織外のメンバーに対するIAMユーザーとサービスアカウントに付与された権限の検出

Web Security Scanner

　Web Security Scanner[16]は、GKE、Compute Engine、App Engine（スタンダード／フレキシブル）にデプロイされたアプリケーションを自動的に発見し、スキャンを実施します。検出可能な脆弱性は、OWASPトップ10を含むXSSなどが対象となり、検出された脆弱性は、SCCで確認できます。スタンダードティアでは手動実行（カスタムスキャン）のみが可能で、プレミアムティアでは定期的なスキャン（マネージドスキャン）を設定することができます。マネージドスキャンにより、自動的にスキャン対象のアプリケーションを発見することができるため、スキャン設定を入れ忘れたために脆弱性が放置されるリスクを低減します。

　なお、Web Security Scannerを利用すると、アプリケーションに対して実際にフィールドに値が入力されたり、ボタンを押すことになるため、スキャン対象にはテスト環境を用いるなどの注意が必要です。

■ reCAPTCHA Enterprise

　Web上の不正行為によって、企業が多大な損失を被っているというニュースを目にすることがあります。このような不正行為に対して、企業が一から対策の仕組みを作り、かつ、最新の技術を適用し続けていくのは、簡単なことではありません。

　これらのWeb上の不正行為の対策として、多くのWebサイトで用いられているのがreCAPTCHA[17]です。reCAPTCHAは悪意のあるユーザーによる不正行為、ボット、スパム

※15　詳細は、セキュリティコマンドセンターガイドの「Event Threat Detectionの概要」にある「Event Threat Detectionのルール」（https://cloud.google.com/security-command-center/docs/concepts-event-threat-detection-overview#rules）を参照してください。

※16　詳細は、セキュリティコマンドセンターガイドの「Web Security Scannerの概要」（https://cloud.google.com/security-command-center/docs/concepts-web-security-scanner-overview）を参照してください。

※17　詳細は、https://www.google.com/recaptcha/about/ を参照してください。

などからWebサイトを保護するためのテクノロジーで、Webサイトに組み込むことで、不正なアクセスをブロックしたり、不審なユーザーに対して追加の認証処理を設けることができます。「私はロボットではありません」というチェックボックスを利用するreCAPTCHA v2、ユーザーの操作を必要としないreCAPTCHA v3がこれまでに公開されており、v1から数えると、10年以上の実績があるテクノロジーです。

　reCAPTCHA Enterprise[18]は、この10年以上の実績のあるreCAPTCHAをエンタープライズにおけるセキュリティ課題に特化して再設計したGoogle Cloudのプロダクトです。reCAPTCHA v3と同様に、ユーザーの操作を妨げることなくWebサイトに組み込むことができます。さらに、reCAPTCHA Enterpriseを利用することで、より大規模なアクセスに対してreCAPTCHAを利用することができ、より詳細な情報をもとにアクションにつなげることができます。

　ここで、reCAPTCHA Enterpriseの特徴を抜粋して紹介しましょう。

- 大規模アクセスへの対応：reCAPTCHA v2／v3は、無償で利用できる代わりに、1カ月に利用できる評価の上限が100万回までに制限されています。reCAPTCHA Enterpriseは、評価回数に対する上限はありません。
- より粒度の細かいリスクスコア付け：「リスクが高い」「リスクが低い」だけではなく、0から1までのより細かいリスクスコアを利用できます。これにより、Webサイトの特性を考慮した判定が可能になります。
- エンタープライズ向け：reCAPTCHA Enterpriseでは、Google CloudのSLA、SLOと利用規約が提供されています。また、ミッションクリティカルなWebアプリケーションに利用する際に必要なサポートも提供されます。
- カスタマイズ可能：ラベルを付けたreCAPTCHA IDをGoogleのサーバーに送り返すことで、判定内容をサイト固有のモデルに調整することができます。Webサイトごとに正しいユーザー、不正なユーザーの挙動が異なる場合があるため、追加情報をGoogleのサーバーに送り返すことで、判定の精度を高めることが可能です。
- ネイティブアプリケーション対応（プレビュー）：reCAPTCHA Enterpriseは、Webサイトだけではなく、iOS、Androidのアプリへの組み込みに対応しています。そのため、例えばネイティブアプリケーションをボットで不正操作するといったユースケースに対しても導入することができます。

---

[18]　詳細は、「reCAPTCHA Enterprise」（https://cloud.google.com/recaptcha-enterprise?hl=ja）を参照してください。

Web Risk API

Googleは危険なWebリソースの最新のリストを公開しています。Web Risk APIは、クライアントアプリケーションからAPIを利用し、URLが危険かどうかをチェックするためのプロダクトです。

これを活用することで、ユーザーがコンテンツを投稿するタイプのアプリケーションを作成した場合に、投稿に含まれるURLが安全かどうかをチェックし、事前に警告するような仕組みが実現できます。

以下のURLで、Web Risk APIの利用を始めるためのドキュメントが公開されています。ぜひ参照してください。

- Web Riskの設定
  https://cloud.google.com/web-risk/docs/quickstart

■ BeyondCorp Enterprise

BeyondCorp Enterprise（BCE）は、ゼロトラストの考え方に基づいたネットワークアクセスを実現するプロダクトです。

オンプレミスやクラウドで稼働するシステムを保護する場合、一般的には、VPNやファイアウォールなど、ネットワークレベルでのセキュリティ対策を導入します。しかしながら、リモートワークの割合が増加する昨今においては、それらの対策には次のような課題があります。

- アクセス元ネットワーク、アクセス元デバイスの多様化への対応
- VPNの逼迫、パフォーマンスの劣化、運用負荷
- 従業員、契約社員、パートナーなどさまざまな利用者に対する、アプリケーションごとの適切な粒度のアクセス制御

BCEを利用すると、これらの課題に対応することができます。BCEでは、Google Cloud、オンプレミス、その他のクラウドで稼働するアプリケーションへのアクセスについて、ユーザー、デバイス、その他のコンテキストに応じた制御と管理を行います。

BCEを構成するコンポーネントを図3.14に示します。BCEは、これら複数のコンポーネントから構成されており、すべてを組み合わせて利用することも、一部の機能のみを利用することも可能になっています。

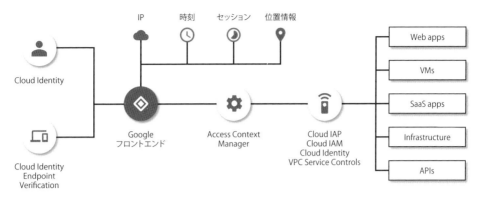

図3.14 BeyondCorp Enterpriseのコンポーネント

以下、図中の各コンポーネントについて説明します。

Cloud Identity

Cloud Identityは、Chapter 2でも説明した、認証に用いるアイデンティティを管理するためのプロダクトです。BCEでは、Googleアカウントもしくは外部ID[19]のいずれかをユーザーIDとして利用することができます。Google CloudやGoogle Workspaceをすでに利用している場合は、既存のGoogleアカウントで、後ほど説明する承認レイヤの役割を担うIAPを利用することができます。これらを利用していない場合や、IDの管理を分けたい場合は、Identity Platform[20]を使って外部IDを利用することも可能です。

Endpoint Verification

Endpoint Verification[21]は、Chrome拡張機能を利用して、デバイスの暗号化の状況、OSのバージョンなど、従業員のデバイス情報を収集します。それらをもとに、後続のプロダクトで、アクセス可否を判断します。Mac、Chrome OS、Windows、Linuxのデバイスがサポートされています。

Access Context Manager

Access Context Managerは、適切な粒度のアクセスルールを定義するためのルールエンジンです。これを使って、管理者は「IPサブネット」「地域」「メンバー（ID）」「デバイスポリ

※19 詳細は、Identity-Aware Proxyドキュメントの「外部ID」（https://cloud.google.com/iap/docs/external-identities）を参照してください。

※20 詳細は、「Identity Platformのドキュメント」（https://cloud.google.com/identity-platform/docs?hl=ja）を参照してください。

※21 詳細は、エンドポイントの確認ドキュメントの「Endpoint Verificationの概要」（https://cloud.google.com/endpoint-verification/docs/overview）を参照してください。

シー」などで定義したアクセスレベル※22を定義します。ここで作成したアクセスレベルは、後述のIAPおよびVPC SCで利用します。

Cloud Identity-Aware Proxy（IAP）

Cloud Identity-Aware Proxy（IAP）は、HTTP(S)によってアクセスされるアプリケーションに対して、承認レイヤを一元的に提供するコンポーネントです。IAPでは、ネットワークレベルのファイアウォールを利用するのではなく、アプリケーションレベルのアクセス制御モデルを適用します。IAPは、App Engine、Kubernetes Engine、Compute EngineなどのGoogle Cloud上で稼働するアプリケーション以外に、オンプレミスや他のクラウド上のアプリケーションにも適用することができます。このような場合は、On-prem connectorというプロキシを利用してリクエストを転送します。

注意点として、IAPの保護対象とするアプリケーションに対して、IAPを迂回するリクエストを許可しないようにする必要があります。例えば、オンプレミスのアプリケーションにIAPによるアクセス制御を適用する場合、オンプレミスの同一ネットワークからの通信は遮断する必要があります。迂回路を許可しないための仕組みとして、ファイアウォールなどのネットワークレベルでの制御に加え、署名付きヘッダーによる保護※23が有効です。なお、BCEを利用せず（コンテキストを利用せず）、IAMを使ってIAPのみを利用することも可能です。

■ BCEで追加された機能

BCEは、元々はBeyondCorp Remote Accessという名称で提供されていましたが、2021年1月に、BeyondCorp Enterpriseに名称が変更され、次の機能が追加されました。

オンプレミスへのIAP Connectorのデプロイの簡易化

以前はYAMLファイルを作成したうえで、Google Cloudリソースの作成と管理を自動化するインフラストラクチャデプロイプロダクトであるDeployment Managerを使ってOn-prem connectorを作成する必要があり、それらになじみがない場合に苦労するケースがありましたが、BCEでは、Cloud ConsoleからGUIで設定する手順が追加されています。これにより、必要なパラメータを入力するだけで、On-prem connectorの作成が可能になりました。

セキュリティ関連の機能追加

BCEでは、Chromeブラウザを利用した次の機能が追加され、適切な粒度のセキュリティ対

※22　詳細は、Access Context Managerドキュメントの「アクセスレベルの属性」（https://cloud.google.com/access-context-manager/docs/access-level-attributes）を参照してください。

※23　詳細は、Identity-Aware Proxyドキュメントの「署名付きヘッダーによるアプリの保護」（https://cloud.google.com/iap/docs/signed-headers-howto）を参照してください。

策を追加することができるようになりました。

- 機密情報、マルウェアのダウンロード防止：ダウンロードコンテンツの内容を判断し、該当する場合は、「警告を表示」または「ダウンロードを不可」にします（該当する場合の挙動は、管理者が選択することが可能）
- リアルタイムURLチェック：URLを随時チェックし、フィッシングサイトや有害サイトの場合は警告を表示します
- コピー＆ペーストの防止：センシティブなコンテンツをコピー＆ペーストするのを防ぎます
- セキュリティイベントの分析：Admin画面で、コンテンツのペーストやダウンロードなどのセキュリティイベントを閲覧、分析できます

COLUMN　　**Cloud Consoleへのアクセス制御**

　Cloud Consoleは、Google Cloudのリソースを操作するためのGUIです。Cloud Shellや Cloud Shell Editorなど、ブラウザ経由でGoogle Cloudを利用するための便利な機能が提供されています。その一方で、Cloud Shellを経由して、ファイルのアップロード、ダウンロードが可能であったり、Compute Engineのコンソールにブラウザ経由でアクセスできてしまったりするため、企業のセキュリティポリシーに応じて機能を絞りたいケースもあるでしょう。

　そのような場合は、ユーザーとデバイスの状況に基づいてアプリケーションへのアクセスを制御するコンテキストアウェアアクセスをCloud ConsoleおよびGoogle APIに対して適用することで、上記の機能によるアクセスを制限することができます。

　コンテキストアウェアアクセスをCloud ConsoleおよびGoogle APIに対して適用する具体的な方法は、以下のURLを参照してください。

- BeyondCorp Enterpriseドキュメント「Google Cloud ConsoleとGoogle Cloud APIsの保護」
  https://cloud.google.com/beyondcorp-enterprise/docs/securing-console-and-apis

---

3.2.3　システム監査

　本項では、Google Cloudを利用するにあたり、クラウドプロバイダ側の作業に関する透明性を高める方法、そして、システム監査時に構成変更情報や監査ログを参照する機能、ログ収集の仕組みなどを説明します。

　クラウドプロバイダ側の作業としては、「Google Cloud のサポートやエンジニアリングチームはユーザーの環境へはアクセスしない」ということが原則になります。しかしながら、障害発生に伴う解析やサポート業務などで、Google Cloud の規約に基づいて、ユーザーの同意の下にユーザー環境へアクセスするケースがあります。このような際に、システム監査としてさらに透明性を求める場合は、「Access Approval[24]」を利用して、ユーザー環境へのアクセスを許可するフローを標準化し、許可した時間内だけにアクセスを制限することができます。また、「アクセスの透明性[25]」を利用すると、クラウドプロバイダが実施した作業をユーザー環境のログに出力することができます。これらの機能を有効にするには、特定のカスタマーサポートレベルが必要になります[26]。

　以降、「Access Approval」「アクセスの透明性」の詳細および、「監査ログの種類」としてどのようなログを監査ログとして利用できるか説明します。実際にログを収集する仕組みについては、3.3 節で後述します。

■ Access Approval

　Access Approval を利用することで、Google Cloud のサポートとエンジニアリングチームがユーザー環境にアクセスする必要がある場合に、ユーザーがそれら作業への明示的な承認を要求できるようになります。本機能を登録するには、次項で説明する「アクセスの透明性」を組織で有効化する必要があります。

　Access Approval の登録・設定を行うには、Access Approval Config Editor 権限が付与されているユーザーで作業する必要があります。また、ユーザー環境へのアクセス許可を求める承認依頼の通知は、メール、または、Pub/Sub へのメッセージで行われます。アクセスの承認は Access Approval Approver 権限を持つユーザーが実施できます。

　アクセスを承認した場合、Google Cloud のサポートとエンジニアリングチームは、承認された時間内のみアクセスできるようになります。

■ アクセスの透明性

　法的、あるいは規制上の対応要件としてクラウドプロバイダ運用者の操作ログの確認が求められるなど、Google Cloud のサポートチームがユーザー環境にアクセスした際のログを残したい場合は、「アクセスの透明性」を有効にします。

　アクセスの透明性を有効化すると、次のような JSON 形式のログが出力されます。

---

[24] 詳細は、セキュリティおよびアイデンティティ プロダクトのドキュメントにある、「Access Approval の概要」（https://cloud.google.com/access-approval/docs/overview?hl=ja）を参照してください。

[25] 詳細は、オペレーションスイートドキュメントの「アクセスの透明性」（https://cloud.google.com/logging/docs/audit/access-transparency-overview?hl=ja）を参照してください。

[26] 詳細は、オペレーションスイートドキュメントの「アクセスの透明性」（https://cloud.google.com/cloud-provider-access-management/access-transparency/docs/enable#requirements）を参照してください。

```
principalEmployingEntity: "Google LLC"
```

　上記は、Google Cloudの担当者がアクセスしたログです。このあとに続く「reason」ブロックには、アクセスした理由の詳細（この例ではケース番号）やアクセス理由のタイプが出力されています。また、「accesses」ブロックには、行われたアクセスの種類や、アクセスしたリソースの名前が出力されます。

```
{
 insertId: "abcdefg12345"
 jsonPayload: {
 @type: "type.googleapis.com/google.cloud.audit.TransparencyLog"
 location: {
  principalOfficeCountry: "US"
  principalEmployingEntity: "Google LLC"
  principalPhysicalLocationCountry: "CA"
 }
 product: [
  0: "Cloud Storage"
 ]
 reason: [
   detail: "Case number: bar123"
   type: "CUSTOMER_INITIATED_SUPPORT"
 ]
 accesses: [
  0: {
   methodName: "GoogleInternal.Read"
   resourceName: "//googleapis.com/storage/buckets/BUCKET_NAME/objects/foo123"
  }
 ]
 }
 logName: "projects/Google Cloud project/logs/cloudaudit.googleapis.com%2Faccess_➡
transparency"
 operation: {
  id: "12345xyz"
 }
 receiveTimestamp: "2017-12-18T16:06:37.400577736Z"
 resource: {
  labels: {
   project_id: "1234567890"
  }
  type: "project"
 }
 severity: "NOTICE"
 timestamp: "2017-12-18T16:06:24.660001Z"
}
```

ログに含まれるフィールドや正当化理由コードの項目についての詳細は、以下のURLにある公式ドキュメントにまとめられています。

- オペレーションスイートドキュメント「アクセスの透明性ログの把握と使用」
https://cloud.google.com/logging/docs/audit/reading-access-transparency-logs?hl=ja

また、アクセスの透明性がサポートされるプロダクトは、以下のURLにある公式ドキュメントに記載されています。すべてのプロダクトがサポートされているわけではありませんが、順次追加されているため、最新の情報はドキュメントで確認してください。

- オペレーションスイートドキュメント「アクセスの透明性ログを持つGoogleサービス」
https://cloud.google.com/logging/docs/audit/access-transparency-services

■ 監査ログの種類

システム運用の監査に利用できる監査ログには、次のようなものがあります。ログの種類と概要、および、構成方法を表にまとめます。それぞれのログの出力内容や形式については、脚注に記載のURLから詳細が確認できます。

表3.4 ログ種類とその概要および構成方法

ログ種類	概要	構成方法
Cloud Audit Logs[27]	Google Cloudサービスによって、これらのログに監査ログエントリが書き込まれ、Google Cloudリソース内で「誰がどこでいつ何をしたか」を把握可能とする	組織レベルで有効化する。組織の設定時に構成する
VPCフローログ[28]	仮想マシンによって送受信されたネットワークフローのサンプルが記録される。これにはGKEノードとして使用されるインスタンスも含まれる。ネットワークモニタリング、フォレンジック、リアルタイムセキュリティ分析、および費用の最適化に使用可能	各VPCサブネットで有効化する。プロジェクトの作成中に構成する
ファイアウォールルールロギング[29]	ファイアウォールルールのトラフィックの許可・拒否時にログが記録される	各ファイアウォールルールで有効化する。ファイアウォール作成時に構成する
データアクセス監査ログ[30]	プロジェクトまたは組織でのデータアクセス監査ログを記録する。リソースのメタデータや構成を参照するAPI呼び出し、ユーザーがリソースの作成・変更をするために呼び出したAPI呼び出しを記録する	組織レベルで有効化する。組織の設定時に構成する
アクセスの透明性ログ[31]	クラウド事業者がユーザーのコンテンツにアクセスしたアクションを記録し、提供する	組織レベルで有効化する。サポートケースを起票してGoogle Cloudが有効化する
Google Workspaceの監査ロギング[32]	Google WorkspaceはGoogle Cloud Loggingにログを共有することができる。Google WorkspaceはLogins Logs、Admin Logs、Group Logsを収集する。ユーザーのログイン、管理者、グループのログを収集する[33]	組織レベルで有効化する。Cloud Identityの管理コンソールを通して構成する

3.3　構成例

本章の最後に、以下3つの構成例を紹介します。

- 構成例1：Google Cloudを安全に利用するための設定を広く適用した構成
- 構成例2：セキュリティを担保するうえで必要となる監査用のログ収集を実現する構成
- 構成例3：発見的統制（起こってしまったミスなどに適切に対応するための統制）を実現するための構成

それぞれの構成例の特徴は上記のとおりですが、特に構成例1については、セキュリティ観点に必ずしもとどまらない、Google Cloudを安全に利用するためのポイントを広く確認できる構成を示しています。安全面を考慮した際に、全体的にどのようなソリューションが利用できるのかの参考にしてください。

3.3.1　構成例1：Google Cloudを安全に利用するための設定を広く適用した構成

企業でGoogle Cloudを安全に利用するために設定すべきことは何でしょうか？

先述のとおり、構成例1ではGoogle Cloudを安全に利用するために活かせる関連ソリューションを広く浅く紹介することを目的としているため、一部、他の章の範囲や、本書で十分紹介しきれない内容も含んでいます。そのため、興味のあるソリューションについては、ぜひ公式ドキュメント等を確認し、必要に応じて理解を深めてください。

図3.15に確認ポイントの全体像を示します。また、図3.15の各番号に対応する説明を、表3.5に記載します。

※27　詳細は、オペレーションスイートドキュメントの「Cloud Audit Logsの概要」（https://cloud.google.com/logging/docs/audit）を参照してください。

※28　詳細は、Virtual Private Cloudドキュメントの「VPC フローログの使用」（https://cloud.google.com/vpc/docs/using-flow-logs）を参照してください。

※29　詳細は、Virtual Private Cloudドキュメントの「ファイアウォール ルールロギングの概要」（https://cloud.google.com/vpc/docs/firewall-rules-logging）を参照してください。

※30　詳細は、オペレーションスイートドキュメントの「データアクセス監査ログを構成する」（https://cloud.google.com/logging/docs/audit/configure-data-access）を参照してください。

※31　詳細は、オペレーションスイートドキュメントの「アクセスの透明性」（https://cloud.google.com/logging/docs/audit/access-transparency-overview）を参照してください。

※32　詳細は、オペレーションスイートドキュメントの「Google Workspace の監査ロギングの情報」（https://cloud.google.com/logging/docs/audit/gsuite-audit-logging）を参照してください。

※33　詳細は、Help Centerの「User login attempts report」（https://support.google.com/a/answer/9039184?hl=ja）を参照してください。

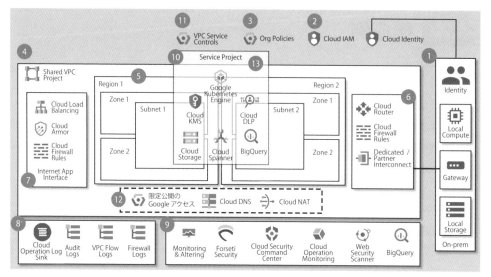

図3.15 Google Cloudを安全に使うために確認するポイント

表3.5 確認ポイントの目的・概要・関連ソリューション

項番	目的	概要	関連ソリューション
1	承認されたユーザーのみをGoogle Cloud環境へアクセス可能とする	オンプレミスとGoogle Cloudの間でIDを統合する。これにより、IDの信頼できる唯一の情報源が作成され、オンプレミス環境とGoogle Cloud全体で一貫性を保つことができ、承認されたユーザーのみがGoogle Cloud環境にアクセスできるようになる	Cloud Identity
2	必要な権限のみを付与する	IAMを使用すると、誰がどのリソースに対して何を実行できるかを制御でき、組織は責任の論理的な範囲を作成し、最小権限の原則に従うことができる。例えば、あるユーザーがデータベースにテーブルを作成できるようにし、別のユーザーがそのデータベースでクエリを実行できるようにすることができる	Cloud IAM
3	組織全体を統制するため組織のポリシーを利用する	組織のポリシー（詳細はChapter 2を参照）を利用すると、組織全体を保護するためのガードレールを確立でき、セキュリティ体制が強化される。さまざまな組織ポリシーがあるが、例えば以下のようなポリシーを利用できる • Compute EngineへパブリックIPアドレスを付与しないことを強制できる。結果的にアタックサーフェスを小さくすることができる • ドメイン制限の制約を設定することで、指定したドメイン外のユーザーのアクセスが許可されなくなる	組織のポリシー
4	ネットワークの管理、他ネットワークとの接続	共有VPC（詳細はChapter 4を参照）により、インターネットとオンプレミスへのアクセス制御など、VPCネットワークの利用ポリシーをセキュリティとガバナンスを管理するチーム（ネットワーク管理チームなど）によって、集中的に管理する	共有VPC

項番	目的	概要	関連ソリューション
5	高可用性・DRの実現	Google Cloudのネットワーク機能を使用してマルチゾーンおよびマルチリージョンのトポロジーを構築し、高可用性およびDRを可能にするアーキテクチャを実現する	VPC
6	オンプレミスとの接続	Cloud InterconnectまたはCloud VPN（いずれも詳細はChapter 4を参照）を介してオンプレミス環境とクラウド環境をセキュアに接続する。また、動的ルーティングを備えたCloud Router（Chapter 4参照）を使用して、障害が発生した場合にトラフィックを自動的に再ルーティングすることを可能とする	Cloud Interconnect、VPCファイアウォール
7	外部からの攻撃への対策	アプリケーションを攻撃から守るためには、プロダクトを組み合わせて攻撃対象を最小限に抑えることが重要である。DDoS攻撃から保護するグローバルロードバランサ、アプリケーションレベルのセキュリティ対策にはCloud Armor、VPCファイアウォールルールなどを利用してトラフィックの制限を実施する	Cloud Load Balancing、Cloud Armor、ファイアウォールルール
8	組織内で発生するログを収集	組織内で発生するすべてのイベントを集約することにより、発見的統制を実現する。Cloud Logging Log Sink（詳細はChapter 6を参照）は、すべてのログを集約するための仕組みを提供しており、組織内で発生したすべての管理アクションを記録する監査ログ、トラフィックパターンに関する詳細なレポートを提供するVPCフローログ、ファイアウォールログを収集できる	Cloud Logging
9	収集したログの分析・問題発生時には行動を行えるようにする	収集したログを分析したり、組織全体のセキュリティ体制を分析するために以下のようなさまざまなプロダクトを利用できる • Security Command Center：全体的なセキュリティ体制の潜在的な脆弱性を検出できる • Cloud Monitoring（詳細はChapter 6を参照）：ログで検出された異常を警告するために使用できる • Web Security Scanner：インターネット向けアプリケーションの脆弱性を検出できる • BigQuery：すべてのログデータを取り込み、ログを分析、異常を検知できる	Security Command Center、Cloud Monitoring、Web Security Scanner、BigQuery
10	アプリケーションを稼働するサービスプロジェクトを作成する	アプリケーションを稼働させるためのサービスプロジェクト（共有VPCを利用した場合に、仮想マシンなどを配置するプロジェクト。詳細はChapter 4を参照）を準備する	共有VPC
11	セキュリティ境界を設け意図せぬデータ漏洩を防ぐ	重要なデータを保護するためVPC Service Controlsを使用して共有VPCにおけるサービスプロジェクトにセキュリティ境界を定義する。これにより、BigQueryやCloud Storageなどのプロダクトからのデータ漏洩リスクを軽減する	VPC Service Controls
12	安全にGoogle CloudのAPIにアクセスする	限定公開のGoogleアクセス（詳細はChapter 4を参照）を介してGoogle APIにインターネットを経由せずにアクセスできるようにする。また、Cloud NATを利用することでプライベートIPしか持たない仮想マシンの外部へのアクセスを可能とする	Cloud DNS、Cloud NAT、限定公開のGoogleアクセス
13	安全にアプリケーションを運用する	復元力のあるアプリケーションをデプロイする。データストレージにはマルチリージョン構成をネイティブにサポートするCloud Storage、Cloud Spannerなどを活用する。また、データにさらにセキュリティレイヤが必要な場合は、Cloud KMSおよびCloud DLPを利用して機密データのトークン化や、権限のないエンティティによるアクセスからデータを保護する	Cloud DLP、Cloud KMS、Cloud Storage、Cloud Spanner

3

セキュリティ設計

**一般ユーザー（gmail.com）で
アクセスさせたくない場合の対応**

　社内ネットワークからGoogle Cloudを利用するにあたり、個人のGmailアカウントなどを利用した、一般ユーザーによるGoogle Cloudへのアクセスを制限することができます。社内ネットワーク上のユーザーに対して、組織ドメインのGoogleアカウントを使用している場合にだけ、Googleサービスの利用を許可するといった設定が可能になります。

　具体的には、社内ネットワークからアクセスする際に通過するプロキシサーバーの設定で、HTTPヘッダーに「X-GoogApps-Allowed-Domains:」を追加し、ドメインを列挙することで制限することができます。詳細は以下のURLを参照してください。

- Help Center「Block access to consumer accounts」
  https://support.google.com/a/answer/1668854

Googleの各種サービスへのアクセスを抑止

　以下の2つの設定により、組織管理のGoogleアカウントから、不要なGoogleの各種サービスへのアクセスを抑止できます。

- Google Workspaceユーザー向けにサービスを有効または無効にする
  （https://support.google.com/a/answer/182442）
- 個別に制御されていないサービスへのアクセスを管理する
  （https://support.google.com/a/answer/7646040）

3.3.2　構成例2：セキュリティを担保するうえで必要となる監査用のログ収集を実現する構成

　図3.16では、監査に必要となる複数のログをCloud Loggingを利用して集約しています。ログシンクなどCloud Loggingの機能についての詳細はChapter 6で説明しているため、ここでは大まかなイメージを捉えてください。

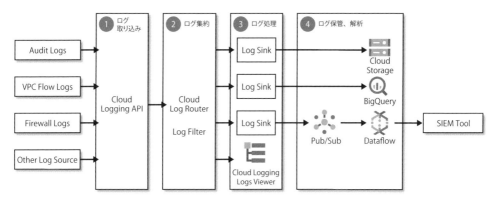

図3.16　ログ収集の構成例

　この構成では、次の流れでログが処理されます。Cloud Loggingのログバケットを使用すると、ログエクスプローラによる可視化も行えます。

1. Google CloudのログがCloud Logging APIに送信される
2. ログルーターは各ログエントリを既存のルールと照合して、破棄するログと保存するログを識別したうえで、ログの転送先を決定する
3. ログシンクを介して、Cloud Loggingのログバケットや他のサービスにログをエクスポートする
4. ログシンクからは、Cloud Loggingのログバケット、Cloud Storage、BigQuery、Pub/Subにログが転送される

　要件ごとにログシンクを作成すると、表3.6のような処理が実現できます。

表3.6　ログシンクの概要とユースケース

シンク	概要	ユースケース
Cloud Storage	Cloud Storageのバケットにログを集約	集約されたログをコンプライアンス、監査、インシデント発生時の追跡用途で利用可能。規制対応目的であればCloud Storageの保持ポリシーと保持ポリシーのロックを適応可能[34]
BigQuery	BigQueryのテーブルにログを集約	集約されたログをBigQueryを利用して分析することができる。発見的統制（発見的コントロール）の一部として利用可能
Pub/Sub	Pub/Subトピックへ集約されたログを送る	集約されたログをPub/SubからDataflowジョブに送信し、そこから別システム（例：外部のSecurity Information and Event Management (SIEM)）に送信して分析などを行う

※34　詳細は、Cloud Storageドキュメントの「保持ポリシーと保持ポリシーのロック」（https://cloud.google.com/storage/docs/bucket-lock）を参照してください。

　この構成例では、単一のプロジェクトを想定していますが、ロギングの機能のみを持つプロジェクトを作成して、組織全体のログを集約する仕組みを作ることもできます。また、Pub/Subに転送されたログを受信するプロジェクトを作成して、イベントの発生に応じて、自動的にアクションを実行するという使い方も可能です。ログを集約するプロジェクト、あるいは、ログに対するアクションを実行するプロジェクトを分けることで、ログの取り扱いに関する権限を適切に管理することができます。

3.3.3　構成例3：発見的統制を実現するための構成

　ここでは発見的統制を実現するための構成例を示します。問題を適切に発見するために、プラットフォームのテレメトリ情報を利用し、クラウド内の構成ミスや脆弱性、潜在的なマルウェアのアクティビティを検知します。次のアーキテクチャにより、定期的な脆弱性の検知、脅威検知、コンプライアンスのリアルタイムモニタリングを含む広範囲なセキュリティリスクの検出と統制が実現できます。

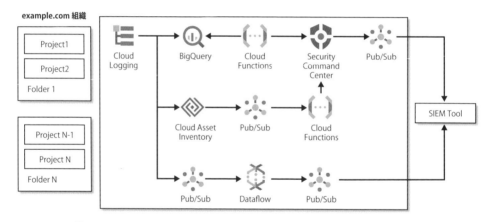

図3.17　発見的統制を実現するアーキテクチャの例

　この構成には、次の発見的統制が含まれます。

- Security Command Centerを介した、セキュリティの設定ミスや脆弱性の変更などの検知
- BigQueryに集約したログの分析による検知
- アセットメタデータ履歴が保管されているCloud Asset Inventoryを利用したアセットの変更の検知と、ポリシー・コンプライアンスの通知
- ログを一元管理し異常を管理者に伝える、外部のSecurity Information and Event Management（SIEM）へログを送信
- セキュリティ脅威を検知するChronicleへGoogle Cloudのログを送信

上記の構成に含まれる主要なコンポーネントを紹介します。

■ Security Command Center

3.2.2項の「Security Command Center」（82ページ）で説明したように、Security Command Centerを利用することで、セキュリティやコンプライアンスに関する情報を一元的に管理することができ、脅威の防止、検出、および対処に役立ちます。Pub/Subを用いて、外部サービスとの連携が実現できます。

■ Cloud Asset Inventory

Cloud Asset Inventory[35]では、組織内のすべてのプロジェクトとプロダクトで使われているアセットを1カ所にまとめて表示することができます。アセット変更のモニタリング、IAMポリシーの分析、誰が何にアクセスできるかなどを一元的に管理して、リアルタイムでアセットやリソースの各種変更を検知することができます。具体的には、Pub/Subへリアルタイムに通知し、ポリシー違反があればCloud Functionsで変更の無効化を実施したり、管理者に通知をするということが実現できます。Security Command Centerのカスタム検知として登録して、Security Command Centerに統合することもできます。

■ BigQueryをベースとした分析

大量のログをBigQueryに集約し、定期的にクエリを実行することで、意図しない利用や設定変更が検知できます。次のような例が挙げられます。

- プロジェクト全体を操作できるような高いレベルの権限を持つユーザーでのログインの検知
- 許可されていないドメインに対する、Cloud IAMのパーミッション付与の検知
- ロギングの設定変更の検知
- VPCフローログの検索による想定外のIPレンジからのアクセスの検知
- 重要な暗号鍵の権限変更の検知
- 許可されていないプロダクトの利用の検知

このようなさまざまな脆弱性や脅威を定期的に抽出し、Security Command Center APIにカスタム検知として登録することができます。

※35　詳細は、「Cloud Asset Inventoryドキュメント」（https://cloud.google.com/asset-inventory）を参照してください。

■ Chronicle

Chronicle[36]は、脅威の検出やセキュリティインシデントを精査する機能を提供するGoogle Cloudのセキュリティソリューションです。元Googleのセキュリティプロフェッショナルによって開発されたプロダクトで、従来とは大きく異なるスピードで脅威を検出できる点が特徴です。複数のセキュリティソースと脅威情報のフィードを相互に関連付け、単一のタイムラインにイベントと検出情報を集約します。Cloud LoggingとSecurity Command CenterのイベントをChronicleにエクスポートしたうえで、Chronicleの検出ルールを活用するか、もしくは、リアルタイム検索とカスタムルールを利用した独自の検出を実施します。Chronicleは、Googleのインフラストラクチャ上に構築されており、Google規模の計算リソースを用いることで、潜在的な脅威の調査と優先度の選別にかかる時間を短縮しています。

<h2>3.4 まとめ</h2>

本章では、Google Cloudを企業で利用する際に必要となる、さまざまなセキュリティに関するGoogle Cloudの取り組みと、関連するプロダクトを紹介しました。

すべての詳細情報を記載することはできないため、本章では、セキュリティ要件を満たすために必要となる情報を見つけるための基本情報を紹介しました。より詳細な機能や内部の仕組みを理解したい場合は、本文や脚注に記したURLの情報を参照してください。

企業システムにおけるセキュリティ設計は、継続的な見直しと改善が大切です。必要に応じて新しいプロダクトを導入しながら、より堅牢なシステムへと発展させることを目指しましょう。

※36 詳細は、「Chronicleドキュメント」（https://cloud.google.com/chronicle/docs）を参照してください。

CHAPTER

4

ネットワーク設計

　Google Cloudを使ってシステムを構築する際は、システムの土台となるネットワーク環境の構築が必要です。一言でネットワークといっても、サーバーなどのリソースを配置するためのネットワークから、Google Cloudと企業のプライベートネットワークを相互接続するためのネットワーク、構築したシステムを内外に公開するためのロードバランサやコンテンツ配信ネットワーク（CDN）など、Google Cloudにはネットワークに関連する多種多様なプロダクトがそろっています。これらのプロダクトを適切に使いこなすことが、Google Cloudを有効活用するうえでの重要なポイントになります。

　また、ネットワークは、各種のリソースを構築する基盤であることから、その設計は他のリソースに及ぼす影響が大きく、構築作業においてはあとからのやり直しがきかない箇所が多数あります。そのようなネットワークを含めて、一からの作り直しが容易なことがGoogle Cloudを始めとしたパブリッククラウドの大きなメリットですが、それでも作り直す手間と時間は必要になります。

　Google Cloudでは、個々の企業が持つさまざまな要件に合わせて最適なネットワークを構築することができますが、その反面ネットワークにかかわるプロダクトの種類が多く、その範囲も多岐にわたるため、いくつかの重要なポイントを押さえて設計することが求められます。本章では、Google Cloud上のネットワーク設計を行ううえで知っておくべきプロダクトについて、その特徴や使いどころを広く紹介し、企業がGoogle Cloudを利用するうえで必要となるネットワーク設計について、ベストプラクティスや注意点を交えながら解説します。なお、本章は、読者が「企業においてネットワークインフラストラクチャの設計や構築の経験があり、TCP/IPネットワーキング技術に関する基礎的な知識を有している」という前提で解説を行います。

4.1　Google Cloudネットワークの全体像

　後ほど説明するように、Googleでは、自社サービスを世界中のユーザーに効率的に届けるために、さまざまな特徴を持った独自のネットワークインフラを構築しています。そして、Google Cloudは、Googleが自社サービスに利用しているこのようなインフラストラクチャを**パブリッククラウド**という形で企業ユーザーに提供しています。そのため、特に、外部に公開するシステムをGoogle Cloud上に構築する際は、Googleのネットワークの特徴を押さえたうえで、これを活用したGoogle Cloudのネットワークプロダクトへの理解を進めることが大切になります。

4.1.1　Googleのネットワーク

　Googleは、Google Cloudのみならず、Google検索やYouTubeなど、さまざまなサービスを世界中のユーザーにストレスなく利用してもらえるよう、自社保有の光ファイバー網を始めとする、世界有数の大規模かつ高品質なネットワークを有しています。

　また、インターネットとGoogle Cloudの内部ネットワークとの接続点となるPOP（Point of Presence）を世界各地に分散配置しています。このPOPの存在により、エンドユーザーのトラフィックを品質にばらつきがあるインターネットから、より早いタイミングで、高品質なGoogleのネットワークへ誘導することを可能にしています。Googleのネットワークは、図4.1に示す外部ネットワークとの相互接続を担う**Espresso**（ピアリングエッジ）、データセンターとインターネットを接続する**B2**、Googleのデータセンター間を数Tbpsに上る高いスループットで相互に接続する**B4**、そして総帯域1Pbpsのデータセンター内ネットワークを提供する**Jupiter**などから構成されています。

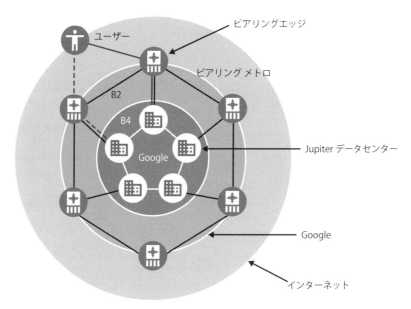

図4.1　Googleのネットワーク構造

　世界中に配置されたPOPにより、Googleの持つ高品質なネットワークはグローバルに利用することができます。これは、Google Cloudの大きなメリットにもなります。Google Cloudのユーザーは、このインフラストラクチャを活かした高品質なサービスをグローバルに提供することができるのです。また、Googleは、ネットワークやデータセンターをソフトウェアで制御する仕組みにも取り組んでおり、負荷分散に始まり、WANの制御やネットワークの仮想化、

さらに、データセンターそのものに至るまで、さまざまなレイヤにおいて、ソフトウェアによる制御が進んでいます。

4.1.2　Google Cloudネットワークプロダクトを構成する要素

本章で取り扱う主要なネットワークプロダクトを表4.1に示します。

表4.1　主要なネットワークプロダクト一覧

ジャンル	プロダクト名	概要
インターネット接続	ネットワークサービス階層	コストに応じてネットワークの品質を2段階で選択することが可能
負荷分散	Cloud Load Balancing	HTTP(S)を始めとした各種プロトコルのプロキシやさまざまなバックエンドへの負荷分散を外部・内部向けに提供（公開先や分散するプロトコルによって複数種の負荷分散から適切なものを選ぶ必要がある）
CDN	Cloud CDN	大規模なリクエストに対応した外部向けコンテンツ配信ネットワーク
DNS	Cloud DNS	外部向け・内部向けDNS権威サーバー
仮想プライベートクラウド	VPC	ユーザー専用の仮想的なネットワーク空間
	Cloud NAT	VPC内の非公開リソースからインターネットに対して通信するためのOutbound NAT（NAPT）
ハイブリッド接続（VPC）	Cloud VPN	IKE／IPsecによるオンプレミス環境とVPCとのプライベート接続（いわゆるサイト間VPN）
	Cloud Interconnect	専用線やパートナー経由接続等のより高品質な回線種別でVPCとの直接接続を提供するプライベート接続
	Cloud Router	BGPを使ったVPCとオンプレミス環境等の動的経路交換
ネットワークセキュリティ	ファイアウォール	VPC内リソースに対するインバウンド・アウトバウンドのレイヤ4ステートフルファイアウォール
	Cloud Armor	WAFおよびDDoSプロテクション、接続元IPレピュテーション等のアプリケーション保護機能
ネットワークインテリジェンス	Network Intelligence Center	VPCネットワークトポロジーとトラフィック統計等の可視化、指定した送信元／送信先同士でさまざまなプロトコルの到達性のテスト機能、ファイアウォールポリシーの利用状況等を可視化するダッシュボード機能など
ネットワーク接続	Network Connectivity Center	VPCをハブとしてオンプレミス環境同士をハブアンドスポーク構成でVPCを経由した拠点間接続を提供

Google Cloudで利用するリソースやプロダクトは、ネットワークの観点からは、大きく次の2種類に分けられることを念頭に置くとわかりやすくなります。

- 外部IPアドレス（インターネットへの到達性を持ったIPアドレス）を持ち、インターネットとの直接の到達性があるプロダクト
- VPC内の内部IPアドレス（インターネットへの到達性を持たないIPアドレス）空間に配置されるプロダクト

　前者には、APIサービスや外部IPアドレスを持ったVPC内リソースなどが含まれます。後者には内部IPアドレスしか持たない仮想マシンなどがあります。

　また、前項で触れたPOPには、ロードバランサやCDNといったリソースがあり、ここから、VPC内リソースやCloud Storage（オブジェクトストレージサービス）のようなAPIサービスに対してトラフィックを分散する仕組みになっています。その他には、オンプレミス環境からGoolge Cloud内のVPCに対して専用線やVPNを用いて閉域接続するためのプロダクト、パブリックなエンドポイントを持ったプロダクトに対してダイレクトなルーティングを提供するプロダクト、DNSの権威サーバー機能を提供するCloud DNS、ハイブリッド接続向けにBGP4 (Border Gateway Protocol version 4) による経路交換機能を提供するCloud Routerなどがネットワークプロダクトに含まれます。

　主要なネットワークプロダクトの相関関係をまとめると、図4.2のようになります。

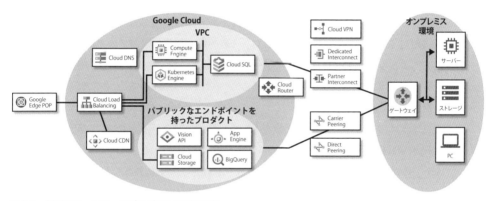

図4.2　主要なネットワークプロダクトの相関関係

　ここからは、Google Cloudのネットワークを特徴付けるポイントを紹介します。

　まず本節では、Google Cloudネットワークの特徴を広く捉えてください。各ネットワークプロダクトの詳細については4.2節以降で説明します。

■ 負荷分散とCDN

　4.1.1項でも述べたように、Googleは、世界中に分散配置されているPOPと呼ばれるロケーションで各ISPと接続しており、利用者のトラフィックは、このPOPを通してGoogleのネットワークに入ってきます。このPOPは、ISP等、他のASとのトラフィック交換を行うルーターを始め、TCP／UDPのトラフィックを分散するMaglev、HTTP負荷分散を担うGoogle FrontEnd (GFE)、GFEのキャッシュとして利用されるCDNなどのコンポーネントで構成されています。POP内の構成を模式的に表すと、図4.3のようになります。

　インターネットから来る外部のトラフィックを負荷分散するCloud Load Balancingや

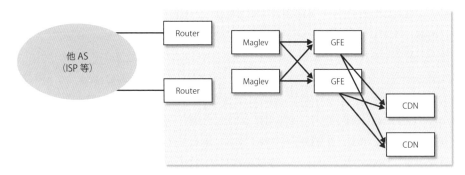

図4.3 POPの構成

Cloud CDNは、POP内のこれらのコンポーネントで実装されており、VPCとは切り離された外部に存在しています。これらPOP上のインフラストラクチャは、常に大量のトラフィックを処理できるように設計されており、事前のキャパシティの増強など必要なく、トラフィックの急増に対処することを可能としています。一般的に、負荷分散はアプリケーションの可用性を左右する重要なコンポーネントであり、Webサーバーの前段である負荷分散に障害が発生すると、Webアプリケーション全体が利用できない状況に陥ってしまうケースが多くあります。しかしながら、Google Cloudでは、これらの機能はユーザーごとのVPCから切り離されており、すでに地理的に分散して配置されているため、負荷分散をゾーンを分けて配置するなどの対応をユーザーが気にする必要はありません。

　なお、Google Cloudの負荷分散には、扱うプロトコルやリクエスト元（外部・内部）によって表4.2のような種別があり、これらを使い分けることになります。この中にある内部負荷分散については、これまでに述べたようなロードバランサとは異なるアーキテクチャで構成されています。詳細については本書では触れませんが、興味のある方は以下のURLにあるブログ記事を参照してください。

- 「内部負荷分散によるスケーラブルなプライベート サービスの構築」
  https://cloudplatform-jp.googleblog.com/2016/12/blog-post.html

表4.2 Cloud Load Balancingの種別

Cloud Load Balancing種別	プロトコル	リクエスト元
外部HTTP(S)負荷分散	HTTPおよびHTTPS	外部（インターネット）
内部HTTP(S)負荷分散		内部（内部IPアドレス空間）
外部TCP／UDP負荷分散	TCP／UDP	外部（インターネット）
内部TCP／UDP負荷分散		内部（内部IPアドレス空間）
SSLプロキシ負荷分散	SSL（TLS）	外部（インターネット）
TCPプロキシ負荷分散	TCP	外部（インターネット）

　また、HTTP(S)負荷分散には、TLSの最小バージョンと暗号化スイートを設定するSSLポリシー機能があります。ブラウザなど、クライアント側の実装によっては、SSLポリシーで対応可能な暗号化スイートをサポートしていない可能性もあるため、サポートするクライアント側の実装状況とSSLポリシーとの整合性を十分に確認してください。

■ ネットワークサービス階層

　Google Cloudでは、アプリケーションをインターネットに公開するためのネットワークとして、「スタンダード階層」「プレミアム階層」という2種類の階層を提供しています。両者の違いは、エンドユーザーとGoogle Cloud上に構築されたWebアプリケーションとの間のトラフィック経路の違いとして現れます。両者の違いを図4.4に示します。

プレミアム階層

スタンダード階層

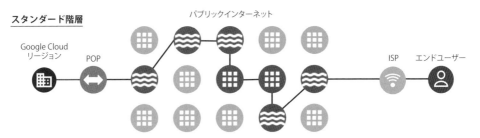

図4.4　2つのネットワークサービス階層

　インターネットは、多数のISPが経路を交換しあうことで動的に構築される論理パスの集合体であり、利用者が目的のIPアドレスに到達するまでには、多くのISPを経由します。これによって、単体のISPが通信不能となっても複数の迂回経路が選択されます。この仕組みのおかげで部分障害に強いことがインターネットの強みでもありますが、同時にそれは、通信品質が常に不安定という弱点と表裏一体をなします。また、通過するホップ数が増えると、どうしても通信の往復遅延時間が増えてしまいます。

　このような通信品質面でのインターネットの弱点に対し、これまでの解説のとおりGoogle

は、世界中のISPの近傍に140を超えるPOP※1を設けており、ユーザーのトラフィックをより
ユーザーに近いポイントで（つまり早期に）Googleのネットワークにルーティングします。こ
の仕組みを利用できるのがプレミアム階層です。高品質なネットワークを通じてサービスを提
供でき、また、Googleのネットワークの大きな特徴の1つである、世界中どこに対しても単一
の外部IPアドレスを使いながら、リクエスト元に最も近いポイントで接続ができる、エニー
キャストIPアドレスが利用できます。

　これに対して、通常のインターネットと同じく、ISP間のトラフィック交換を渡り歩いて
Googleネットワークまでルーティングする仕組みがスタンダード階層です。前述のプレミア
ム階層に比べて、ネットワーク品質の差がデメリットとしてある分、より低いコストで利用す
ることが可能です。先ほどの図4.4は、2つのネットワーク階層におけるユーザーのトラフィッ
クがたどる経路の違いを表しています。プレミアム階層では、エンドツーエンドの通信経路に
おけるインターネットの割合を極力少なくし、Googleのネットワークを活用することで、高い
通信品質を確保していることが読み取れます。

■ APIサービスとVPC

　先ほど説明したとおり、ネットワークの観点で見ると、Google Cloudのプロダクトは、

- プロダクトを利用するためのエンドポイントが外部に対して公開されているプロダクト（以
  下「APIサービス」）
- ユーザー専用のIPアドレス空間に閉じたVPC（詳細は後述）の上で稼働するプロダクト

の2つに大きく分けることができます。
　VPCは「内部IPアドレス」という外部に公開されないネットワークアドレスで構成されたプ
ライベートネットワークですが、それがゆえにパブリックなエンドポイントを持ったプロダク
トやインターネットとは隔絶されてはいるものの、後述するさまざまな機能を利用することで
外部にプロダクトを公開したり、VPC内からインターネットに接続したり、APIサービスを利
用したりすることも可能です。

■ IPアドレス

　Google Cloudでも内部IPアドレスと外部IPアドレスを利用して通信を行いますが、その呼
称は一般的なものとは少し異なっています。Google CloudにおけるIPアドレスの種別と一般
的な呼称との対応を表4.3に示します。

※1　詳細は、Virtual Private Cloudドキュメントの「ネットワーク エッジのロケーション」（https://cloud.google.com/vpc/docs/edge-
　　locations?hl=ja）を参照してください。

表4.3　Google CloudにおけるIPアドレス種別と一般呼称

Google CloudにおけるIPアドレスの種類	一般的な呼称	Google Cloudでの主な用途
内部IPアドレス	プライベートIPアドレス	• VPC内のリソース用 • 内部負荷分散用
外部IPアドレス	グローバルIPアドレス パブリックIPアドレス	• 仮想マシンの外部通信用 • 外部負荷分散用 • Cloud VPNの接続用

　内部IPアドレスは、外部には一般公開されないIPアドレスです。後述するVPC内のサブネットアドレスなどに利用されます。RFCで定められているプライベートIPアドレスのほか、特定のパブリックIPアドレスも内部IPアドレスとして利用できます。これに対して、**外部IPアドレス**はその名が示すとおり、外部に一般公開（経路広報）されるIPアドレスです。インターネット上でGoogle Cloud内外と直接の通信をするためには、必ず外部IPアドレスを使用する必要があります。

　外部IPアドレスは、Googleが保有する外部IPアドレスから割り当てを受けることが一般的な利用方法ですが、ユーザー自身が保有する外部IPアドレスをGoogle Cloudネットワークに持ち込んで利用する、いわゆるBYOIP（Bring Your Own IP）も可能になりました。これにより、**プロバイダ非依存アドレス**（PIアドレス／Provider Independentアドレス）を保有する組織が、今や貴重な資源であるIPv4アドレスを無駄にすることなく、自身が保有するIPアドレスをGoogle Cloud上で公開するアプリケーションのIPアドレスとして利用することができます。グローバルな負荷分散にも利用できるため、先ほど説明したプレミアム階層のようなGoogleのネットワークの長所を自身が保有するIPアドレスでそのまま享受することができます。これは、グローバルにサービスを展開する事業者にとっても非常に大きなメリットになります。BYOIPを行う際、持ち込めるアドレスブロックは、マスク長が16〜24（/16〜/24）となり、持ち込んだアドレスブロックはマスク長16〜28（/16〜/28）の単位で分割して、各リージョンに割り当てることが可能です。

　また、Google Cloud上のIPアドレスには、アドレスの揮発性によって「エフェメラル」と「静的」の2種類が存在するほか、内部IPアドレス・外部IPアドレスともに、特定のリージョンに紐付けられているリージョンリソースとグローバルリソースの2種類が存在します。各IPアドレスの詳細な解説は以下のURLから公式ドキュメントを参照してください。

• 「IPアドレス」（Compute Engineドキュメント）
  https://cloud.google.com/compute/docs/ip-addresses

■ DNS

　Google Cloudでは、名前解決に関連するさまざまなサービスが提供されています。VPC内部の名前解決に加えて、ドメインの取得や、取得したドメインに紐付くゾーン情報の管理や公開に関する機能もあります。これらを活用することで、Google Cloud内部のリソースだけではなく、Google Cloudからオンプレミス環境のリソースに対する名前解決を行ったり、逆に、オンプレミス環境でGoogle Cloudのリソースに対する名前解決を行ったりといったことが可能になります。オンプレミス環境との相互の名前解決については、後ほど説明するハイブリッド接続とも密接に関連するため、ハイブリッド接続について解説したあとで、ユースケースと設計例を詳しく解説します。

　Google Cloudの主要なDNS関連プロダクトとその主な機能を表4.4に示します。

表4.4　Google Cloudの主なDNS関連プロダクト一覧

名称	主な用途	備考
内部DNS	VPC内の名前解決	Compute Engine利用時に、〜〜.internalのような名前が自動的に作成されます
Cloud DNS	VPC内外にカスタムゾーンを公開するDNS権威サーバー	名前解決リクエストをポリシーに基づいて別サーバーに転送することも可能

■ ハイブリッド接続

　企業がパブリッククラウドを活用する際は、企業内ネットワークとクラウドの通信経路に関して、機密性やデータ転送の性能などのさまざまな要件を満たすことが求められます。Google Cloudでは接続対象や通信要件に応じて、Google Cloudにシームレスに接続するためのさまざまなプロダクトが提供されています。ハイブリッド接続に関する主なプロダクトは、表4.5のようにまとめられます。

表4.5　Google Cloudの主なハイブリッド接続プロダクト

名称	接続先	通信経路	経路の専有
Cloud VPN	VPC	インターネット（IPsec VPN）	共用（インターネット）
Dedicated Interconnect	VPC	専用線	専有
Partner Interconnect	VPC	専用線	共用
Direct Peering	Google Workspace等のパブリックなエンドポイントを持つプロダクト	－	専有
Career Peering	Google Workspace等のパブリックなエンドポイントを持つプロダクト	－	共用

　一般的な企業には、内部IPアドレスで構成されたプライベートネットワークがあり、社内のシステムの多くはその上で運用されています。このため、Google Cloud上でシステムを運用

する際は、Google Cloud上に構築された仮想プライベートクラウド（**Virtual Private Cloud、VPC**）と企業のプライベートネットワーク（以後「LAN」）を閉域網で接続して、VPCをLANの延長として使うケースが多くあります。これを実現するために、Google Cloudでは、提携する通信事業者の専用線等によってLANとGoogle Cloudをプライベート接続する**Cloud Interconnect**（**Dedicated Interconnect**および**Partner Interconnect**）、そして、IPsec VPNによって同様の閉域接続を実現する**Cloud VPN**を提供しています。

　これに対し、**Career Peering**や**Direct Peering**は、Googleのネットワークと企業のネットワークをピアリング接続するもので、これらに対応したISPを経由するか、もしくは、企業ネットワークと直接にピアリングすることができます。Google Workspaceを始めとする、パブリックなエンドポイントを持ったGoogleプロダクトに対して、インターネットを経由することなく、低遅延で安定した環境で接続するためのプロダクトです。

　また、Cloud VPNやCloud Interconnectは、企業のLANとVPCの間で、BGP4を利用した動的経路情報交換に対応しており、オンプレミス環境側のルーターに対して、BGPスピーカーとして経路情報を広報・受信する**Cloud Router**が提供されています。オンプレミス環境の一般的なルーター製品とは異なり、経路情報の交換をつかさどるコントロールプレーンであるCloud Routerとパケットの転送を担うデータプレーンが分離されており、コントロールプレーンであるCloud Routerが停止しても、データ転送の停止には直結しません。BGPセッションのグレースフルリスタートに対応したオンプレミスルーターとの間では、これを活かしたルーティング機能の高可用性構成が可能です。

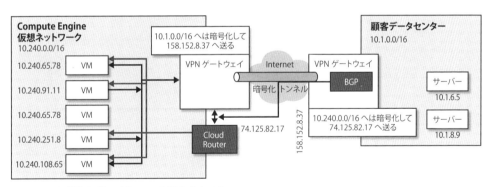

図4.5　VPN接続とCloud Routerの構成イメージ

　本章では、VPCを利用したIaaS環境を中心としたユースケースに焦点を当てているため、このあとは、Cloud VPN、および、Cloud Interconnectについて重点的に取り扱います。

■ 仮想マシンのネットワーク帯域幅

Compute Engineの仮想マシンが扱うことのできる最大の帯域幅は、IPアドレスやNICの数によってではなく、仮想マシンのマシンタイプによって変わります。以下の説明のとおり、他にも影響する要因はありますが、仮想マシンに接続したNICの数によって変動することはありません。

最大の帯域幅が決まる要素は、図4.6のようにまとめられます。マシンタイプごとの具体的な最大帯域幅は公式のドキュメントに記載されているので、そちらを参照してください。

- 「マシンファミリー」（Compute Engineドキュメント）
  https://cloud.google.com/compute/docs/machine-types?hl=ja

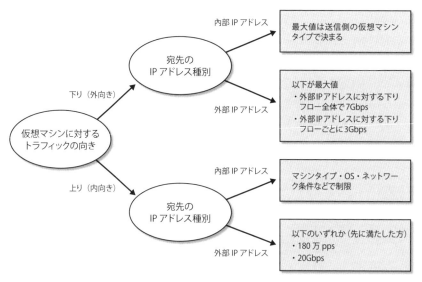

図4.6　ネットワーク帯域幅上限適用のルール

4.2 VPCの設計

VPC（Virtual Private Cloud）は、その名前のとおり、Google Cloudの環境上にユーザー専用の仮想的なプライベートネットワークを提供するプロダクトです。オンプレミス環境をGoogle Cloudに移行する場合や、従来の企業ネットワークの延長としてGoogle Cloudを利用する場合など、多くのユースケースにおいて、VPCは、いわばクラウド上に存在する自社専用の仮想的なデータセンターネットワークとなります。

　IaaSのCompute Engineを始めとして、Google Kubernetes Engine、Cloud SQLなどの多くのプロダクトがこのVPCをネットワーク基盤として利用しており、VPCは、Google Cloudの基礎となる重要なプロダクトです。ここでは、VPCの特徴と、設計上の注意点やベストプラクティスを解説します。

4.2.1　VPCを使ってできること

　詳細な説明に入る前に、まずはVPCを利用してできることのイメージを確認します。
VPCを使用すると、例えば、次のようなことが実現できます。

- VPC上に仮想マシンやコンテナベースのアプリケーションを構築し、Cloud SQLを使ったバックエンドデータベースに接続する
- オンプレミスのデータセンター上で稼働しているVMware vSphere環境上の仮想マシンをCompute Engineにインポートしてクラウドに移行する
- VPC上に自社専用のアプリケーションを構築し、Cloud VPNやCloud Interconnectで自社とVPCをプライベート接続したうえで、社内ネットワークからアプリケーションを利用したり、バックアップ製品を使ったりしてオンプレミスサーバーのデータをGoogle Cloud上にバックアップする
- 取引先のVPCと自社のVPCをVPCピアリングでプライベートに接続し、エクストラネットとして企業間のクローズドな情報流通に利用する
- 在宅勤務者向けの社内用WebアプリケーションをVPC上に構築し、BeyondCorp Enterpriseを用いてインターネット上からVPNを使わずセキュアにアプリケーションを利用する。また、Cloud Interconnectによってオンプレミス環境ともハイブリッド接続し、オンプレミスのデータセンター上の社内アプリケーションにセキュアに接続する

4.2.2　VPCの特徴

　次に、VPCの特徴を確認します。VPCは、次のような特徴を持ちます。

■ VPCの相互独立性

　VPCは、1つのGoogle Cloudのプロジェクト内に複数作成することができ、それぞれのVPCは、論理的に完全に独立したネットワークとなります。このため、同一組織や業務において、相互に通信を行う必要がないVPC同士であれば、VPCやサブネット内で利用するIPアドレスが重複していたとしても問題はありません。

ただし、後述するVPCピアリングを使ったVPC同士の相互接続やオンプレミス環境との接続をするなど、何らかの形で他のネットワークとのIPレベルでの接続が必要となる場合は、お互いのIPアドレスレンジの重複が発生しないよう、慎重な設計が求められます。

■ グローバルネットワーク

VPCは、Google Cloudのリージョン単位で分かれるのではなく、世界中の全リージョンにまたがった1つの論理ネットワークとして構成される、いわゆる**グローバルリソース**です。これに対して、サブネットは、同一VPCの中にリージョン単位で個別に定義する必要がある、**リージョンリソース**になります。

VPC自体は1つの論理ネットワークではあるものの、VPC全体を包含する、1つの大きな**CIDR（Classless Inter-Domain Routing）**の概念は持ちません。リソースが配置されるIPアドレス空間であるサブネットは、VPCの中に作成して、サブネット単位でCIDRを持たせることになります。これらのサブネット同士は、同じアドレスクラスに所属しているか否かに関係なく、自動的に相互にルーティングされます。例えば、同一のVPC内において、東京リージョンのサブネットが10.0.0.0/24、大阪リージョンのサブネットが172.16.0.0/20、台湾リージョンのサブネットが192.168.0.0/20というCIDRを持つことも可能です。

m Google Cloudでは、同一リージョン内であれば、ゾーンをまたがって同一のサブネットに含めることができます。すなわち、サブネットはリージョンリソースであって、**ゾーンリソース**ではありません。Google Cloudでは、ゾーンがロケーションの最小単位ですが、ゾーンレベルの冗長性を考慮したシステムを設計する際に、サブネットをゾーンごとに分けて設計する必要がないため、VPCの内部設計をシンプルにできます。VPC、および、サブネットとリージョン、ゾーンの関係は、図4.7のようにまとめられます。

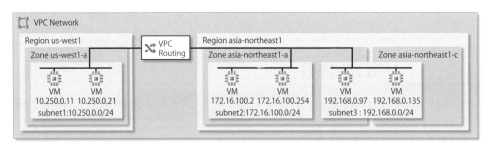

図4.7 VPCサブネットとリージョン・ゾーン

前述のとおり、同一のプロジェクトに所属する複数のVPCはお互いに独立した別のネットワークであるため、VPC同士のIPレベルの到達性はありませんが、後ほど説明する設定により、相互到達性を持たせることも可能です。

4.2.3　インターネット接続に関する機能

VPC内の仮想マシンがインターネット接続を行うための複数の機能が、用途に応じて用意されています。

■ Cloud NAT

外部IPアドレスを持たない仮想マシンは、標準の状態ではインターネットと通信することができません。**Cloud NAT**は、そのような仮想マシンが、**接続元アドレス変換**（Source Network Address Translation、SNAT）を行うことで、アウトバウンドの通信を可能とするマネージドプロダクトです。アウトバウンドに対する戻りに関しては、**宛先アドレス変換**（Destination Network Address Translation、DNAT）が自動的に行われます。

図4.8が示すように、外部からの通信を直接受ける必要はないが外部への通信が必要となるような処理、例えば、メーカーから提供されるソフトウェアパッチを取得したり、外部のソースリポジトリからソースコードをクローニングしたりといった処理が、外部IPアドレスを持たない仮想マシンから実施できるようになります。外部アドレスを手動でCloud NATに設定すると、接続元IPアドレスが固定になるので、外部システムと連携する際に、接続元のIPアドレスをあらかじめ相手先に共有する

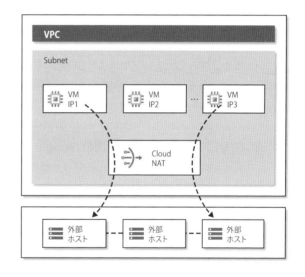

図4.8　Cloud NAT

必要があるようなケースにも対応することができます。

■ 限定公開のGoogleアクセス

限定公開のGoogleアクセスは、外部IPアドレスやCloud NATを利用しない環境からでも、Googleが提供するGoogle Cloudやその他さまざまなプロダクトのAPIを利用できるようにする機能です。この機能を用いると、VPC内のインターネットに直接接続できないリソースから、GoogleのAPIプロダクトにアクセスすることができます。対象となるAPIエンドポイントのドメイン名は「*.googleapis.com」であり、一貫してプライベートなIPアドレスのみでのアクセスが可能です。

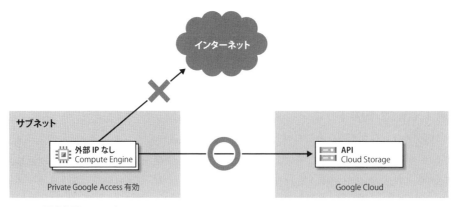

図4.9　限定公開のGoogleアクセス

　ただし、存在するすべてのGoogle APIをサポートしているわけではないことに注意が必要です。最新の対応状況は次のURLにある公式ドキュメントを参照してください。

• 「限定公開の Google アクセス」（Virtual Private Cloud ドキュメント）
  https://cloud.google.com/vpc/docs/private-google-access?hl=ja#pga-supported

オンプレミスホスト用の限定公開のGoogleアクセス

　Cloud VPNやCloud Interconnectで接続されたオンプレミス環境側のホストに対して、内部IPアドレスを用いてGoogleのAPIプロダクトを利用できるようにするのが、**オンプレミスホスト用の限定公開のGoogleアクセス**です。

　オンプレミスホストがGoogleのAPIサービスを利用する際に、通常の方法でAPIの持つドメインの名前解決を行うと、外部IPアドレスが返されてしまいます。このため、APIへのリク

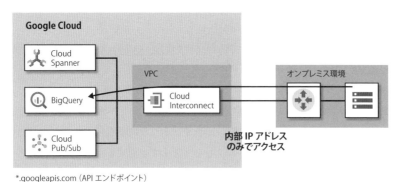

*.googleapis.com（API エンドポイント）

図4.10　オンプレミスホスト用の限定公開のGoogleアクセス

エストはオンプレミス環境側のデフォルトルートに従って、インターネット側へとルーティングされてしまいます。これに対して、オンプレミス環境のDNSサーバーへの設定追加と、Cloud Routerによるカスタムルートの広報により、IPレイヤでオンプレミス環境からAPIサービスへのトラフィックをVPC側に向けるという方法で、VPCを経由した内部IPアドレスベースのAPIサービスへのアクセスを実現しています。

　こちらについても、すべてのGoogleサービスがカバーされているわけではありません。最新の対応サービスや詳細については、次の公式ドキュメントを参照してください。

- 「オンプレミスホスト用の限定公開のGoogleアクセス」（Virtual Private Cloudドキュメント）
  https://cloud.google.com/vpc/docs/private-google-access-hybrid?hl=ja

■ サーバーレスVPCアクセス

　Cloud NATと限定公開のGoogleアクセスは、いずれもVPC内部の外部IPアドレスを持たないリソースから、パブリックなネットワークに接続するためのものでした。これとは逆に、VPCの外に存在するGoogle Cloudのサーバーレスサービスから、VPC内部のリソースにアクセスしたいというケースがあります。一例として、Compute Engine上に構築したMySQLに対して、Cloud Runにデプロイしたサービスからアクセスするようなケースが考えられます。

　このようなケースにおいて、サーバーレスサービスからVPC内部へのアクセス経路を提供するのがサーバーレスVPCアクセスです。また、図4.11に示すように、ハイブリッド接続と組み合わせることにより、サーバーレスサービスからオンプレミス環境のリソースにアクセスすることもできます。

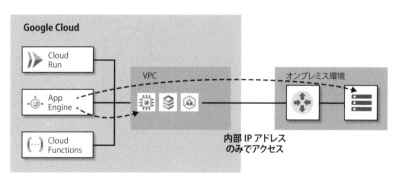

図4.11　サーバーレスVPCアクセス

■ VPCリソースとパブリックなサービスとの通信経路

VPC内部のリソースがパブリックなエンドポイントを持ったGoogle Cloudのサービスと通信する際は、以下のような通信経路が用いられます。

- VPC内のリソースが外部IPアドレスを持つ場合：Googleネットワークを経由して外部IPアドレスで通信する。Cloud NATが構成されている場合でも、通信経路はCloud NATを経由しない
- VPC内のリソースが内部IPアドレスしか持たない場合：限定公開Googleアクセスが有効になっているサブネットに所属するリソースは、Googleネットワークを経由して内部IPアドレスで通信する。Cloud NATが構成されている場合でも、通信経路はCloud NATを経由しない

それに対して、限定公開Googleアクセスが有効になっていないサブネットに所属するリソースは、Cloud NATが利用できる場合、Cloud NAT経由でパブリックなエンドポイントを持ったサービスと通信します。限定公開Googleアクセスが有効になっていないサブネットに所属し、かつ、Cloud NATも利用できない環境下のリソースは、Google Cloudの各パブリックなエンドポイントと通信することができません。以上をまとめたものが、図4.12になります。

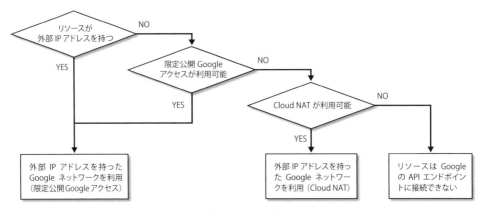

図4.12　VPC内リソースのGoogle APIエンドポイントとの通信経路

4.2.4　ネットワークセキュリティ

すべての企業にとって、ネットワークセキュリティは重要な考慮点となります。Google Cloudでは、VPCネットワークをセキュアに利用するためのさまざまな機能を提供しています。

■ ネットワークファイアウォール

　VPC内のリソースに対して、上り・下りそれぞれに対する「送信元」「宛先」「プロトコル」「宛先ポート」に基づいたトラフィックの許可・拒否を制御する機能を提供します。応答パケットの制御についても考慮されたステートフルファイアウォールであり、例えば、上り方向のHTTPトラフィックを許可するルールを明示的に定義すれば、それに対する下り方向の応答パケットは暗黙的に許可されるため、意識的に宣言する必要はありません。

　基本的な機能は、オンプレミス環境のネットワークで一般的なパケットインスペクション型ファイアウォールと同等ですが、オンプレミス環境と比較すると、ターゲット（ファイアウォールルールの適用対象）や送信元（上りの場合）の指定方法に、IPアドレスだけではなく、ネットワークタグ（リソースに付与する任意の文字列による識別子）やサービスアカウントも利用できます。そのため、より柔軟に対象を指定することができ、また、リソースの権限に基づいた高度なルールの定義ができるなど、クラウドらしいポリシーコンポーネントを利用できる点が特徴的です。ファイアウォールルールの定義に利用できるコンポーネントの概念を図4.13に示します。

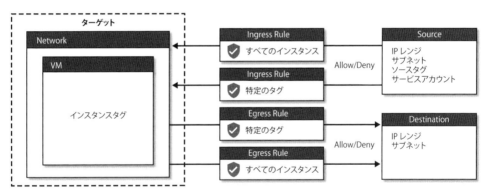

図4.13　ファイアウォールのポリシー構造

　ポリシーは、許可と拒否という2つのアクションを定義することができますが、ロギングを有効化することにより、ファイアウォールインサイトを用いて、ポリシーのマッチ状況を統計的に確認することも可能です。ファイアウォールについては、Chapter 3でファイアウォール関連機能（VPCファイアウォールルール、階層型ファイアウォールポリシー、ファイアウォールインサイト、ファイアウォールルールロギング）について解説しているので、あわせてそちらも参照してください。

■ パケットミラーリング

　オンプレミス環境のネットワーク運用におけるトラブルシュートの手段として、**パケット**

キャプチャは広く活用されてきました。Google CloudではVPCを流れるパケットは、以前は、それぞれの仮想マシンで個別にキャプチャする必要がありました。例えば、Linuxの仮想マシンであれば、tcpdumpなどのコマンドを利用することになります。

　パケットミラーリングを用いると、ミラー対象のCompute Engineインスタンスを指定することで、パケットデータを取得することができます。詳細についてはChapter 3で解説しているので、そちらを参照してください。

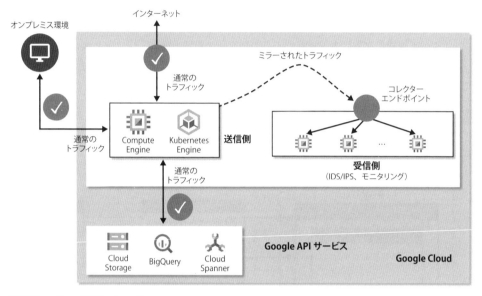

図4.14　パケットミラーリング

　図4.14に示すように、従来のオンプレミス環境で行っていたようなパケット解析業務への活用はもちろんのこと、多くのパートナー製品、例えば**侵入防御システム（IPS）**との連携も可能となります。

■ ロギングとモニタリング

　ネットワークに関するロギングの機能としては、**VPCフローログ**と前述の**ファイアウォールルールロギング**の2つが存在します。前者は仮想マシンによって送受信されたフローをサンプリングしたものを記録する機能です。VPCフローログで記録されるものはあくまでサンプリングされたものであり、すべてのフローを記録したものではないことに注意が必要です。後者は、あらかじめ定義したファイアウォールルールにマッチした通信ログを記録する機能です。これらについても、Chapter 3で解説しています。

4.2.5　VPCネットワーク同士の相互接続

　これまでに説明したように、VPCは論理的に独立したネットワークですが、場合によっては、あるVPC上に構築されているリソースに別のVPCから接続したいといったケースもあります。

　Google Cloudが提供している相互接続の方法としては、ここで説明するVPCネットワークピアリングに加えて、4.3.1項の「トポロジーの設計パターン」（128ページ）で説明する、HA VPNを用いて複数VPCを接続する方法があります。いずれの場合も、独立したVPC同士を相互に接続し、内部IPアドレスを使って通信するため、VPCのサブネットのIPアドレスレンジが重複しないように、IPアドレスの割り当てを設定する必要があります。

■ VPCネットワークピアリング

　VPCネットワークピアリングでは、2つのVPCが所属するプロジェクトや組織に関係なく、VPC同士の内部IPアドレスによるプライベート相互接続が実現できます（図4.15）。ピアリングで接続されたVPC間を流れるトラフィックは、パブリックなインターネットを通ることなく、Googleのネットワーク内に閉じています。

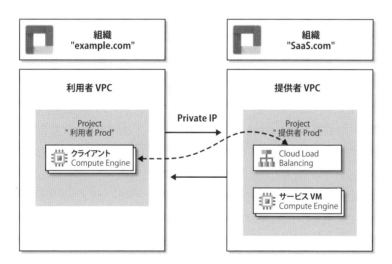

図4.15　VPC ネットワークピアリング

　専用線やVPNに頼らずに、複数のVPCネットワーク同士をプライベート接続することができるため、VPNによるVPCの相互接続に比べて、次のようなメリットがあります。

- レイテンシを小さく抑えて相互通信することが期待できる
- 追加の費用がかかるVPNに比べて、VPCネットワークピアリング自体には費用がかからない

ハイブリッド接続との併用

Cloud VPNやCloud Interconnectのハイブリッド接続でオンプレミス環境とプライベート接続されたVPCを経由して、別のVPCからオンプレミス環境と通信したいようなユースケースがあります。

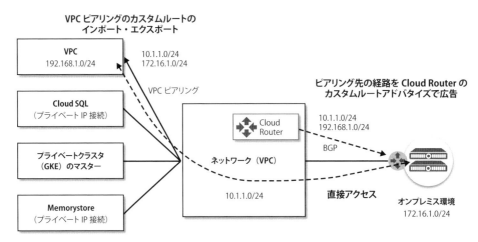

図4.16　オンプレミス環境とハイブリッド接続しているVPC（中央）と複数のVPCがピアリング接続している場合

図4.16のケースでは、オンプレミス環境とハイブリッド接続しているVPC（中央）と複数のVPCがピアリング接続しています。この場合、初期状態では、Cloud Routerはピアリング先のVPCのルート情報をオンプレミス環境へ広報しないため、オンプレミス環境側はピアリング先の各VPC（左側）への経路情報を受け取ることができません。ピアリング先の各VPCから見ても同様で、オンプレミス環境への経路情報を持っておらず、この状態のままでは相互に通信ができません。

このような状況での相互通信を実現するため、VPCピアリングにはハイブリッド接続で受信した経路のインポート、およびエクスポート機能が提供されています。特にCloud SQLやMemorystoreを内部IP接続で利用する際は、ユーザーが意識しないうちに、利用元VPCと各リソースが所属するネットワークとの間でピアリング接続がなされているため、この機能を利用しないとオンプレミス環境からCloud SQLが利用できないといった事象が発生してしまいます。

VPCピアリングの注意点

必要に応じてVPC同士をプライベート接続できて便利なVPCネットワークピアリングですが、推移的ピアリングがサポートされておらず、直接ピアリングしたVPC同士でしか通信ができないという制限があるため、設計時に注意が必要です。

例えば以下の図4.17のように、

- VPC AとVPC Cはピアリングされている
- VPC BとVPC Cはピアリングされている
- VPC AとVPC Bはピアリングされていない

という構成では、VPC AとC、VPC BとCは相互に通信できますが、VPC AとVPC B間の直接通信はできません。このような1つのVPCを中心とする複数VPC構成を組む場合は、VPCピアリングを用いるのではなく、VPC同士をCloud VPNで接続することにより、推移的通信が可能になり、接続されたVPC同士も通信できるようになります。

　VPC AとVPC Bを個別にピアリングすることで、両者同士の直接の通信は可能になりますが、対象となるVPCが増えてくるとピアリングの管理が煩雑になります。さらにまた、1つのVPCネットワークに接続できるVPCピアリングの上限値は25になっていることにも注意が必要です。

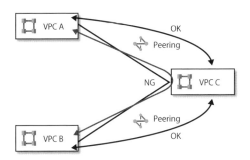

図4.17　推移的ピアリング

4.2.6　共有VPC

　共有VPCは、組織内の複数のプロジェクトから利用できるVPCネットワークを提供する機能です。他のプロジェクトからの利用を許可するプロジェクトをホストプロジェクトと呼び、ホストプロジェクト内に共有VPCを作成して、許可した他のプロジェクトから共有VPC内のサブネットを利用させることができます。

　ホストプロジェクトの管理者によって共有VPCの利用が許可されたプロジェクトをサービスプロジェクトと呼びます。サービスプロジェクト側は共有VPCにリソースの作成が可能になりますが、共有VPC側に紐付くファイアウォールルールや経路情報などは共有VPC側の管理となるため、「ホストプロジェクトの管理者がVPCネットワークの利用ポリシーを集中管理し

ながら、サービスプロジェクトの管理者に仮想マシン等のリソース管理を委譲する」といったことが実現できます。

　ハイブリッド接続をホストプロジェクトに確立してオンプレミス環境と接続すれば、サービスプロジェクト側からハイブリッド接続を共用することも可能です（図4.18）。

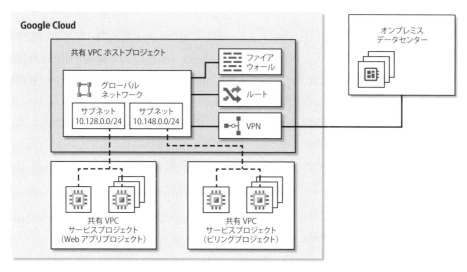

図4.18　共有VPC

　共有VPCの利用に関しては、次の制限があります。

- 1つのプロジェクトがホストプロジェクトとサービスプロジェクトに同時になることはできない
- 各サービスプロジェクトは1つのホストプロジェクトにしか接続できない

4.2.7　VPCの設計において留意すべき点

　VPCを設計する際に留意すべき点や、従来のオンプレミスネットワークとの大きな違いについて説明します。

■ VPCの構成変更

　VPC、および、サブネット上に配置した仮想マシンなどのリソースは、一度停止しない限り、別のVPCやサブネットに再配置することはできません。このため、リソースが構築されたあとでネットワークの構成、例えば、サブネットのCIDRを変更することは非常に面倒です。VPC、

および、サブネットの構成を設計する際は、将来的なリソースの計画を踏まえたうえで慎重に行う必要があります。

■ VPCのサブネットモード

VPCを作成する際は、**作成モードに注意をする必要があります。自動モード**と**カスタムモード**がありますが、基本的には、自動モードは使わないようにしましょう。自動モードを指定すると、各リージョンには、事前定義されたCIDR（10.128.0.0/9）から、自動的にマスク長20ビットのサブネットが作成されてしまいます。後日、社内ネットワークや他のVPCとのプライベート接続を予定している場合は特に注意が必要です。なお、Chapter 2で説明した組織ポリシーで自動モードを禁止することも可能です。

■ 従来のオンプレミスネットワークとのサブネットの使い方の違い

従来のオンプレミスネットワークにおいては、サブネットの用途に応じて、サブネットを細かく分割する設計（**マイクロセグメンテーション**）が多く見られました。例えば、Webアプリケーション用サブネットやデータベース用サブネットといったシステムの性質別でサブネットを分けたり、技術部門用や営業部門用といった組織階層別でサブネットを分けるという設計です。これは、ブロードキャストドメインを小さくすることで、ブロードキャストストームなどの障害の影響範囲を極小化することが目的であったり、あるいは、アプリケーションを分類する手段として、サブネット以外に有効な方法がなかったことなどが理由として考えられます。

一方、Google CloudのVPCは、仮想化されたネットワークであり、障害の影響範囲を限定するという目的でサブネットを分割する意味はありません。また、アプリケーションが稼働するリソースの分類には、ネットワークタグを利用することができ、ファイアウォールルールによる通信ポリシーの管理もネットワークタグで行うことができます。VPC環境では、オンプレミス環境のようにサブネットを細かく分割することには技術面でのメリットが少なく、むしろ、管理の手間を増大させる恐れがあります。必要以上にサブネットを細分化しないように注意してください。

■ VPC内で利用できるIPアドレス種別

本書執筆時点では、VPCはIPv4ユニキャストアドレスのみをサポートしています。IPv4ブロードキャストおよびマルチキャストアドレス、IPv6アドレスはサポートしていません。

■ サブネットに割り当てることができるIPアドレスの範囲

VPCサブネットではほぼすべてのIPアドレスが利用できますが、一部制限があります。利用できるIPアドレスの範囲は今後増える可能性もありますので、設計の際には、最新のドキュメントを確認のうえ、割り当てるIPアドレスの範囲を決定しましょう。

■ ルーティング（経路制御）

　VPCに作成したサブネットは、すべて相互にルーティングされます。これらのサブネット間のルートを削除することはできません。オンプレミスの環境では、ファイアウォール機能の簡易的な代替手段として「サブネット間のルーティングを設定しないことで、サーバー同士の通信を遮断する」というケースも見受けられますが、VPCでは、このような使い方はできません。Google CloudのVPCにおける通信制御は、ネットワークファイアウォールで行います。ソースフィルタとしてIP範囲（すなわち、サブネットに割り当てるCIDR単位）が指定できるため、オンプレミス環境におけるサブネットによる通信制御と同等の設定も可能です。

■ インターネットへの到達性

　先に説明したように、VPCからインターネットにアクセスできるのは、外部アドレスを持った仮想マシン、および、Cloud NATに紐付けられたサブネットに所属する仮想マシンになります。構築後もインターネットに接続する必要がある仮想マシンについては、これらの設定を利用するか、もしくは、VPC内に構築したプロキシサーバーの利用などを検討する必要があります。また、Cloud RunやCloud Functionsといったサーバーレスサービスは、基本的にパブリックなエンドポイントを持ったプロダクトであるため、これらがVPC内のリソースにセキュアに接続するには、サーバーレスVPCアクセスなどの機能を利用する必要があります。

4.3　オンプレミス環境との接続（ハイブリッド接続）

　オンプレミス環境とVPCをプライベート接続することを**ハイブリッド接続**と呼びます。ハイブリッド接続を実現するには、大きく2つの方法があります。1つは、インターネット上でIKE/IPsecを利用した仮想トンネルを構築するCloud VPNであり、こちらは一般的に**サイト間VPN接続**と呼ばれる接続方法です。もう1つは専用線やパートナーネットワークを介してVPCと接続する、**Cloud Interconnect**です。

　Cloud Interconnectはさらに2つの種類に分かれます。1つは、**Dedicated Interconnect**で、これは、Googleのコロケーション施設であるCloud Interconnect POPとユーザー企業のネットワークを直接に接続します。もう1つは、**Partner Interconnect**で、こちらは、パートナーのネットワークを介してユーザー企業のネットワークを接続します。この場合は、パートナーとGoogleの間で結ばれている専用線を複数のユーザー企業で共有する形になります。利用するアクセス回線やISPによって品質が変わることはありますが、一般に、Cloud Interconnectのような専用線接続は、Cloud VPNのようなサイト間VPN接続と比べて、高コストではあるものの安定した通信品質が期待できます。

　ここでは、これらハイブリッド接続の詳細について、選定方法や設計の際に配慮すべき点などを含めて解説していきます。

4.3.1 Cloud VPN

Cloud VPNは、サイト間VPN接続によって、VPCとオンプレミス環境の間でプライベート接続を実現するプロダクトです。GoogleのVPNゲートウェイとオンプレミスのVPNルーターの間で、IKE/IPsecによるVPNトンネル、いわゆる、サイト間VPN接続を行います。利用する通信事業者や回線の状況によって異なりますが、一般には、専用線の敷設に比べて、手軽に用意することができます。Cloud VPNには、**Classic VPN**と**HA VPN**がありますが、今後は、HA VPNを利用していくことが推奨されています。両者では可用性やルーティングの方法などに違いがあり、主な違いは、表4.6のようになります。

表4.6 Classic VPNとHA VPN

	Classic VPN	HA VPN
ルーティング	動的（BGP） 静的（ルートベース、ポリシーベース）	動的（BGP）
可用性	HAは手動での構成が必要	HAが標準構成
SLA	99.9%	99.99% ※適用箇所および適用構成に注意が必要

HA VPNは、名前のとおり、最初から冗長化された構成になります。HA VPNを構成するとリージョン内にVPNゲートウェイが作られますが、このゲートウェイには、別々の外部IPアドレスを持つ、冗長性が担保された2つのトンネルインターフェースがあらかじめ用意されています。今後、Classic VPNは、オンプレミス環境との静的ルーティングによる接続のみで使用し、それ以外はHA VPNの利用が推奨されています。そのため本書では、HA VPNを中心に解説します。これ以降は、特に記載のない限り、Cloud VPNといえば、HA VPNを指すものとします。

■ サービスレベル規約（SLA）

HA VPNの利用に際しては、Google Cloud側の接続に、99.99%のSLAが適用されます。ただし、SLAが適用されるには、Cloud VPNゲートウェイのすべてのVPNインターフェースが対向のインターフェースとVPNトンネルを構成している必要があります。また、オンプレミス環境と接続する場合、Google Cloud管理対象外となる要素が途中の経路に含まれるため、エンドツーエンドでこのSLAが適用されるわけではありません。例えば、オンプレミス環境側のアクセス回線やISPに起因する障害はSLAの適用対象にはなりません。一方、Cloud VPN同士で接続する場合は、エンドツーエンドで99.99%のSLAが適用されます。

この他にも、SLAが適用されるために満たすべき構成要件があります。詳細は次の公式ドキュメントを参照してください。

- 「Cloud VPN Service Level Agreement (SLA)」
  https://cloud.google.com/network-connectivity/docs/vpn/sla

■ ルーティング

　Cloud VPNのルーティングは、BGPによる経路交換にのみ対応しており、Cloud Routerが BGPのスピーカーとしての役割を担います。このため、オンプレミス環境と接続する場合は、オンプレミス側のルーターは、IKE/IPsecだけではなく、BGPに対応している必要があります。

■ IPsecトンネル

　前述のとおり、Google Cloud側でVPNインターフェースが2つ用意されるため、IPsecトンネルは2つ構成する必要があります。

■ VPNトンネルあたりの上限

　Cloud VPNでは、VPNトンネル単位で、いくつかのパフォーマンスの上限があります。

- ネットワーク帯域幅：Cloud VPNの最大帯域幅は、VPNトンネルあたりの上りと下りの合計で3Gbpsとなっています。ただし、これはあくまで仕様上の最大値であり、実行帯域は途中の経路の帯域や往復遅延時間（RTT）によって大きく左右されます。
- パケット転送レート：パケット転送レートは、上りと下りの合計で25万pps（packets per second）が推奨最大値となっています。

■ トポロジーの設計パターン

　HA VPNは、適切にトンネルを確立した場合に可用性99.99％のSLAが適用されます。ここでは、可用性を極力確保しながら、ユースケースに合わせたトポロジーの設計パターンを紹介します。なお、以降紹介する3つのパターンは、すべて、HA VPNゲートウェイが1つの場合の構成です。この構成では、アクティブ／パッシブのルーティングを行うことが推奨されます。アクティブ／アクティブのルーティングを行った場合、片側のVPNトンネルがダウンした場合、一方のトンネルに流入するトラフィックが単純に2倍となってしまうからです。

【1】 対向のVPNルーターが2台の構成

オンプレミス環境側がハードウェアVPNルーターの場合、可用性を確保するために、ハードウェアを2台構成とすることで冗長性の確保や機器障害が発生した際のフェイルオーバーを実現できます。この構成は、オンプレミス環境のVPNにおいて、最も確実でオーソドックスな構成です。HA VPNゲートウェイは、オンプレミス環境側に2台あるVPNルーターのインターフェースと1本ずつのIPsecトンネル（つまり構成全体で2本）を構成します。

この構成では、HA VPNゲートウェイのすべてのインターフェースがオンプレミス環境側のVPNルーターとVPNトンネルを構成しているため、可用性99.99%のSLAが適用されます。

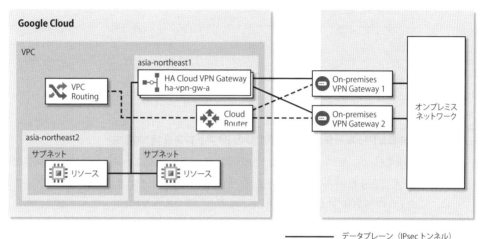

図4.19　2台のVPNルーターとのHA VPN

【2】 対向のVPNルーターが1台で2つのIPアドレスを持つ構成

この構成では、対向のVPNルーターは1台で、2つのインターフェースがそれぞれ外部IPアドレスを持っています。HA VPNゲートウェイは、それぞれの外部IPアドレスとVPNトンネルを1本ずつ構成します。

この構成の場合も、HA VPNゲートウェイのインターフェースがオンプレミス環境側のVPNルーターとVPNトンネルを構成しているため、可用性99.99%のSLAの適用条件を満たしています。ただし、オンプレミス側のハードウェアが1台である以上、先ほどの構成に比べて、エンドツーエンドでの可用性は低下していることを認識する必要があります。

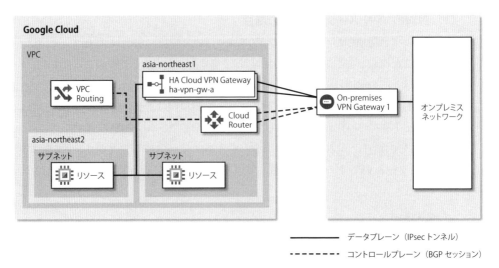

図4.20　1台／2IPアドレスのVPNルーターとのHA VPN

【3】　対向のVPNルーターが1台で1つのIPアドレスを持つ構成

　この構成では、オンプレミス側は、1つのインターフェースに1つの外部IPアドレスを持った VPNルーターが1台のみ存在しています。HA VPNゲートウェイの2つのインターフェース は、この1つの外部IPアドレスに対して1本ずつ、計2本のVPNトンネルを構成することにな ります。

　この場合も可用性99.99％のSLAの適用条件は満たしているものの、先の構成同様、VPN ルーターのハードウェア障害などに対しては弱い構成であることを認識する必要があります。

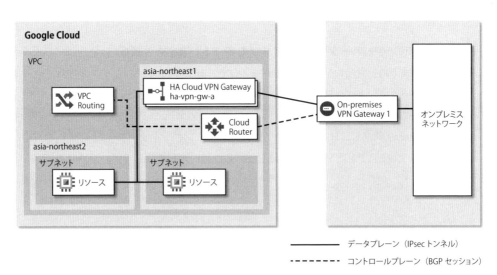

図4.21　1台／1IPアドレスのVPNルーターとのHA VPN

以上3つのハイブリッド接続パターンを紹介しましたが、4.2.5項で触れたように、HA VPNを利用することで、VPC同士を接続することも可能です。構成イメージは、図4.22のようになります。

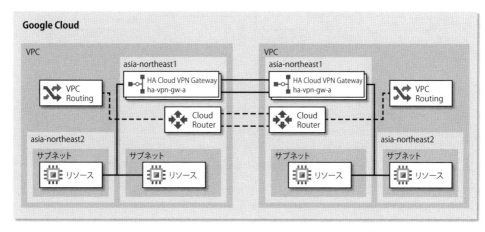

図4.22　複数VPCとのHA VPNによる接続

■ リージョンをまたいだハイブリッド接続

HA VPNゲートウェイはリージョンリソースであるため、VPN接続時には、どこか1つのリージョンを指定する必要があります。VPCネットワークには**ルーティングモード**という概念があり、これを利用することでリージョンリソースであるCloud VPNで、リージョンをまたいだルーティングを許可するか否かを指定できます。

ルーティングモードの設定には「リージョン」と「グローバル」の2つがあり、前者では、Cloud VPNを経由したトラフィックはVPNゲートウェイが接続されたリージョン以外にはルーティングされません。後者はその逆で、VPC内の全リージョンとの通信が可能となり、例えば、図4.23の構成のように、オンプレミス環境と東京の間でのみVPN接続をしている場合でも、オンプレミスと大阪リージョン間の通信が可能になります。

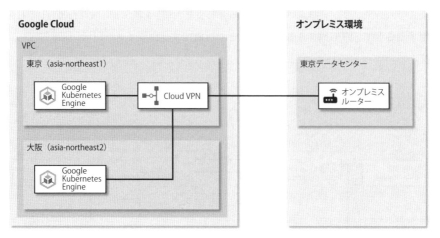

図4.23　グローバルルーティングモードを活かしたCloud VPNマルチリージョン接続

4.3.2　Dedicated Interconnect

　Dedicated Interconnectでは、ユーザーのオンプレミスネットワークとVPCの間を直接に専用線で接続します。複数あるハイブリッド接続の選択肢の中でも、最も高品質な通信環境を実現できるプロダクトです。ユーザーは、10Gbps、または、100Gbpsの帯域を専有して利用することができます。また、10Gbpsであれば8本、100Gbpsであれば2本の物理回線をリンクアグリゲーションして、さらに帯域を増やすことができます。

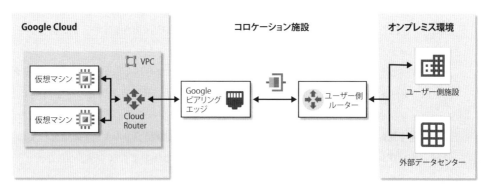

図4.24　Dedicated Interconnectの全体構成

■ Dedicated Interconnectの物理構成

　Dedicated Interconnectを利用する際は、Googleが指定するコロケーション施設にユーザーのルーターを設置して、データセンターの構内配線でGoogle側の接続ポイント（ピアリングエッジ）と接続するか、コロケーション施設まで専用線でつないだうえでピアリングエッジと接続します。Googleとユーザーとの間は光パッチパネルで隔てられており、ユーザーは自社のルーターからこのパッチパネルまでをコロケーション事業者の構内配線や専用線を利用して物理接続します。

　ユーザー側のルーターは以下の技術要件を満たす必要があります。

- 対応インターフェース
  - シングルモードファイバー／10GBASE-LRインターフェース（10Gbps）
  - シングルモードファイバー／100GBASE-LR4インターフェース（100Gbps）
- リンクアグリゲーション（LACP）のサポート[2]
- IPv4リンクローカルアドレス（169.254.0.0/16）のサポート
- タグVLAN（IEEE 802.1q）のサポート[3]
- EBGPマルチホップのサポート

■ Dedicated Interconnectの論理構成

　Dedicated Interconnectでは、ユーザー側のルーターとGoogleのピアリングエッジの間を光ファイバーで接続し、その上にIEEE802.1q準拠のタグVLANで論理パス（**VLANアタッチメント**）を構成します。そして、各VPCにはVLANアタッチメントで接続します。これによって、1本の物理接続で複数のVPCに接続することができます（図4.25）。タグVLANは、単一のVPCだけと接続する場合にも必要です。

※2　ルーター～ピアリングエッジ間の配線を1本しか使わない場合にも必要
※3　接続するVPCが1つしかない場合にも必要

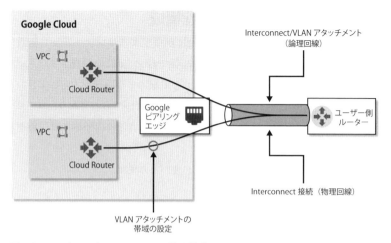

図4.25　Dedicated Interconnectの論理構成

■ サービスレベル規約（SLA)

　Dedicated Interconnectには、99.9％と99.99％の2つのSLAが存在します。これらは接続方法によって変わります。それぞれが適用される基準を説明するために、まず、次の2つの用語を解説しておきます。

- メトロ：大都市圏。コロケーション施設が存在する都市のこと。「東京」や「大阪」などの単位
- エッジアベイラビリティドメイン：メトロごとに2つ以上存在するゾーンであり、2つのエッジアベイラビリティドメインに接続することで複数回線で同時にメンテナンスが発生することを避けることができ、冗長性を確保できる

　次に、2つのSLAの基準を説明します。

- 99.9% SLA（図4.26）
  - 同一メトロ内で異なるエッジアベイラビリティドメインに接続
  - 複数のInterconnectアタッチメントが、それぞれ同一リージョンに配置された異なるCloud Routerに接続

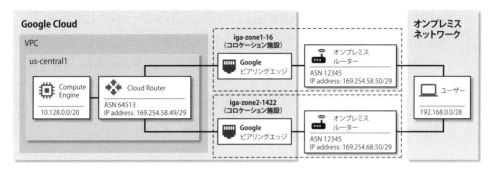

図4.26　99.9% SLAが適用されるDedicated Interconnect構成の例

- 99.99% SLA（図4.27）
  - 少なくとも2つのメトロに2つずつのInterconnect回線が存在
  - 同一メトロ内の2つの接続は、それぞれ異なるエッジアベイラビリティドメインに接続
  - 各リージョンに最低2つずつのCloud Routerを配置し、各Cloud Routerはそれぞれ異なるInterconnectアタッチメントに接続
  - VPCネットワークのルーティングモードが「グローバル」

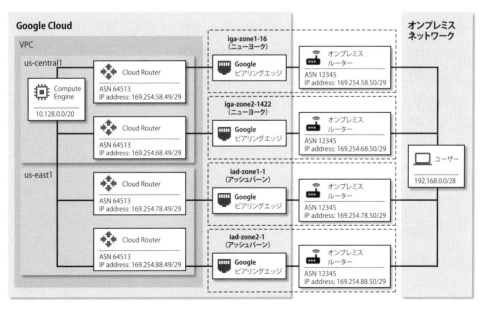

図4.27　99.99% SLAが適用されるDedicated Interconnect構成の例

4

ネットワーク設計

■ Dedicated Interconnectの申し込みから利用開始まで

　他のGoogle Cloudのサービスとは異なり、Dedicated Interconnectの利用開始にあたっては、コロケーション事業者や通信事業者など複数の第三者が関係します。このため、利用開始にあたっていくつかの手続きを必要とします。申し込みから利用開始までの大まかな流れは、次のとおりです。Google Cloudの利用開始時期に対して、余裕を持ったスケジュールで実施ください。

事前準備（新たにユーザールーターを設置する場合）

1. Dedicated Interconnect対応のコロケーション施設を選定
   - ロケーションは、https://cloud.google.com/network-connectivity/docs/inter connect/concepts/choosing-colocation-facilities?hl=jaから確認することができる
2. コロケーションの申し込み〜利用開始
3. 自社拠点〜コロケーション拠点までの専用線の発注・敷設
4. コロケーション拠点にユーザー側ルーターの設置、自社拠点からルーターまでの疎通確認

申し込み（コロケーション施設内での接続の場合）

1. Cloud ConsoleからDedicated Interconnectの申し込み
   - 申し込み後、GoogleからLOA（Letter of Authorization：接続許可）がメールにて送付される
2. コロケーション事業者に構内配線の発注〜開通工事
   - 先にGoogleから発行されたLOAが必要
3. ルーターと構内配線の接続
   - ここまでで物理接続は完了
4. VLANアタッチメントの作成
   a. Cloud Routerの作成
   b. ユーザー側ルーターのリンクローカルアドレスが自動採番される
5. ユーザー側ルーターのBGP設定
6. 利用開始

4.3.3 Partner Interconnect

　Dedicated Interconnectが自社ネットワークとGoogleネットワークを直接、物理的に接続するプロダクトであったのに対し、Partner Interconnectでは、Googleと直接に接続するのはパートナー事業者であり、ユーザーはパートナーのネットワークを介してGoogleのネットワークに接続します（図4.28）。

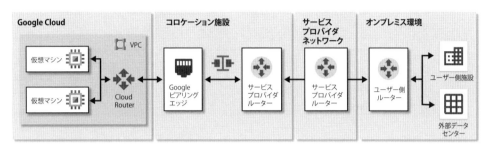

図4.28 Partner Interconnectの全体構成

　Dedicated Interconnectとの主な違いは、上記の接続形態以外にも以下が挙げられます。

- 50Mbpsから50Gbps（VLANアタッチメントあたり）の柔軟な帯域を選択可能
- 接続サービスにもよるが、自社でInterconnect接続用のエッジルーターを用意しなくてよい場合もある
- すでにPartner InterconnectパートナーのWANサービス等を利用している場合、契約の追加のみで利用が開始できることがあり、Dedicated Interconnectに比べ短期間で利用可能
- パートナーが対応していれば、他社パブリッククラウドにも接続可能

■ 2つの接続方法

　Partner Interconnectには、レイヤ2接続とレイヤ3接続の2つの接続方法があります。レイヤ2接続の場合、Cloud Routerと経路交換を行うBGPピアは顧客側のオンプレミスルーターになりますが、レイヤ3接続の場合は接続パートナーの管理するピアリングエッジになります。

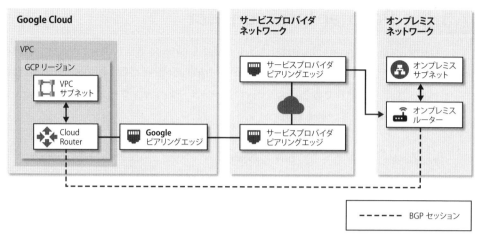

図4.29　Partner Interconnectレイヤ2接続

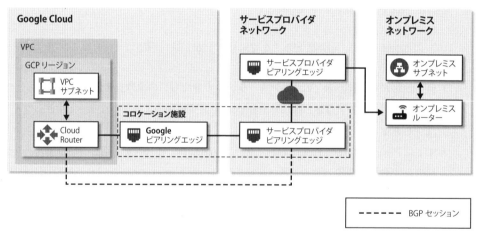

図4.30　Partner Interconnectレイヤ3接続

■ 接続パートナー

　Partner Interconnectには、さまざまな通信事業者が対応しています。ただし、通信事業者によって、対応する接続方式（レイヤ2／レイヤ3）や、対応できるロケーションが異なるため、自社の利用計画を考慮したうえでパートナーを選定する必要があります。最新のパートナー一覧は次のドキュメントで確認することができます。

- 「サポートされているサービス プロバイダ」（ネットワーク接続ドキュメント）

  https://cloud.google.com/network-connectivity/docs/interconnect/concepts/
  service-providers?hl=ja

■ サービスレベル規約（SLA）

Partner Interconnectでも、Dedicated Interconnectと同じく、99.99%と99.9%の2つのSLAが用意されていますが、Dedicated Interconnectとは異なりユーザーのVPCネットワークとプロバイダのネットワークの間の接続にのみ適用されます。パートナーとユーザーの間のSLAは、利用するパートナーに確認する必要があります。

それぞれのSLAが適用されるための構成要件は、次のとおりです。

- 99.9% SLA（図4.31）
  - 少なくとも2つのInterconnectアタッチメントが、同じメトロ内の異なるエッジアベイラビリティドメインに配置
  - 同じリージョンに少なくとも2つのCloud Routerがあり、2つのInterconnectアタッチメントがそれぞれ異なるCloud Routerに接続されている

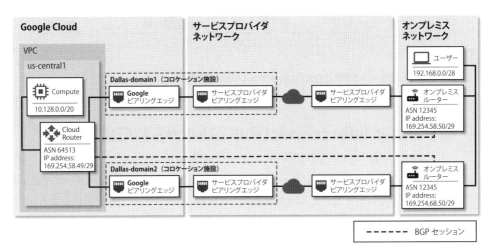

図4.31　99.9% SLAが適用されるPartner Interconnect構成の例

- 99.99% SLA（図4.32）
  - 少なくとも2つのメトロに2つずつのInterconnectアタッチメントが存在
  - 同一メトロ内の2つの接続は、それぞれ異なるエッジアベイラビリティドメインに接続
  - 各リージョンに最低2つずつのCloud Routerを配置し、各Cloud Routerはそれぞれ異なるInterconnectアタッチメントに接続
  - VPCネットワークのルーティングモードを「グローバル」に設定

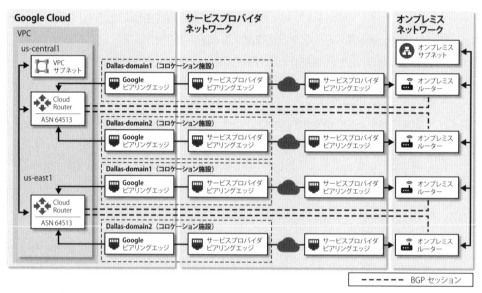

図4.32　99.99% SLAが適用されるPertner Interconnect構成の例

■ Partner Interconnectの申し込みから利用開始まで

Partner Interconnectでは、Dedicated Interconnectに比べて、コロケーション施設内での物理接続はすべてGoogleとパートナーとの間で実施済みのため、ユーザー側で行わなければならない作業は相対的に少なくなります。ただし、パートナーとオンプレミスネットワークとの接続がまだ存在しない場合は、まず、各パートナーとの接続が必要になります。その場合は、余裕を持ったスケジュールで進めるように注意してください。

事前準備

1. パートナーとオンプレミスネットワークとの間を接続する
   - このプロセスは、パートナーによって異なる

申し込み

1. Cloud ConsoleからVLANアタッチメントを作成
   - Cloud Routerの作成
   - パートナーが接続するためのペアリングキーが発行されます

2. ペアリングキーをパートナーに渡して接続を依頼
   - 依頼方法は、パートナーによって異なります

3. VLANアタッチメントの有効化
4. 利用開始

4.4　DNS

　クラウド時代においても、リソース同士が通信相手を識別する手段として、**DNS**が重要な役割を果たしていることに変わりはありません。その一方で、ハイブリッド接続やマルチクラウドが一般的になるに伴い、複数の環境をまたいだ**名前解決**が必要となり、その実装方法は複雑化しています。ここでは、Google Cloudが提供するDNS関連のプロダクトについて、各プロダクトの解説を交えながら、主にハイブリッド環境で使う場合のベストプラクティスを説明します。

4.4.1　Cloud DNS

　Cloud DNSは、Google Cloudが提供するDNSプロダクトの中でも中心的な役割を果たします。主にはDNSの権威サーバー（コンテンツサーバー）としての役割を提供しますが、次のようなさまざまな機能があります。

- 公開ゾーンと限定公開ゾーンのホスティング
  - 公開ゾーンは、インターネットから参照可能なゾーンをホストする機能
  - 限定公開ゾーンは、VPC内部からのみ参照可能なゾーンをホストする機能
  - 限定公開ゾーンには、ゾーンのホスティングだけでなく、次のような機能が含まれる

- DNS転送（限定公開ゾーン限定）
  - 指定したゾーン宛ての名前解決リクエストを下記のいずれかの環境にある、他のDNSサーバーのIPアドレスへ転送する
    - VPC内に存在するDNSサーバー
    - ハイブリッド接続されたオンプレミスネットワーク内にあるDNSサーバー

4

ネットワーク設計

- DNSピアリング（限定公開ゾーン限定）
  - 指定したゾーン宛ての名前解決リクエストを、設定した別のVPCにあるCloud DNSに移譲する

　VPCネットワークに接続した仮想マシンは、デフォルトでは、**メタデータサーバー**（169.254.169.254）を用いて名前解決を行います。メタデータサーバーは、必要に応じてCloud DNSを参照することで、公開ゾーン、および、限定公開ゾーンに対する名前解決を行います。具体的な参照順序は、4.4.3項で説明します。

■ 公開ゾーン

　公開ゾーンは、その名のとおり、インターネットに対して公開するゾーン（名前空間）をホストする権威サーバーの機能です。Webサービスを公開するためにAレコード、AAAAレコードを公開したり、メールサーバーを構築するためにMXレコードを公開したりするなど、いわゆる外向きのDNS権威サーバーとして利用することができます。利用できるリソースレコードは、次のドキュメントで確認できます。

- 「Cloud DNSの概要」（Cloud DNS ドキュメント）
  https://cloud.google.com/dns/docs/overview?hl=JA#supported_dns_record_types

　公開ゾーンはDNSSECに対応しており、DNSSECを有効にすると、外部からゾーンの正当性を検証する際に必要となる、公開鍵（DNSKEY）、署名（PRSIG）、不在（NSEC／NSEC3／NSEC3PARAM）の3つのレコードが自動的に生成されます。

■ 限定公開ゾーン

　限定公開ゾーンは、VPCやハイブリッド接続されたオンプレミス環境から参照可能なゾーンを内部に公開するための機能です。ほとんどの機能は公開ゾーンと変わりありませんが、公開先となるVPCを指定する必要があり、DNSSECに対応しないために一部のリソースレコードが利用できないといった違いがあります。

■ DNS転送

　DNS転送は、限定公開ゾーンに含まれる特殊なゾーンであり、指定したゾーンに対する名前解決のリクエストをあらかじめ指定した転送先DNSサーバーに転送します。転送先として指定したDNSサーバーのIPアドレスと、リクエストの転送方法によって、転送されるリクエストの通る経路が決まる点に注意が必要です。転送先へのリクエストの転送方法には**標準ルーティング**と**限定公開ルーティング**の2通りがあります。

標準ルーティング

- 転送先DNSサーバーが、RFC 1918プライベートIPアドレスの仮想マシンである場合は、承認済みのVPCを使ってルーティングする（転送先タイプ1）
- 転送先DNSサーバーが、ハイブリッド接続で接続されたオンプレミス側のRFC 1918プライベートIPアドレスの場合は、承認済みのVPCを使ってルーティングする（転送先タイプ2）
- 転送先DNSサーバーが、RFC 1918プライベートIPアドレスでない場合は、インターネットに対してルーティングする。この場合、転送先のDNSサーバーはインターネットからの到達性を持っている必要がある（転送先タイプ3）

限定公開ルーティング

- 宛先のIPアドレスの種別を問わず（つまり、RFC 1918プライベートIPアドレスか、グローバルIPアドレスの内部利用かにかかわらず）常に承認済みのVPCネットワークを使ってルーティングする（転送先タイプ1または2）

　転送先タイプが1および2の場合、転送先DNSサーバーから見た転送元のIPアドレスは、35.199.192.0/19となります。転送先タイプが1および2の場合、VPCを経由した閉域での通信ではあるものの、グローバルIPアドレスからのリクエストとなるため、応答できるためには適切な設定がなされている必要があります。以降の説明を参考にしてください。

転送先タイプ1

　このタイプでは、転送先のDNSサーバーはVPC内部にあります。Cloud DNSが転送先DNSサーバーにリクエストを転送できるために、ユーザーは、35.199.192.0/19からのTCP、および、UDP 53番ポートへの着信を許可するファイアウォールルールを作成して、DNSサーバーに適用する必要があります。また、DNSサーバーがCloud DNSに対して応答するために、35.199.192.0/19へのルートが必要となりますが、このルートは自動的に作成されるので考慮する必要はありません（図4.33）。

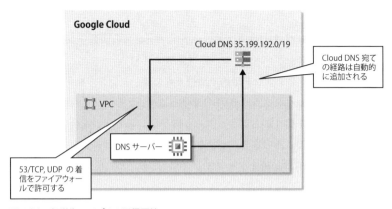

図4.33　転送先タイプ1の通信要件

転送先タイプ2

　このタイプでは、転送先のDNSサーバーはハイブリッド接続されたオンプレミス環境にあります。一方、転送先のDNSサーバーから見たリクエスト転送元であるCloud DNSのIPアドレスは、タイプ1の場合と同じく35.199.192.0/19です。名前解決のリクエストは、Cloud InterconnectやCloud VPN等のハイブリッド接続を経由して転送先のDNSサーバーに到達します。転送先のDNSサーバーが応答を返す先のIPアドレスも35.199.192.0/19となるため、オンプレミス側ではこのIPアドレスを宛先とするパケットがCloud VPNやCloud Interconnectを経由するよう、戻りルートの設定が必要となります。また、経路上でこのIPアドレスを送信元とする、TCP、および、UDP 53番ポート宛ての通信を許可しておく必要もあります（図4.34）。

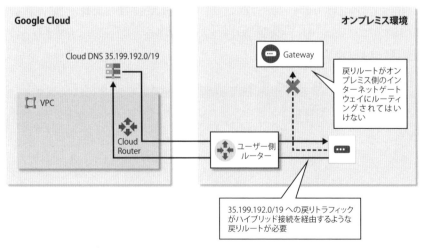

図4.34　転送先タイプ2の通信要件

転送先タイプ3

このタイプでは、インターネットからアクセス可能なグローバルIPアドレス（外部IPアドレス）を持ったDNSサーバーが転送先になるため、一般的な外部公開DNSサーバーとしての設定以外に特殊な通信要件はありません。DNS転送トラフィックは必ずインターネットを経由することになるため、プライベート転送は利用できません。

なお、このタイプの場合、転送先DNSサーバーから見た転送元のIPアドレスは、他のタイプと異なり、Google Public DNSサーバーのものとなります。転送先は実質的に公開のDNS権威サーバーとなるため、多くのケースでは問題になりませんが、念のため注意してください。Google Public DNSサーバーのIPアドレスレンジは数が多く、最新のリストは次のドキュメントに記載されています。

- 「Frequently Asked Questions」
  https://developers.google.com/speed/public-dns/faq?hl=JA#locations

■ DNSピアリング

VPCネットワークピアリングとDNS転送を組み合わせると、うまく動かないケースがあります。例えば、VPC Aとハイブリッド接続されたオンプレミス環境があり、VPC AのCloud DNSに対して、オンプレミス環境のDNSへのDNS転送が設定されていたとします。オンプレミスのリソースに対する名前解決は、オンプレミス環境のDNSに転送するという想定です。この時、新しいVPC Bに対して、VPC AとVPCネットワークピアリングを設定したとします。経路情報を適切に設定すれば、VPC Bとオンプレミス環境の相互通信が可能になります。しかしながら、この状態で、VPC Bの仮想マシンから、VPC AのCloud DNSにクエリを実行して、オンプレミス環境のDNSにリクエストが転送されると、（VPC Bとオンプレミス環境は通信可能であったとしても）Cloud DNSの仕様として、この応答はVPC Bには返りません。つまり、VPC Bでは、オンプレミスのリソースに対する名前解決ができなくなります。

このようなケースでは、VPC Bに新たなCloud DNSを用意して、VPC AのCloud DNSとDNSピアリングを設定します。DNSピアリングでは、特定のゾーンに対する名前解決をピアリングされたDNSに移譲するように設定を行います。上記のケースでは、オンプレミス環境のリソースに対応するゾーンの名前解決は、VPC AのCloud DNSで実施するように設定します。これにより、VPC Bの仮想マシンは、VPC BのCloud DNSを用いて、オンプレミスのリソースに対する名前解決ができるようになります。

なお、上記のケースでは、VPC AとVPC BはVPCネットワークピアリングが構成されている想定ですが、DNSピアリングは、VPCネットワークピアリングを前提とするものではありません。DNSピアリングのみを設定して利用することも可能です。この場合、VPC AとVPC B

4

ネットワーク設計

は相互に通信する経路はありませんが、VPC BのCloud DNSは、特定のゾーンに対する名前解決をVPC AのCloud DNSに移譲することができます。ピアリングされたCloud DNS同士は、独自の内部経路で相互の通信を行います。

■ 受信サーバーポリシー

ここまで、Cloud DNSから外部のDNSにリクエストを転送する方法、例えば、オンプレミス環境のリソースに対する名前解決をオンプレミスのDNSに転送する方法を説明してきました。逆に、オンプレミスからVPC内のリソースに対する名前解決を行う場合は、**受信サーバーポリシー**を設定します。受信サーバーポリシーを設定すると、Cloud DNSにアクセスするためのプライベートIPアドレスが割り当てられます。ハイブリッド接続されたオンプレミス環境からは、このプライベートIPアドレスに対してクエリを行うことで、Cloud DNSが配置されたVPCのリソースに対する名前解決が可能になります。オンプレミス環境のDNSに対して、このプライベートIPアドレスへのDNS転送を設定しておけば、オンプレミス環境のDNSにおいて、オンプレミスのリソースとVPC内のリソースの両方に対する名前解決が可能になります。

4.4.2　内部DNS

内部DNSとは、VPC内部でリソースを作成すると自動的に割り当てられる「.internal」のゾーンを管理するDNS権威サーバーです。また、割り当てられたAレコードに連動するPTR（逆引き）レコードも自動生成します。リソースを削除すると、該当のレコードは自動で削除されます。

異なるプロジェクト配下のVPC間で内部DNS名の名前解決をしたい場合は「（プロジェクト名）.internal」というゾーンで相互にDNSピアリングをすれば実現できます。ただし、同じプロジェクト配下のVPC間の場合は、ゾーン名が重複するため、VPC間での内部DNS名の名前解決は実現できません。なお、共有VPCを使用している場合は、ホストプロジェクト側の共有サブネットに存在するリソースについて、デフォルトでサービスプロジェクトのリソースから名前解決することができます。

4.4.3　VPC内での名前解決順序

Google Cloudでは、VPC内部で稼働する仮想マシンに対する名前解決サービスを提供しています。仮想マシンで稼働するOSは、仮想マシンの管理情報などを格納するメタデータサーバー（169.254.169.254）を用いて名前解決を行います。この場合の名前解決の順序は、図4.35のようになります。図中の「送信サーバーポリシー」は、デフォルトの名前解決順序を無視して、すべてのクエリを設定された代替サーバーに転送する機能になります。

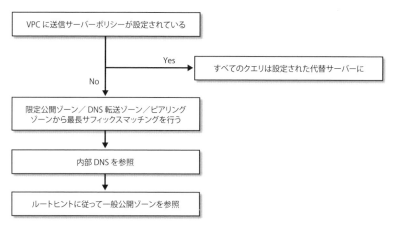

図4.35　VPC内での名前解決順序

4.4.4　ハイブリッド環境の名前解決パターン

　これまで紹介した機能を踏まえて、VPCとオンプレミス環境の両者にリソースが混在するハイブリッド環境において、相互のリソースの名前解決を行うためのベストプラクティスを紹介します。

　まずはじめに、名前解決をどこで行うか（オンプレミス環境とGoogle Cloudのどちらに権威サーバーを寄せるのか）を決定する必要があります。選択肢としては、次の3つが考えられます。

1. すべてオンプレミスのDNSサーバーで行う
2. すべてCloud DNSで行う
3. オンプレミス環境のDNSサーバーとCloud DNSを併用する

　1.については、次のようなメリット／デメリットがあります。

- メリット
  - 管理箇所が1カ所に集中する
  - オンプレミスに閉じた名前解決処理は短いレイテンシでの処理が期待できる

- デメリット
  - VPC側からの名前解決処理はレイテンシが長くなる
  - VPC側の動的なリソース増減に対するDNSレコードの追従が困難になる

- ∘ インスタンス名の逆引きに依存するような一部のGoogle Cloudプロダクトの利用に支障をきたす可能性がある
- ∘ すべての名前解決処理の品質がハイブリッド接続の可用性や性能に大きく依存する

2. については、次のようなメリット／デメリットがあります。

- メリット
  - ∘ 管理箇所が1カ所に集中し、かつ、オンプレミス環境のDNS権威サーバーを維持する必要がなくなる

- デメリット
  - ∘ 名前解決処理のボトルネックはハイブリッド接続に集中する
  - ∘ オンプレミス環境側からの名前解決処理はレイテンシが長くなる

このようにどちらの場合にも、無視できないデメリットがあります。このようなハイブリッド環境では、オンプレミス環境側のDNSとCloud DNSを併用する、3.のハイブリッドアーキテクチャがベストプラクティスになります。具体的には、次のような構成となります（図4.36）。

- Google Cloud環境のゾーンは、Cloud DNSが権威DNSとなる
- オンプレミス環境のゾーンは、オンプレミス環境側のDNSサーバーが権威DNSとなる

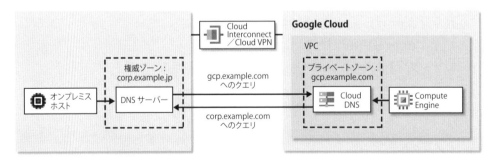

図4.36 ハイブリッド DNS のアーキテクチャ

ここでは、このハイブリッドアーキテクチャの構成方法と、そこからさらに発展して、複数のVPCが存在する大規模な利用環境において、ハイブリッドな相互の名前解決を行うアーキテクチャを解説します。ここからは、次のような環境を構成するものとして、解説を進めます。

- 組織が所有するドメイン名は「example.jp」
- オンプレミス環境側の内部ドメイン名は「corp.example.jp」
- VPC AとCloud VPNによるハイブリッド接続を行っている
- VPC AはVPC XおよびVPC YとVPCピアリングを構成している
- Google Cloud側の内部ドメインは「cloud.example.jp」
- VPC A／X／Yそれぞれの内部ドメインは「a.cloud.example.jp」「x.cloud.example.jp」「y.cloud.example.jp」
- Google Cloud側の内部ドメインはCloud DNSで、オンプレミス環境側の内部ドメインはオンプレミス環境内部にプライベートIPアドレス10.8.8.8を持ったDNS権威サーバーでそれぞれ管理する

■ Google Cloudからオンプレミス環境の名前解決

　まず第1のステップとして、Cloud VPNでオンプレミス環境と直接にハイブリッド接続を構成しているVPC Aにおいて、オンプレミス環境に関する名前解決ができるように構成します。VPC A側からオンプレミス環境への名前解決を実現するには、次の設定を行います。

- VPC Aの転送ゾーンとして「corp.example.jp」を設定する
  - 転送先DNSサーバーのIPアドレスに「10.8.8.8」を設定し、「プライベート転送」を有効化する
- オンプレミス環境側では、Cloud DNSの転送元IPアドレス「35.199.192.0/19」への戻りトラフィックがCloud VPNのピアVPNゲートウェイに転送されるよう、適切なルーティング設定を行う

　この設定によって、VPC A内部からオンプレミス環境に対する名前解決が行えるようになります。

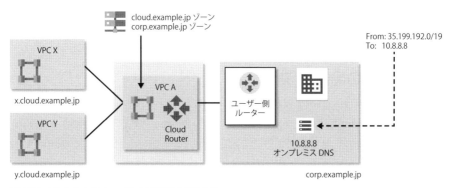

図4.37　VPC A からオンプレミス環境の名前解決

■ オンプレミス環境からGoogle Cloudの名前解決

　Google CloudのCloud DNSからオンプレミス環境の名前解決ができるようになったので、次のステップはその逆で、オンプレミス環境からGoogle CloudのCloud DNSの限定公開ゾーンに対する名前解決ができるように構成します。ここで実施する必要がある設定は、以下のとおりです。

- Cloud DNSの限定公開ゾーンとして「cloud.example.jp」を作成する
- オンプレミス環境からCloud DNSの限定公開ゾーンに対する名前解決リクエストを許可するDNSサーバーポリシー（受信サーバーポリシー）を作成する
  - 受信クエリ転送をオンにする
  - ネットワークにはVPC Aを選択する
  - 設定が完了すると各サブネットに対する受信クエリ転送先のIPアドレスが発行される
- オンプレミス環境のDNSサーバー側で、「cloud.example.jp」に対する名前解決リクエストが、前の作業で発行された受信クエリ転送先のIPアドレスに転送されるように、条件付き転送を設定する

　この設定によって、オンプレミス環境のDNSサーバーからの名前解決リクエストをCloud DNSの限定公開ゾーンに対しても行えるようになります。

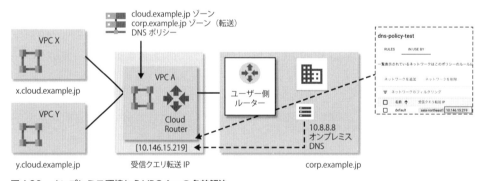

図4.38　オンプレミス環境からVPC Aへの名前解決

■ VPC間での名前解決

　次に、VPC間での名前解決を実装します。はじめに、VPC XのCloud DNSで定義された限定公開ゾーン「x.cloud.example.jp」について、VPC Aから名前解決ができるように、DNSピアリングの設定を行います。ここで、DNS転送ではなく、DNSピアリングを用いるのには理由があります。このあと、VPC Xからオンプレミス環境の名前解決ができるようにするために、

4.4.1項で説明したDNSピアリングが必要になります。このため、VPC間の名前解決について
は、一貫してDNSピアリングを用いる構成を採用しています。具体的には、次の設定を行いま
す。

- VPC X側で限定公開ゾーン「x.cloud.example.com」を作成する
- VPC A側でピアリングゾーン「x.cloud.example.com」を作成する
  - オプションにはDNSピアリングを選択する
  - ピアリングプロジェクトはVPC Xの所属するプロジェクト、ピアリングネットワークに
    はVPC Xを選択する

この設定により、VPC Aから限定公開ゾーン「x.cloud.example.jp」の名前解決ができる
ようになります。また、先ほどすでにオンプレミス環境から「cloud.example.jp」ゾーンの名
前解決リクエストをVPC Aに転送するように設定したため、この時点でオンプレミス環境側か
らも、「x.cloud.example.jp」ゾーンに対する名前解決ができるようになります。

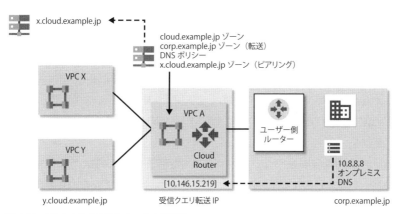

図4.39　VPC A から VPC X への名前解決

最後に、VPC Xから、VPC A、および、オンプレミス環境に対する名前解決ができるように
設定します。これには、4.4.1項で説明したDNSピアリングを利用します。VPC Xにおいて、
「corp.example.jp」ゾーンに対する名前解決をVPC Aに移譲するように設定すれば、VPC X
からオンプレミス環境に対する名前解決ができるようになります。同様に、VPC Xにおいて
「a.cloud.example.jp」ゾーンに対する名前解決をVPC Aに移譲するように設定すれば、VPC
XからVPC Aに対する名前解決ができるようになります。

しかしながら、実際には、これらの設定を個別に行う必要はありません。代わりに、VPC X
において、VPC Aを「example.jp」ゾーン全体に対するピアリングネットワークとして設定し
ます。これにより、「corp.example.jp」ゾーンと「a.cloud.example.jp」ゾーンの両方につ

いて、VPC A の Cloud DNS で名前解決が行われるようになります。「x.cloud.example」ゾーンに対する名前解決は、最長サフィックスマッチの原則に従って、VPC X 内の限定公開ゾーンが参照されるので問題ありません。

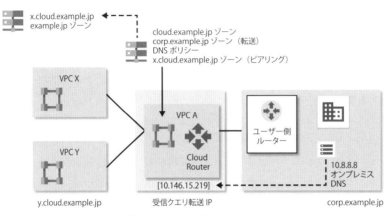

図4.40　VPCをまたいだオンプレミス環境の名前解決

　これで、VPC をまたいだオンプレミス環境の名前解決が実現できました。VPC Y については、VPC X と同様の設定になります。VPC Y で、VPC X に関する名前解決をリクエストした場合は、VPC Y ⇒ VPC A ⇒ VPC X という DNS ピアリングの連鎖により、正しく名前解決が行われます。ただし、DNS ピアリングの連鎖は、この例のような2ホップの関係までに限定されています。VPC Y ⇒ VPC A ⇒ VPC X ⇒ VPC Z といった、3ホップ以上の連鎖はできないので注意してください。

　以上のように、Google Cloud では、オンプレミス環境とクラウド環境を相互接続したハイブリッド環境において課題になることの多い名前解決の問題にも、Cloud DNS を用いて柔軟に対応することができます。

4.5　Cloud CDN と Cloud Load Balancing

　4.1.2項で説明したように、Cloud CDN と Cloud Load Balancing は、Google のネットワークとインターネットの接続拠点にあたる POP 内に配置されています。Google 検索を始めとする世界中のユーザーが利用するサービスでも利用されている仕組みで、Google のネットワークから配信されるコンテンツを低レイテンシで世界中に届けられるように最適化されています。これら2つのサービスは密接な関係にあり、Cloud CDN は、HTTP(S)負荷分散と連携してコンテンツを配信します。これは、Cloud CDN の大きな特徴にあたるもので、一般的な CDN との違いは、図4.41のように示すことができます。

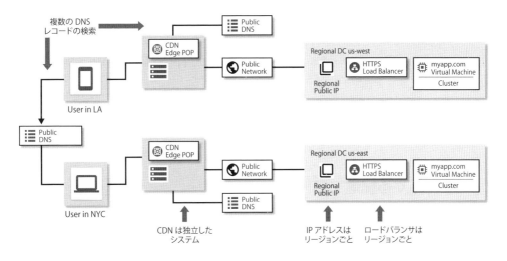

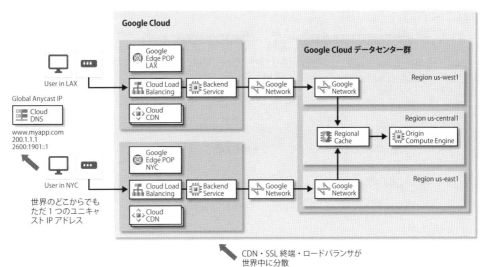

図4.41　従来型のCDN（上）とCloud CDN（下）の比較

4.5.1　Cloud CDNと外部HTTP(S)負荷分散

　Cloud CDNは、その名前のとおり、コンテンツ配信ネットワークの機能を提供するプロダクトです。静的コンテンツをキャッシュして低レイテンシで配信すること、そして、大量のリクエストにより生じる負荷からコンテンツ配信元のサーバーを保護することを目的として利用します。先の図4.41に示したように、従来型の構成では、CDNがロードバランサの前段としてリクエストトラフィックを受けます。一方、Cloud CDNは、外部HTTP(S)負荷分散が利用す

るキャッシュとして実装されており、「リクエストトラフィックを直接に受ける実体はCloud Load Balancingになる」という特徴があります。リクエスト元に最も近いポイントで接続ができる、エニーキャストIPアドレスの利用など、外部HTTP(S)負荷分散の持つ特徴をそのまま享受することができます。

外部HTTP(S)負荷分散では、Compute Engineの仮想マシンやCloud Storageだけではなく、オンプレミス環境や他のパブリッククラウド、あるいは、App EngineやCloud Runといったサーバーレスサービスなど、さまざまな対象をバックエンドに指定することができます。

■ 対応する配信プロトコル

本書執筆時点では、外部HTTP(S)負荷分散は次のプロトコルに対応しています。クライアントから外部HTTP(S)負荷分散までの区間と、外部HTTP(S)負荷分散からオリジンまでの区間で、利用できるプロトコルに違いがある点に注意してください。

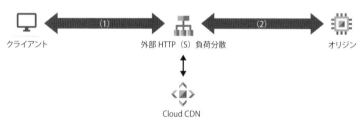

図4.42　Cloud CDNとオリジン・クライアント間の接続

1. 外部HTTP(S)負荷分散からクライアントへの配信

- レイヤ3
  - IPv4およびIPv6
- レイヤ4-7
  - QUIC
  - HTTP
  - HTTP/2
  - HTTPS
    - TLS 1.0〜1.3
- WebSocket

2. オリジンから外部HTTP(S)負荷分散への配信

- レイヤ3
  - IPv4
- レイヤ4-7
  - HTTP
  - HTTP/2
  - HTTPS
    - TLS 1.0〜1.2
- WebSocket
- gRPC

■ 外部HTTP(S)負荷分散の構成

　Cloud CDNを利用する際は、外部HTTP(S)負荷分散（**ロードバランサ**）の設定が必要となります。ロードバランサは内部的に次のような構成になっており、次に示すそれぞれのコンポーネントに対する設定が必要です。

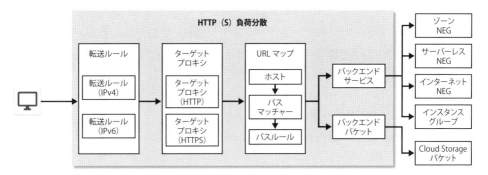

図4.43　外部HTTP(S)負荷分散の内部構成

- 転送ルール（IPv4／IPv6）
  - リクエストを受け付けるためのパラメータを定義する

- ターゲットプロキシ（HTTP／HTTPS）
  - ユーザーのリクエストを終端し、バックエンドに代理転送する
  - ユーザーとの通信はHTTPS、バックエンドとの通信はHTTPといったように異なるプロトコルを扱うことも可能

- URLマップ
  - リクエストされたURLのホスト名とパスをもとに、あらかじめ定義されたルールに従って各バックエンドへの振り分けを行う

- バックエンドサービス、バックエンドバケット
  - トラフィックの分散方法を定義し、セッション管理やヘルスチェックを行う
  - 利用できるバックエンドの種類はあとの説明を参照

■ オリジンに指定できるバックエンド

　Cloud CDNと外部HTTP(S)負荷分散の組み合わせでオリジンとして利用できるバックエンドは次の5種類となります。これは、Cloud CDNを使用せずに、外部HTTP(S)負荷分散のみを使用する場合も同じです。

- インスタンスグループ（Compute Engine）
  - マネージド／非マネージド両タイプのインスタンスグループが利用可能

- ゾーンネットワークエンドポイントグループ（Compute Engine、Kubernetes Engine）
  - 内部IPアドレスで構成されるエンドポイントのグループ。Compute Engineの仮想マシンやKubernetes EngineのPodを指す

- サーバーレスネットワークエンドポイントグループ
  - App Engine、Cloud Functions、Cloud Run（フルマネージド）上のサービスを指すエンドポイント

- インターネットネットワークエンドポイントグループ（任意のオリジン）
  - インターネット経由で到達可能な、Google Cloud以外のクラウドサービスやオンプレミス環境にあるエンドポイント

- Cloud Storage バケット

■ Cloud CDNを使ったアーキテクチャ例

　ここで、Cloud CDNを使ったWebシステムのアーキテクチャについて、いくつかの構成例を紹介します。

【1】 Compute Engineによるオートスケールパターン

　バックエンドはCompute Engineの仮想マシンだけという、最もシンプルなパターンです。アプリケーションも静的コンテンツも同じ仮想マシン上に格納されています。オンプレミス環境の構成をそのままクラウドに移行し、静的／動的コンテンツを分けることが難しいケースなどが適用例として考えられます。Cloud CDNで負荷を吸収できない動的コンテンツを提供するアプリケーションが仮想マシン上で動作するため、仮想マシンをマネージドインスタンスグループとしたオートスケーラーを設定しておき、負荷に応じたオートスケールを実施するとよいでしょう。

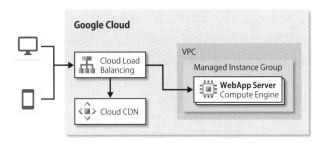

図4.44　Compute Engineによるオートスケールパターン

【2】 静的コンテンツのストレージオフロードパターン

　【1】において、Compute Engineの仮想マシンに含まれている静的コンテンツを切り出して、Cloud Storageのバックエンドバケットでホスティングするパターンです。URLマップによって特定のパスのパターンを異なるバックエンドバケットにルーティングする設定が必要となります。

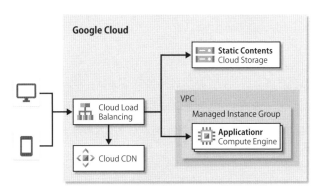

図4.45　静的コンテンツのストレージオフロードパターン

【3】 複数環境混在によるクラウド移行パターン

　一部のコンテンツをオンプレミス環境や従来利用しているホスティング環境に残したままで、Cloud CDNのカスタム送信元として利用することができます。この設定には、**インターネットネットワークエンドポイントグループ（インターネットNEG）**を利用します。このパターンは、旧環境からコンテンツ（パス）の単位で徐々にGoogle Cloud環境に移行する際の移行手段として有効です。新旧2つの環境で同じものを用意し、DNSレコードの変更によってユーザーのリクエスト先を一度に切り替える従来の移行手段と比べて、より細かい単位での移行と切戻しができるというメリットがあります。

　インターネットNEGによるカスタム送信元を利用する際は、HTTP(S)負荷分散が外部IPアドレスを持ったリソースであることから、バックエンドとして使用するオンプレミス環境や他のクラウド側のリソースがインターネットに公開されており、指定したポート番号に対してロードバランサから接続可能である必要があります。

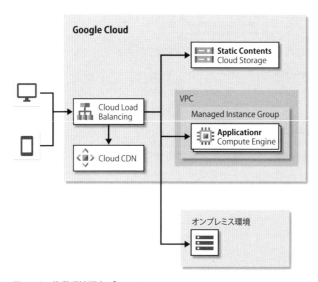

図4.46　複数環境混在パターン

　この他にもKubernetes Engineとネットワークエンドポイントグループを組み合わせた構成や、サーバーレスネットワークエンドポイントグループとCloud Runなどのサーバーレスサービスを組み合わせた構成も可能です。このような場合も、基本的な設計方法は、上記2つのパターンと大きな違いはありません。

■ Cloud CDNのキャッシュ管理

Cloud CDNは、バックエンドの静的コンテンツをキャッシュと呼ばれる領域に保管してクライアントに応答します。これにより、バックエンドへのリクエストの低減と高速なレスポンスを実現します。高い導入効果を得るためには、キャッシュのライフサイクルをコンテンツに合うようにチューニングすることが最大のポイントとなります。

以降、まずCloud CDNのキャッシュに関する仕組みや用語を解説したあと、コンテンツ配信のベストプラクティスを紹介します。

Cloud CDNの仕組み

ユーザーからのリクエストを受け取ったCloud Load Balancingは、はじめにキャッシュからの応答を試みます。リクエストされたコンテンツがキャッシュに存在することを「キャッシュヒット」、存在しないことを「キャッシュミス」と呼びます。キャッシュミスの場合、Cloud Load Balancingは、付近に存在する他のCloud CDNのキャッシュ、もしくは、バックエンドからコンテンツを取得して自身のキャッシュに保存します。これを「キャッシュフィル」と呼びます。キャッシュの検索からクライアントへの応答までの処理の流れは、図4.47のようになります。なお、下記の図で言及されている「GFE」とは「Google Front End」の略称で、本章冒頭で説明したPOPの大半に配置されているHTTP(S)による通信を終端するサーバーです。

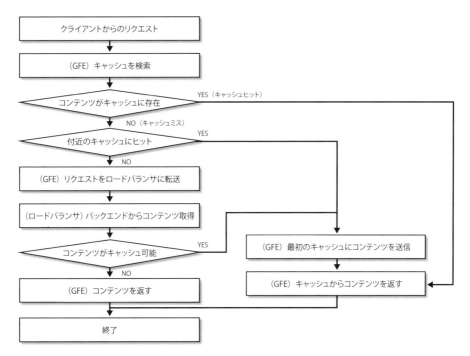

図4.47　Cloud CDNの応答フロー

Cloud CDNにおけるキャッシュの最適化手法

コンテンツの性質に合わせて、できる限り多くのコンテンツをCDNにキャッシュすることが、コスト面で最も効率のよいCloud CDNの使い方です。しかしながら、実際の運用では、バックエンドの構成やファイルの種別によって、キャッシュの制御方法には細かな違いが求められます。Cloud CDNがどのようにキャッシュを制御しているかを理解したうえで、コンテンツに合わせた設定を行うことが大切です。ここでは、Cloud CDNのキャッシュ制御に関連する以下の設定を説明します。

- キャッシュモード
- キャッシュキー

1つ目の「キャッシュモード」は、Cloud CDNがコンテンツをキャッシュに保存する方針を決めるパラメータです。次の3つから選択します。

- USE_ORIGIN_HEADERS：送信元が付与したExpiresヘッダーやCache-Controlヘッダーでキャッシュが指示されたコンテンツのみキャッシュする
- CACHE_ALL_STATIC：すべての静的コンテンツをキャッシュする
- FORCE_CACHE_ALL：すべての応答をキャッシュする

新しく作成されたバックエンドバケットとバックエンドサービスに対するデフォルトの動作はCACHE_ALL_STATICとなりますが、静的コンテンツであるかどうかは、バックエンドからのHTTPレスポンスヘッダー（Content-Type）に記載されたMIMEタイプで判定しています。Webサーバーミドルウェアの多くはMIMEタイプを自動的に設定しますが、誤ったMIMEタイプの指定は予期せぬキャッシングを発生させてしまう要因となります。MIMEタイプが正しく設定されていることを事前に確認するようにしてください。また、Cloud CDNが静的コンテンツと判断するMIMEタイプや、キャッシュ可能なコンテンツについては次の公式ドキュメントを参照してください。

- 「キャッシュの概要」（Cloud CDN ドキュメント）
  https://cloud.google.com/cdn/docs/caching?hl=ja

2つ目の「キャッシュキー」は、Cloud CDNがキャッシュエントリの一意性を判断するキーです。初期状態では、リクエストされたコンテンツのURI（プロトコルやドメイン部を含むフルパス）が使用されますが、これを以下の組み合わせでカスタマイズすることが可能です。Cloud Storageをバックエンドバケットに利用する場合は、プロトコルやホストはキャッシュキーに含むことができません。

- プロトコル（HTTP／HTTPS）
- ホスト（ドメイン部）
- クエリ文字列

　例えば、キャッシュキーの組み合わせからドメインを除外すると、ドメインだけが違う同じ画像ファイル（同じドキュメントルートを参照する2つの名前ベースバーチャルホストの場合など）は同一のキャッシュとして扱うことができます。

　図4.48は、同じURIに対する2通りのキャッシュキーの設定によって、コンテンツの一意性の判断が変わる例を示しています。プロトコル以外のURIは同じであり、バックエンド側ではどちらをリクエストされたとしても同じファイルを返すことになりますが、プロトコル識別子をキャッシュキーに含めた場合は異なるコンテンツとして判定されてしまいます。このケースでは、キャッシュキーにプロトコルを含めないことにより、正しく同一コンテンツと判断させることによりキャッシュヒット率を向上させることができます。

(1) キャッシュキー：プロトコル + ドメイン

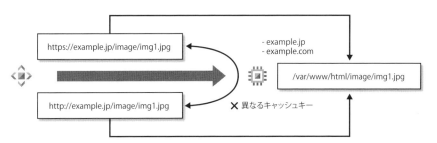

(2) キャッシュキー：ドメイン

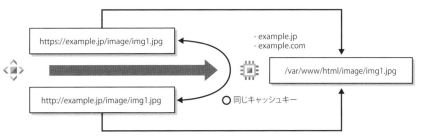

図4.48　キャッシュキーの設定による一意性判定の違い

　このように、キャッシュキーをうまく活用すると、複数サイトで同一コンテンツを利用する場合などにキャッシュを使い回すことができるようになります。逆に、ニュース記事のように、静的コンテンツではあるものの更新頻度が高いコンテンツに対しては、コンテンツの更新に合

わせてURIに含まれるクエリ文字列を更新することで、常に新しいコンテンツをキャッシュさせることができます。

4.5.2 HTTP(S)以外の外部負荷分散

これまで紹介した外部HTTP(S)負荷分散以外に、外部からのトラフィックに対応するロードバランサには次の2種類があります。

- 外部TCP負荷分散／UDP負荷分散
- 外部SSLプロキシ／TCPプロキシ

■ 外部TCP／UDP負荷分散

HTTP(S)負荷分散で扱うことができないプロトコルをロードバランスする際は、**外部TCP／UDP負荷分散**を使用します。例えば、IMAP4を用いた大規模なメール配信エージェントやメール受信エージェントを構築するようなケースや、SSL-VPN仮想アプライアンスのように、SSL／TLSをバックエンド側で終端する必要があるようなケースでは、外部TCP／UDP負荷分散を使用する必要があります。

外部TCP／UDP負荷分散には、これまでに解説したHTTP(S)負荷分散とは大きく異なる点があります。特に代表的な違いは、次のとおりです。

- スコープがグローバルではなくリージョン限定である
- トラフィックをプロキシするのではなく、ルーティングするだけである（接続を終端するのはバックエンド側になる）
- バックエンドが直接クライアントに応答するDSR（Direct Server Return）形式である

プロキシではなくルーティングを行うだけという性質から、バックエンドから接続元のIPアドレスが直接見えるというメリットがあります。また、UDPトラフィックを扱う場合、例えばDNS権威サーバーを仮想マシンで運用するようなケースでは、外部UDP負荷分散が唯一の選択肢となります。

■ 外部SSL／TCPプロキシ

外部SSLプロキシは、主にHTTPS以外のSSLトラフィックを終端することを目的として用意されています。オンプレミス環境でSSLアクセラレータやロードバランサの配下で運用していたサーバーの移行時等において、有力な移行先の選択肢となります。TCPプロキシは、

HTTP以外のTCP上のプロトコルにおいて、プロキシ形式での負荷分散を行いたい場合に使用します。

4.5.3　内部負荷分散

　内部負荷分散は、VPC内部で発生したトラフィックを負荷分散する機能を提供します。ここでは、内部負荷分散に使用するプロダクトを紹介します。

■ 内部HTTP(S)負荷分散

　内部HTTP(S)負荷分散は、オープンソースソフトウェアのEnvoyをベースにしたプロダクトで、内部に閉じたアプリケーションの負荷分散やURLマップによるパスベースの振り分けなど、外部HTTP(S)負荷分散と似た機能を持ちます。内部HTTP(S)負荷分散で利用できるバックエンドはCompute Engine、および、Kubernetes Engineのみとなります。

　Envoyをベースとしていることからもわかるとおり、マイクロサービスアーキテクチャを意識した機能を備えており、外部HTTP(S)負荷分散に比べると、例えば次のようなインテリジェントなトラフィックコントロールが可能です。

- トラフィックステアリング
  - HTTPヘッダー等に応じたルーティングを行う
  - 一例として、ユーザーエージェント（User-Agent）や送信IPアドレス（X-Forwarded-For）に基づいて複数のバックエンドサービスを使い分けることができる

- 重み付けルーティング
  - 複数のバックエンドサービス間で、トラフィックを指定の割合でルーティングする
  - トラフィックを50%：50%に分けてA／Bテストを実施することや、新旧バックエンドへのトラフィックの振り分けを徐々に変えていくカナリアリリース等への応用が可能

■ 内部TCP／UDP負荷分散

　内部TCP／UDP負荷分散は、内部HTTP(S)負荷分散では扱うことができないプロトコルの負荷分散に使用するリージョンリソースです。複数のゾーンにまたがったCompute EngineやKubernetes Engineに対してトラフィックを分散します。こちらは、プロキシ形式ではなく、トラフィックのルーティングを行うタイプになります。

■ 内部負荷分散の利用例

内部負荷分散を使った、2種類の構成例を紹介します。

外部公開3層Webシステムの内部負荷分散

オンプレミス環境をクラウド移行する際に、マネージドサービスを利用せず、既存の構成をそのまま移行する場合を例にとって説明します。内部負荷分散は、VPCなどの内部IPアドレスに閉じたシステムだけではなく、外部に公開するアプリケーションにおける、内部トラフィックの分散にも利用できます。

例えば図4.49では、外部からのリクエストを外部HTTP(S)負荷分散がWebサーバーにルーティングしたあと、Webサーバーがアプリケーションサーバーに処理をリクエストする際のトラフィックの分散に内部HTTP(S)負荷分散を使用しています。データベースへの接続は非HTTP(S)トラフィックであるため、ここでは、内部TCP負荷分散を使ってリードレプリカへの接続を分散しています。

また、内部負荷分散は、VPCネットワークピアリングで接続されている他のVPCからも接続することができます。このため、VPCをまたいだトラフィックの負荷分散の手段としても内部負荷分散を利用することができます。

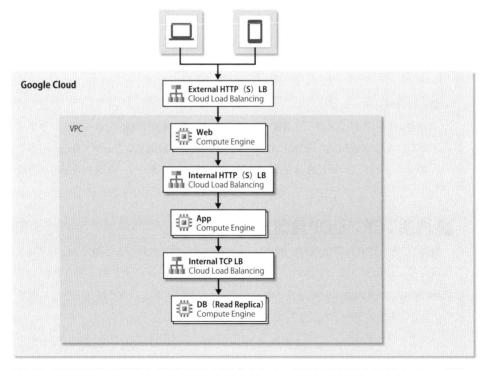

図4.49　外部HTTP(S)負荷分散と内部HTTP(S)負荷分散を使った、典型的な3層Webアプリケーション基盤

ハイブリッド接続によるオンプレミス環境からのアクセストラフィック分散

　先ほどの例では、VPCネットワークピアリングと内部負荷分散による、VPCをまたいだ内部負荷分散について触れましたが、ハイブリッド接続によってオンプレミス環境と接続している環境では、図4.50のように、オンプレミス環境からのリクエストを分散することもできます。

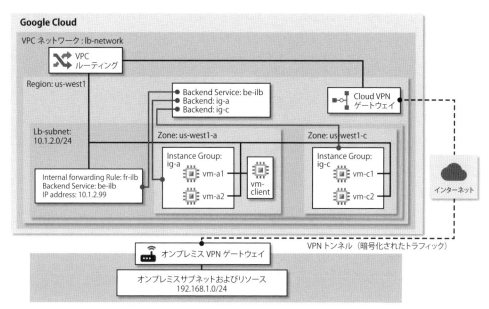

図4.50　ハイブリッド接続による社内向けアプリケーションの負荷分散

　このように、Google Cloudでは、プロトコルや公開先に応じた、複数のロードバランサを提供しています。これらをうまく組み合わせることで、Webアプリケーションに限らず、さまざまなシステムに対する負荷分散を実現することができます。

　ロードバランサは、トラフィックを分散させると同時に、バックエンドを複数台持たせることによる耐障害性の向上にも寄与します。逆にいうと、ロードバランサそのものが単一障害点とならないように設計する必要があります。Cloud Load Balancingは、すべて、Googleによるフルマネージドサービスとして提供されており、最初から高可用性を考慮した設計がなされています。ユーザー側で特別な構成を行う必要はありません。

4.6 まとめ

　本章では、Google Cloudのネットワーキングに関連するプロダクトについて、個々の機能に加え、ユースケースやベストプラクティスを紹介してきました。特に、オンプレミス環境と組み合わせたハイブリッド環境での利用方法について、ハイブリッド接続の方法や、接続後のDNSによる名前解決の方法など、ハイブリッド環境に特有の考慮点を詳しく説明しました。Google Cloudではさまざまなプロダクトが提供されていますが、これらは、実に緻密に設計されたネットワークインフラストラクチャの上に成り立っています。ここからも、Googleが作り上げたグローバルネットワークこそがGoogle Cloudの強みであり、ハイブリッドクラウドにも柔軟に対応するサービスであることがよくわかるでしょう。

プロダクト設計

　本章では、1.5節で説明したGoogle Cloudの代表的なプロダクトのうち、5.1節〜5.5節では「コンピューティング」関連プロダクトの、5.6節〜5.11節では「ストレージ／データベース」プロダクトのより具体的な仕様や特徴、プロダクトごとの設計ポイントを

- スケーラビリティと負荷分散
- 可用性とバックアップ
- セキュリティと暗号化

などの観点で整理します。カタログ的な記載も含まれるため、すでにそれぞれのプロダクトの代表的な仕様を知っている方は、本章をスキップしてもかまいません。

　なお、各プロダクトの提供する機能など、詳細仕様は非常に広範囲に及ぶため、本書では各プロダクトごとに代表的なポイントのみ抜粋して紹介します。実際にプロダクト設計を行う際には、構築するシステムの要件やユースケースの整理をしたうえで、より詳細かつ、最新のプロダクト仕様を各プロダクトのGoogle Cloudの公式ドキュメントで確認することをおすすめします。

5.1 Compute Engine

　本節から5.5節までは、エンタープライズシステムの基盤として最もよく利用される、コンピューティングプロダクトについて説明します。

　Compute Engineは、Googleのインフラストラクチャで稼働する仮想マシンを提供する、IaaSタイプのサービスです。Googleが提供する、LinuxもしくはWindows Serverのマシンイメージを選択して起動することができます。また、オンプレミス環境で稼働する物理サーバーのイメージをインポートして利用することもできます。サーバーイメージのインポートを利用したオンプレミス環境からのマイグレーションについては、Chapter 7およびChapter 8でも解説しています。

5.1.1　主な特徴

■ マシンタイプ

　Compute Engineでは、仮想マシンのメモリサイズや仮想CPU（vCPU）数など、仮想マシンで利用できるリソースを事前に定義したマシンタイプが用意されています。想定するワークロード別に以下のマシンタイプファミリーが用意されており、その中に複数のマシンタイプがあります。また、それぞれのマシンタイプには、仮想マシンのサイズに相当する、複数のマシ

ンタイプレベルが設定されています。

- 汎用ファミリー
- コンピューティング最適化ファミリー（C2）
- メモリ最適化ファミリー（M1／M2）
- アクセラレータ最適化ファミリー（A2）
- 共有コアマシンファミリー（F1／G1／E2共有コア）

以降、それぞれのマシンタイプファミリー、および関連する機能について説明します。

汎用ファミリー

価格とパフォーマンスのバランスがよく、データベースから、開発環境、テスト環境、Webアプリケーション、モバイルゲームまで、幅広いワークロードに適しています。

- E2：総所有コスト（TCO）が最小で、第1世代のN1と比べると最大31％コストを節約できる。また、E2マシンタイプは動的リソース管理[※1]を採用しており、さまざまな経済的メリットがあるため、コスト重視のワークロードに向いている
- N2：第2世代のCompute Engineの汎用マシンファミリーで、第1世代のN1マシンに比べ、多くのワークロードでコストパフォーマンスが20％以上改善するほか、vCPUあたりのメモリも最大25％増加している
- N2D：汎用Compute Engine仮想マシンの中で最大のコア数、メモリをサポートする。N2Dは、N2と同じ機能（ローカルSSD、カスタムマシンタイプ、ライブマイグレーションによる透過的メンテナンスなど）を提供している
- N1：汎用仮想マシンの第1世代。一般的な用途には、上記の第2世代の汎用マシンタイプのいずれかを選ぶことが推奨されるが、N1はNVIDIAの各種GPUをサポートしており、GPUのワークロードに対応している

コンピューティング最適化ファミリー（C2）

Compute Engine上で1コアあたりのパフォーマンスが最も高く、コンピューティング負荷の高いワークロードに適しています。ハイパフォーマンスコンピューティング（HPC）や、ゲームサーバー、レイテンシの影響を受けやすいAPIでの使用に適しています。

※1　詳細は、「Performance-driven dynamic resource management in E2 VMs」（https://cloud.google.com/blog/products/compute/understanding-dynamic-resource-management-in-e2-vms）を参照してください。

メモリ最適化ファミリー（M1／M2）

仮想マシンファミリーの中でメモリ構成が最大であり、単一インスタンスで最高12TBまで使用可能です。大規模なインメモリデータベースや、インメモリデータ分析など、メモリ使用量の多いワークロードに適しています。

アクセラレータ最適化ファミリー（A2）

NVIDIA Ampere A100 Tensor Core GPUを、仮想マシンあたり最大16個使用可能です。CUDAによる機械学習（ML）トレーニングおよび推論や、HPCなど、非常に厳しい要件が求められるワークロードに適しています。

共有コアマシンファミリー（F1／G1／E2共有コア）

共有コアマシンタイプでは、バースト機能が利用でき、この機能を使用すると、インスタンスが追加の物理CPUを短時間使用できるようになります。ただしバーストは永続的ではなく、一定時間のみ利用できることには注意が必要です。

この仮想マシンは、通常はほぼCPUリソースの使用がなく、短期間のみCPU利用があるワークロードに適しており、非常に負荷が高いバッチ処理や、Webアプリケーションの一時的なリクエストバーストのようなワークロードには適しません。

マシンタイプの数字（N1、N2など）はマシンタイプの世代を表し、本書執筆時点では第2世代のマシンタイプが最新となっています。最新の世代ほどコストパフォーマンスがよいため、現在は第2世代のマシンタイプを選択することが推奨されます。今後、さらに新しい世代が追加された場合は、マシンタイプを常に最新にする運用を行うことで、システム全体のコスト効率を高めていくことができます。

カスタムマシンタイプ

Compute Engineには、前述のマシンタイプに加えて、vCPUの個数とメモリサイズをカスタマイズできる、**カスタムマシンタイプ**が用意されています。カスタムマシンタイプは、汎用マシンタイプ（E2／N2／N2D／N1）で使用でき、事前定義のマシンタイプでは希望する利用用途にうまく合わない場合に選択します。事前定義のマシンタイプは、一般的に、1段階上のマシンタイプレベルになるとすべてのリソースが2倍になるため、vCPU数はそのままで、メモリだけを増やしたい場合などにカスタムマシンタイプを利用します。ただし、事前定義マシンタイプは、コスト効率が最適になるように設定されているので、カスタムマシンタイプを使用する際は、事前定義マシンタイプと料金を比較してから採用を決定するとよいでしょう。

GPUの利用

　事前定義マシンタイプには、事前にGPUがリソースとして設定されたマシンタイプファミリーはありません。その代わりに、汎用N1マシンタイプにGPUを追加して使用することができきます。リージョンおよびゾーンごとに利用可能なモデルとリソース制限があるため、最新の提供状況は以下のURLにある公式ドキュメントを参照してください。

- 「Compute EngineのGPU」（Compute Engineドキュメント）
  https://cloud.google.com/compute/docs/gpus?hl=JA

プリエンプティブルVM

　プリエンプティブルVMは、Compute Engineの余剰キャパシティを利用する稼働制限付きの仮想マシンインスタンスです。プリエンプティブルVMを利用することで、通常よりも低価格でCompute Engineのインスタンスが利用できます。例えば、本書執筆時点では、n1-standard-1タイプ（仮想CPU数1、メモリサイズ3.75GB）を東京リージョンで利用する場合、通常のオンデマンド料金0.0610米ドル（1時間あたり）に対し、プリエンプティブル料金では、0.01325米ドル（1時間あたり）になります。なお、プリエンプティブルVMは次のような特徴があります。

- システムイベントにより、インスタンスの停止が発生する
- 最大稼働時間は24時間
- 余剰キャパシティがない場合は、利用できない
- ライブマイグレーションが利用できない
- SLA対象外
- ローカルSSDは利用可
- GPUもプリエンプティブル料金で利用することができる

　ユースケースとしては、

- 稼働時間帯が柔軟なバッチジョブをプリエンプティブルVMで実行する
- 通常のインスタンスでスケジュールされたバッチジョブを、プリエンプティブルVMが利用可能な場合に優先して実行する

などが考えられます。この場合、インスタンスが外部イベントで停止される可能性があるため、ジョブのステータスは外部のデータベースで管理するなど、停止したジョブを適切に再開するための工夫が必要になります。

5

プロダクト設計

仮想マシンの推奨サイズ提案

Compute Engineには、過去8日間に集めたリソースの使用状況から、稼働中の仮想マシンに対して、最適なマシンタイプを推奨する**Recommender**[2]の機能があります。仮想マシンのリソースをより効率的に利用できる可能性がありますので、Recommenderの推奨内容を定期的に確認するとよいでしょう。

■ ストレージタイプ

Compute Engineでは、次の3種類のブロックストレージが利用できます。

- ゾーン永続ディスク
- リージョン永続ディスク
- ローカルSSD

1つ目の**ゾーン永続ディスク**は、効率的で信頼性の高い永続ブロックストレージです。永続ディスクは、仮想マシンとは独立して存在するブロックストレージで、インスタンスの停止や削除を行ったあとでも、データを保持できます。ゾーン永続ディスクは、ゾーン内の複数の物理ディスクに分散されて冗長性が保証されます。

2つ目の**リージョン永続ディスク**は、リージョン内の2つのゾーンで同期レプリケーションされた信頼性の高い永続ブロックストレージです。リージョン永続ディスクは、リージョン内の2つのゾーン間で同期レプリケーションが行われます。万が一ゾーンが停止した場合でも、稼働中のゾーンのインスタンスへのフェイルオーバーを行い、業務継続が可能になります。

3つ目の**ローカルSSD**は、高パフォーマンスかつ一時的なローカルブロックストレージです。ローカルSSDは、永続ディスクに比べてパフォーマンスが優れており、非常に高いIOPSと非常に低いレイテンシが実現されます。一方、仮想マシンを再起動した際にはローカルデータが保持されますが、停止時にはローカルデータが保持されないという制約があります。そのため、ステートレスアプリケーションの一時的な利用ディスクや、高いIO性能が求められる再実行可能なデータ処理が主なユースケースになります。

エンタープライズシステムで高い信頼性が求められるデータベースなどは、リージョン永続ディスクを用いた高可用性（HA）構成を検討します。Compute Engineの単一インスタンスのSLAは99.5％に設定されていますが、複数ゾーンに配置したCompute EngineのSLAは99.99％になります[3]。

※2 詳細はCompute Engineのドキュメント「VM インスタンスの推奨サイズ提案の適用」（https://cloud.google.com/compute/docs/instances/apply-sizing-recommendations-for-instances?hl=ja）を参照してください。

※3 詳細は、「Compute Engine Service Level Agreement (SLA)」（https://cloud.google.com/compute/sla）を参照してください。

　また、ゾーン永続ディスク、および、リージョン永続ディスクは、次のいずれかのディスクタイプが選択できます。ワークロードの特性に応じて、最適なものを選択するとよいでしょう。

- 標準永続ディスク（pd-standard）：コストが低く、主にシーケンシャルアクセスを使用する大規模なデータ処理ワークロードに適している
- バランス永続ディスク（pd-balanced）：パフォーマンスとコストのバランスが取れたディスクで、最大IOPSはSSD永続ディスクと同じだが、容量あたりのIOPSは低くなる。ほとんどの汎用アプリケーションに適したパフォーマンスが、標準永続ディスクとSSD永続ディスクの中間の価格で提供されている
- SSD永続ディスク（pd-ssd）：標準永続ディスクよりもレイテンシが低く、より多くのIOPSを必要とするエンタープライズアプリケーションや高性能データベースの用途に適している。SSD永続ディスクはレイテンシが10ミリ秒未満となるよう設計されている
- エクストリーム永続ディスク（pd-extreme）：ランダムアクセスワークロードとバルクスループットの両方に対応し、高パフォーマンスを発揮する、ハイエンドデータベースのワークロード向けに設計されたディスクタイプ。他のディスクタイプとは異なり、必要なIOPSをプロビジョニングできる

表5.1　Compute Engineのストレージオプション*2

	ゾーン標準PD	リージョン標準PD	ゾーンバランスPD	リージョンバランスPD	ゾーンSSD PD	リージョンSSD PD	ゾーンエクストリームPD	ローカルSSD
ディスク1つあたりの最小容量	10GB	200GB	10GB	10GB	10GB	10GB	500GB	375GB
ディスク1つあたりの最大容量	64TB	64TB	64TB	64TB	64TB	64TB	64TB	375GB
容量の増分	1GB	1GB	1GB	1GB	1GB	1GB	1GB	375GB
インスタンスあたりの最大容量	257TB*1	257TB*1	257TB*1	257TB*1	257TB*1	257TB*1	257TB*1	9TB
アクセス範囲	ゾーン	ゾーン	ゾーン	ゾーン	ゾーン	ゾーン	ゾーン	インスタンス
データ冗長性	ゾーン	マルチゾーン	ゾーン	マルチゾーン	ゾーン	マルチゾーン	ゾーン	なし
保存時の暗号化	○	○	○	○	○	○	○	○
カスタム暗号鍵	○	○	○	○	○	○	○	×

*1　64TBを超える論理ボリュームの作成を検討している場合は、以下のドキュメントを参照してください。
　・「ブロック ストレージのパフォーマンス」（Compute Engineドキュメント）
　　https://cloud.google.com/compute/docs/disks/performance?hl=ja#large_logical_volume_performance
*2　最新のストレージオプション詳細は、以下のURLから公式ドキュメントを参照してください。
　・「ストレージオプション」（Compute Engineドキュメント）
　　https://cloud.google.com/compute/docs/disks/?hl=ja

5

プロダクト設計

表5.2 ストレージオプションのパフォーマンス特性

最大持続 IOPS								
読み取り IOPS/GB	0.75	0.75	6	6	30	30	–	–
書き込み IOPS/GB	1.5	1.5	6	6	30	30	–	–
読み取り IOPS/ インスタンス	7,500[*1]	7,500[*1]	15,000~ 80,000[*1]	15,000~ 60,000[*1]	15,000~ 100,000[*1]	15,000~ 60,000[*1]	15,000~ 120,000[*1]	900000 (SCSI) 2400000 (NVMe)
書き込み IOPS/ インスタンス	15,000[*1]	15,000[*1]	15,000~ 30,000[*1]	15,000~ 30,000[*1]	15,000~ 100,000[*1]	15,000~ 30,000[*1]	15,000~ 120,000[*1]	800000 (SCSI) 1200000 (NVMe)
最大持続スループット（MB/秒）								
読み取り スループット/ GB	0.12	0.12	0.28	0.28	0.48	0.48	–	–
書き込み スループット/ GB	0.12	0.12	0.28	0.28	0.48	0.48	–	–
読み取り スループット/ インスタンス	240~ 1,200[*1]	240~ 1,200[*1]	240~ 1,200[*1]	240~ 1,200[*1]	240~ 1,200[*1]	240~ 1,200[*1]	240~ 2,200[*2]	9360 (SCSI)
書き込み スループット/ インスタンス	76~ 400[*2]	38~ 200[*2]	240~ 1,200[*1]	120~ 600[*1]	240~ 1,200[*1]	120~ 600[*1]	240~ 2,200[*2]	4680 (SCSI)

[*1] 永続ディスクのIOPSとスループットパフォーマンスは、ディスクサイズ、インスタンスのvCPU数、I/Oブロックサイズなどの要因
によって決まります。詳細は以下のURLを確認してください。
・「ブロック ストレージのパフォーマンス」（Compute Engine ドキュメント）
　https://cloud.google.com/compute/docs/disks/performance?hl=ja#performance_factors

[*2] 永続ディスクは、インスタンスのvCPUの数が多いほど、スループットパフォーマンスが高くなります。以下のURLから、「書き込み
スループットの下り（外向き）ネットワークの上限」を参照してください。
・「ブロック ストレージのパフォーマンス」（Compute Engine ドキュメント）
　https://cloud.google.com/compute/docs/disks/performance?hl=ja#performance_factors

■ マネージドインスタンスグループ（MIG）

　マネージドインスタンスグループ（MIG）は、同一機能を提供する一連の仮想マシンをグループ化する機能です。同一機能を提供する複数のアプリケーションサーバーで負荷分散を行うようなユースケースが該当します。MIGを用いることで、エンタープライズシステムに必要な、高可用性、高スケーラビリティ、負荷分散、自動修復などの機能を実現することができます。

　また、対象とするワークロードがステートレスかステートフルかによって、利用できる機能が異なります。それぞれの利用ユースケースを整理すると、表5.3のようになります。

- ステートフルMIG：冗長性が必要なリレーショナルデータベース（RDBMS）などをCompute Engineに構成する場合に利用する。ステートフルMIGを利用すると、インスタンスの障害が発生した場合に、永続ディスクとインスタンスに固有のメタデータを維持してインスタンスを修復することができる

- ステートレスMIG：Webアプリケーションのフロントエンドサーバーなど、スケーラビリ
  ティが必要でステートレスなワークロードをCompute Engineにデプロイする場合に利用
  する

表5.3　ステートフルMIGとステートレスMIGの機能

	ステートフルMIG	ステートレスMIG
ユースケース	仮想マシンの再作成の際にディスクやメタデータが維持される必要があるステートフルワークロード	可用性とスケーラビリティが求められるステートレスワークロード ※水平スケーリング、自動修復、自動更新、仮想マシンの再作成が行われる際にディスクがゼロから再作成される
利用できるMIGの機能	自動修復、特定のインスタンスの更新の制御、マルチゾーンデプロイ	自動修復、自動ローリングアップデート、マルチゾーンデプロイ、自動スケーリング
障害時に維持されるアイテム	インスタンス名、永続ディスク、インスタンス固有のメタデータ	インスタンス名

　MIGは、インスタンステンプレートを利用して同一のインスタンスを管理しますが、異なる
インスタンスを用いて負荷分散を行いたい場合は、非マネージドインスタンスグループを利用
することができます。インスタンステンプレート、マネージドインスタンスグループの利用イ
メージについてはChapter 8で説明します。

■ ライブマイグレーション

　Compute Engineの重要な特徴の1つが**ライブマイグレーション**機能です。仮想マシンが稼
働する物理サーバーに対して、ソフトウェアやハードウェアの更新など、物理サーバーを停止
する必要があるイベントが発生した際に、該当の仮想マシンを無停止で同じゾーン内の他の物
理サーバーに移動します。Compute Engineでは、ライブマイグレーションの処理は必要に応
じてGoogleが自動で行います。ユーザーに対する事前通知が行われますが、基本的には、ユー
ザー側での対応は必要ありません。ライブマイグレーションの機能は、定期的なメンテナンス
時間の設定が難しい、無停止のエンタープライズシステムでは非常に有効な機能だといえま
す。ただし、仮想マシン上のOSやアプリケーションに起因する障害対策の機能ではないため、
これらの課題には仮想マシンレベルでの冗長化などを検討する必要があります。

■ 暗号化

　Compute Engineはすべての保存データをデフォルトで暗号化します。Compute Engine
はこの暗号化を自動的に処理および管理するため、ユーザー側での作業は必要ありませんが、
ユーザーが自分でこの暗号化を制御および管理したい場合は、以下のオプションを利用できま
す。

5

プロダクト設計

- 顧客指定の暗号鍵（CSEK）[4]：独自の暗号鍵を作成し、暗号化する
- 顧客管理の暗号鍵（CMEK）[5]：Cloud Key Management Service（Cloud KMS）によって生成される暗号鍵を利用して暗号化する

■ Shielded VMとConfidential VM

Shielded VMは仮想マシンの構成状態を検証可能にする機能であり、マルウェアやルートキットでブート領域やカーネルが改ざんされていないことを確認することができます。対応しているOSを選択して、Cloud ConsoleからShielded VMを有効化して起動するだけで利用できます。

もう一方のConfidential VMは、メモリ上のデータの暗号化を可能にするConfidential Computingの機能であり、「Rome」と呼ばれるAMD EPYCの第2世代をベースに実行されるN2D Compute Engine VMの一種です。Confidential VMにはAMD Secure Encrypted Virtualization（SEV）を使用して、エンタープライズクラスのハイメモリワークロードのパフォーマンスとセキュリティをどちらも最適化する機能が組み込まれています。また、これらのワークロードのパフォーマンスを損なうことのないインラインメモリ暗号化も備えています。ITシステムにおけるデータ暗号化のうち、一般的に利用されてきた通信中の暗号化と保存中のデータの暗号化に加え、メモリ上のデータも暗号化することで、エンドツーエンドの暗号化が実現されます。

エンタープライズシステムに求められるセキュリティ要求に対して、Shielded VMを利用することで、マルウェアの感染等の外部からの脅威に対応するとともに、Confidential VMを利用することで、特に機密性の高いデータをより高いレベルで保護することが可能になります。

5.1.2 非機能要件実現のポイント

Compute Engineを利用したシステムの非機能要件を実現するためには、次のような点を考慮するとよいでしょう。

■ スケーラビリティと負荷分散

- システム要件に応じてマシンタイプ、ストレージタイプを選択する
- ミドルウェア製品など、スケールアウトに対応していないワークロードでは、スケールアップを検討する

---

[4] 詳細は、Compute Engineドキュメントの「顧客指定の暗号鍵でディスクを暗号化する」（https://cloud.google.com/compute/docs/disks/customer-supplied-encryption?hl=ja）を参照してください。
[5] 詳細は、Compute Engineドキュメントの「Cloud KMS鍵を使用してリソースを保護する」（https://cloud.google.com/compute/docs/disks/customer-managed-encryption?hl=ja）を参照してください。

- Webサーバーなど、スケールアウトが可能なワークロードでは、MIGを利用した仮想マシンのオートスケールを利用する
- システムの提供範囲を考慮して、用途にあったCloud Load Balancingを利用し、リージョン内、リージョン間、プライベートネットワークでの負荷分散を行う

■ 可用性とバックアップ

- リージョンMIGとリージョン永続ディスクを組み合わせることで、ゾーン障害への耐性を高める
- スナップショット機能[6]を利用してゾーン永続ディスク、または、リージョン永続ディスクからバックアップを取得する。スナップショットのスケジュール機能[7]が用意されているため、バックアップポリシーに従ったバックアップスケジュール構成を取ることができる

■ セキュリティと暗号化

- Shielded VMとConfidential VMを利用したセキュアな仮想マシンを構築する
- デフォルトの暗号化に加え、必要に応じて顧客指定の暗号鍵（CSEK）や顧客管理の暗号鍵（CMEK）の利用を検討する
- 仮想マシンに対するファイアウォールルールを定義して、アクセスポリシーを実装する
- Cloud Armorを前段に配置し、アクセスに対してCloud Armorのセキュリティポリシーによるフィルタリングを適用する

5.2 App Engine

App Engineは、Webホスティングのためのフルマネージドなサーバーレスプラットフォームであり、2008年から提供されており、グローバルで非常に多くのユーザーを持つプロダクトです。

オンプレミスの環境でWebアプリケーションを作成・公開する場合、物理サーバーの準備から始まり、アプリケーションサーバー用のミドルウェアの構成、あるいは、ロードバランサなどのネットワーク機能の構成と、さまざまな準備作業が必要になります。一方、App Engineでは、インメモリキャッシュ、負荷分散、ヘルスチェック、ロギング、ユーザー認証など、Webアプリケーションが必要とするさまざまな機能がGoogleのマネージドプラットフォームとして提供されており、ユーザーはアプリケーションをデプロイするだけでこれらの機能を利用できます。またグローバルへのWebアプリケーション展開も容易に実現できることが特徴です。

※6 詳細は、「永続ディスクのスナップショットの操作」（https://cloud.google.com/compute/docs/disks/create-snapshots?hl=ja）を参照してください。

※7 詳細は、Compute Engineドキュメントの「永続ディスクのスナップショット スケジュールの作成」（https://cloud.google.com/compute/docs/disks/scheduled-snapshots?hl=ja）を参照してください。

エンタープライズシステムでのユースケースも多く、スケーラブルなB2CのWebアプリケーションやモバイルアプリケーションのバックエンドとして利用することができます。Webアプリケーションのフロントエンドとして利用して、VPC内のバックエンドアプリケーションと連携したい場合は、Kubernetes EngineやCompute Engineの利用も比較対象として検討するとよいでしょう。

5.2.1 主な特徴

■ スタンダード環境とフレキシブル環境

App Engineでは、専用のコンテナ実行環境を利用する**スタンダード環境**と、Compute Engine上のDockerコンテナを利用する**フレキシブル環境**が提供されています（表5.4）。

App Engineの利用を検討する際は、まずは、フルマネージドで高速なスケーリングが可能なスタンダード環境を検討するとよいでしょう。サポート対象のランタイムなどの制約でスタンダード環境が利用できない場合は、フレキシブル環境を選択してください。アプリケーションの特性に応じて、それぞれの環境を利用するのも1つの方法です。

表5.4 App Engineスタンダード環境とフレキシブル環境の比較※8

機能	スタンダード環境	フレキシブル環境
インスタンスの起動時間	数秒	数分
利用可能なランタイム	Node.js、Java、Ruby、C#、Go、Python、PHP	カスタム可能
リクエストの最大タイムアウト	ランタイムとスケーリングのタイプによって異なる*	60分
スケーリング	手動、基本、自動	手動、自動
ゼロにスケーリング	○	×（最小1インスタンス）
ローカルディスクへの書き込み	• Java 8、Java 11、Node.js、Python 3、PHP 7、Ruby、Go 1.11および1.12以降では、/tmpディレクトリに対する読み取り／書き込みが可能 • Python 2.7とPHP 5.5はディスクに対する書き込み不可	○（エフェメラル、各仮想マシンの起動時に初期化されたディスク）
ランタイムの変更	×	○（Dockerfile経由）
デプロイ時間	数秒	数分
セキュリティパッチの自動適用	○	○ （コンテナイメージランタイムを除く）
Google Cloud APIとサービスへのアクセス	○	○
WebSocket	×	○
料金	インスタンス時間に基づく	vCPU、メモリ、永続ディスクの使用量に基づく

＊自動スケーリングかつ最新のランタイムでは10分。

※8 最新仕様は、App Engineドキュメントの「App Engine環境を選択する」（https://cloud.google.com/appengine/docs/the-appengine-environments?hl=ja）を参照してください。

5.2.2　非機能要件実現のポイント

　App Engineを利用したシステムの非機能要件を実現するために、次のような点を考慮するとよいでしょう。ここではスタンダード環境に限定して説明します。

■ スケーラビリティと負荷分散

- App Engineはスケーリングのオプションとして、手動スケーリング、基本スケーリング、自動スケーリングが選択できる[9]。まずは、自動スケーリングを検討し、負荷レベルに関係なく常に一定数のインスタンスを必要とする場合は手動スケーリングを選択するといった使い分けを行う
- App Engineのトラフィックは自動的に起動中のインスタンスへ負荷分散される

■ 可用性とバックアップ

- App Engineのオートスケールでは、特定のリージョンで事前に設定した最小数のインスタンスが保たれる
- App Engineはリージョナルリソースであるため、リージョン内のすべてのゾーンで冗長的に利用できるように管理される

■ セキュリティと暗号化

- IAMを利用したアクセス制御を行う
- Web Security Scannerを利用して、定期的にアプリケーションの脆弱性のスキャンを行う
- アプリケーションへのアクセスに対して、特定のIPからのみの接続や、特定のIPの拒否を行いたい場合は、App Engine Firewallを利用する
- Cloud Armorを前段に配置し、アクセスに対してCloud Armorのセキュリティポリシーによるフィルタリングを適用する

5.3　Google Kubernetes Engine（GKE）

　Google Kubernetes Engine（GKE）は、コンテナ化されたアプリケーションを実行するためのプラットフォームであるKubernetesの環境をマネージドサービスとして提供するプロダクトであり、2015年に正式公開されました。

※9　詳細は、App Engineドキュメントの「インスタンスの管理方法」（https://cloud.google.com/appengine/docs/standard/python/how-instances-are-managed?hl=ja）を参照してください。

NOTE Kubernetesは、Googleのサービスのインフラで10年以上利用されてきたBorgシステムの知見をもとにして、Googleのエンジニアが中心となって開発したオープンソースのコンテナオーケストレーションツールです[10]。

GKEの主な特徴は、次のとおりです。

- 容易なセットアップと高速な起動：クラスタのセットアップから利用開始まで数分で完了することができる
- 大規模自動スケーリング：最大15,000ノードのクラスタを実現可能で、プリエンプティブルVMも利用することができる
- 高可用性：マルチゾーンクラスタとリージョンクラスタを含む高可用性のコントロールプレーンが提供されている
- ノーダウンタイムアップグレード：マルチゾーンクラスタとリージョンクラスタでダウンタイムのないコントロールプレーンのアップグレードが可能
- 自動修復：自動修復を有効にすると、異常ノードの修復プロセスが実行される
- 高度なセキュリティ機能：Container Registryの機能を利用して、コンテナイメージの脆弱性スキャンや、データ暗号化などを利用できる
- 高可観測性：Cloud Monitoringを利用して、インフラストラクチャ、アプリケーション、Kubernetes固有のメトリクスの確認ができる

　エンタープライズシステムにおいても、アプリケーション開発のアジリティ強化といった、コンテナ化によって得ることができるメリットの獲得のため、近年、Webアプリケーションサーバーを中心にコンテナ技術の導入が進んでいます。GKEでは、コンテナ技術を利用するための最新の機能に加えて、エンタープライズシステムに求められる非機能要件を満たすための機能も充実しています。ここからは、上記の特徴の中で、主要なものを解説していきます。

5.3.1　主な特徴

■ スケーリング機能
　GKEでは、ノードの水平方向の自動スケーリング機能とPodの垂直／水平方向の自動スケーリング機能が備えられており、さまざまな性能要求に対して柔軟なスケーラビリティを確

※10　詳細は、「From Google to the world: The Kubernetes origin story」（https://cloud.google.com/blog/products/containers-kubernetes/from-google-to-the-world-the-kubernetes-origin-story）を参照してください。

保することができます。これらの機能を有効活用することで、スケーラブルなアーキテクチャを実現することができます。

- クラスタオートスケーラー[11]：ノードプールのサイズがオンデマンドで自動的に調整される
- ノード自動プロビジョニング[12]：ノードプール単位でのスケーリング、つまりノードプールの自動作成と削除によるスケーリングを行う
- 水平Pod自動スケーリング[13]：使用率の指標に基づいてPodの数を自動的にスケールさせる
- 垂直Pod自動スケーリング[14]：Podに割り当てるCPU、メモリのリソース割り当てを自動的にスケールさせる

■ 自動修復

自動修復機能[15]を有効にすると、GKEでクラスタ内の各ノードの状態が定期的にチェックされます。修復を必要とするノードがGKEによって検出されると、そのノードはドレインされたあとに再作成されます。ドレインが完了しない場合、ノードは強制的にシャットダウンされて、新しいノードが作成されます。

■ マルチゾーンクラスタとリージョンクラスタ

GKEのクラスタは、シングルゾーンクラスタ、マルチゾーンクラスタ、リージョンクラスタのいずれかのクラスタタイプ[16]から選択することができます。

- シングルゾーンクラスタ：特定のゾーンで稼働するクラスタ
- マルチゾーンクラスタ：コントロールプレーンを1つのゾーンに配置し、ノードを3つのゾーンに分散することで、ゾーン障害が発生した場合にも継続性が提供される。ただし、クラスタマスターのゾーンで中断が発生すると、クラスタ全体が使用できなくなり、また、クラスタマスターがアップグレードされるたびに中断が発生する可能性がある

※11　詳細は、Google Kubernetes Engine（GKE）ドキュメントの「クラスタ オートスケーラー」（https://cloud.google.com/kubernetes-engine/docs/concepts/cluster-autoscaler?hl=ja）を参照してください。

※12　詳細は、Google Kubernetes Engine（GKE）ドキュメントの「ノード自動プロビジョニングの使用」（https://cloud.google.com/kubernetes-engine/docs/how-to/node-auto-provisioning）を参照してください。

※13　詳細は、Google Kubernetes Engine（GKE）ドキュメントの「水平Pod自動スケーリング」（https://cloud.google.com/kubernetes-engine/docs/concepts/horizontalpodautoscaler）を参照してください。

※14　詳細は、Google Kubernetes Engine（GKE）ドキュメントの「垂直Pod自動スケーリング」（https://cloud.google.com/kubernetes-engine/docs/concepts/verticalpodautoscaler）を参照してください。

※15　詳細は、Google Kubernetes Engine（GKE）ドキュメントの「ノードの自動修復」（https://cloud.google.com/kubernetes-engine/docs/how-to/node-auto-repair?hl=ja）を参照してください。

※16　詳細は、Google Kubernetes Engine（GKE）ドキュメントの「クラスタのタイプ」（https://cloud.google.com/kubernetes-engine/docs/concepts/types-of-clusters?hl=ja#multi-zonal_clusters）を参照してください。

- リージョンクラスタ：3つのゾーンにクラスタマスターを配置し、それらのゾーンにノードを分散する。これにより、どのゾーンが中断されたかに関係なく、完全な継続性が提供される。GKEは、クラスタマスターが異なる時間にアップグレードされることを保証し、アップグレードサイクル中に完全な可用性を保証する

　クラスタタイプは、要求される可用性とコストの兼ね合いで使用するオプションを選択するとよいでしょう。また、リージョンごとにクラスタを用意することで、グローバルロードバランサを利用したマルチリージョンのクラスタを構成することもできます。ゾーン間は通信コストと若干のレイテンシがあり、またゾーンを複数にする場合、ノード数が増えてコストが増加することが考えられます。これらの観点と可用性の要求を考慮して、クラスタの冗長性を検討します。

■ GKE Sandbox

　ノードプールで**GKE Sandbox**※17を有効にすると、そのノードプール内のノードで実行中のPodごとにサンドボックスが作成されます。サンドボックス化されたPodを実行するノードは、ホストカーネルを保護し、Pod内のコードは、Google Cloudのサービスやクラスタメタデータにアクセスできなくなります。第三者から提供された信頼できないコードをPod内で実行する際に活用することができます。

■ Autopilotモード

　GKEでは、従来の運用モードであるStandardモードと、2021年2月にGAとなったAutopilotモードの2つのモードが利用できます。Autopilotモードを使用すると、GKEのクラスタだけでなく、ノードもGoogleが管理するようになり、ノードのプロビジョニング、ライフサイクル管理が自動で行われるようになります。また、ノードをあらかじめプロビジョニングする必要がなくなり、コストの最適化が期待できます。本書執筆時点では、Autopilotはリージョンクラスタのみを選択できます。

5.3.2　非機能要件実現のポイント

　GKEを利用したシステムの非機能要件を実現するために、次のような点を考慮するとよいでしょう。

※17　詳細は、Google Kubernetes Engine（GKE）ドキュメントの「GKE Sandbox」（https://cloud.google.com/kubernetes-engine/docs/concepts/sandbox-pods?hl=ja）を参照してください。

■ スケーラビリティと負荷分散

- クラスタレベルのスケールにはクラスタオートスケーラー、Podレベルのスケールには水平Pod自動スケーリング、垂直Pod自動スケーリングを利用する
- その他の要素については「スケーラブルなクラスタを作成するためのガイドライン」[18]を参考にする

■ 可用性とバックアップ

- 高可用性を必要とするワークロードの場合は、マルチゾーンクラスタ、リージョンクラスタを利用する
- ボリュームスナップショット機能[19]を利用してバックアップを行う

■ セキュリティと暗号化

- ノードレベル、ネットワークレベル、Podレベルの各レベルにおいて必要なセキュリティ設計[20]を行う
- マルチテナント方式を利用してコストの削減や、テナント間で一貫して管理ポリシーを適用する必要がある場合は、「エンタープライズマルチテナンシーのベストプラクティス」[21]を参考にする
- デフォルトの暗号化に加えて、必要に応じて顧客管理の暗号鍵（CMEK）[22]の利用を検討する
- Cloud Armorを前段に配置し、アクセスに対してCloud Armorのセキュリティポリシーによるフィルタリングを適用する

5.4 Cloud Functions

Cloud Functionsは、イベントドリブンのFunction as a Serviceで、サーバーレスでコードを実行するランタイム環境です。対象のイベントが発生すると、事前に定義されたコードが実行される仕組みになっています。ランタイム環境の管理やオペレーティングシステムへのパッチ適用などは、すべてGoogle側で実施されるため、ユーザーはコードを実行するインフラストラクチャを意識する必要はありません。サポートされているランタイムは、以下のURLにある公式ドキュメントに記載してあります。

---

[18] https://cloud.google.com/kubernetes-engine/docs/best-practices/scalability?hl=ja

[19] 詳細は、Google Kubernetes Engine（GKE）ドキュメントの「ボリュームスナップショットの使用」（https://cloud.google.com/kubernetes-engine/docs/how-to/persistent-volumes/volume-snapshots?hl=ja）を参照してください。

[20] 詳細は、Google Kubernetes Engine（GKE）ドキュメントのs「セキュリティの概要」（https://cloud.google.com/kubernetes-engine/docs/concepts/security-overview?hl=ja）を参照してください。

[21] https://cloud.google.com/kubernetes-engine/docs/best-practices/enterprise-multitenancy?hl=ja

[22] 詳細は、Google Kubernetes Engine（GKE）ドキュメントの「顧客管理の暗号鍵（CMEK）の使用」（https://cloud.google.com/kubernetes-engine/docs/how-to/using-cmek?hl=ja）を参照してください。

- 「ランタイム サポート」（Cloud Functions ドキュメント）
  https://cloud.google.com/functions/docs/runtime-support?hl=ja

5.4.1 主な特徴

■ 代表的なユースケース

Cloud Functionsに対する理解を深めるために、3つの代表的なユースケースを紹介します。Cloud Functionsは、以下に示すような特定のイベントをトリガーとして動作する、簡易なロジックの実装に向いています。同時実行数制限などがあるため、大規模なWebアプリケーションのフロントエンドとしてのユースケースには適さない場合があります。

図5.1　ユースケース例1：Cloud Storageに格納されたファイルの処理

Cloud Storageに画像がアップロードされたことを検知し、Cloud Storageの変更イベントトリガーが発行されて、登録したCloud Functionsの関数が実行されます。Cloud Functionsの関数でさまざまな処理が可能ですが、ここではCloud Vision APIをコールして、特定の対象が映る画像かどうかを判別し、判別結果に応じて、Cloud Storageのバケットに画像をコピーする様子を示しています。

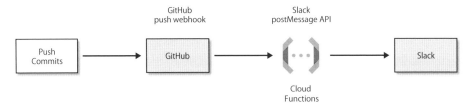

図5.2　ユースケース例2：Webhookを利用したGithubへのPush通信の受信

GitHubのWebhookを利用すると、リポジトリにコードをプッシュした際に、コミット情報をパラメータとしてPOSTリクエストを実行できます。このPOSTリクエスト先にCloud Functionsの関数を指定して実行し、必要な情報を付加してSlackのメッセージをポストする

ような実装が可能です。

図5.3　ユースケース例3：IoTセンサーデータの受信をトリガーとしたバックエンド処理

　　IoTデバイスの管理とデータの取り込みが可能なフルマネージドサービス**Cloud IoT Core**※23を利用して、デバイスの状態の変化を検知します。Cloud IoT Coreは、イベントをトリガーするためのPub/Subメッセージを作成し、トピックにメッセージを登録します。Pub/Subメッセージをトリガーとして、デバイスの設定変更を指示するCloud Functions関数を実行します。Cloud IoT Coreを通じて、IoTデバイスの設定を変更します。

■ イベントトリガー

　　Cloud Functionsは、同期実行されるHTTP関数と、非同期実行されるバックグラウンド関数の2つのイベントトリガーを選択することができます。

　　HTTP関数は、POST、PUT、GET、DELETE、OPTIONSの各HTTPメソッドを使用したHTTPリクエストによって呼び出します。クライアントからのリクエストに対して同期的に実行されます。HTTP関数の場合は、最大1回の呼び出しとなり、実行に失敗した場合の自動リトライはありません。実行に失敗した場合は、呼び出し側で再試行を行う必要があります。バックグラウンド関数の場合は、自動リトライの設定により1回以上の実行が行われます。関数が2回以上実行されることを考慮して、べき等性を持った実装にする必要があります。

　　一方、以下のトリガーを利用してCloud Functionsを実行した場合は、バックグラウンド関数として実行されます。関数呼び出しがエラーによって終了した場合、イベントはドロップされます。

- Pub/Subメッセージ
- Cloud Storage変更通知
- Cloud Firestore：create、update、delete、writeイベント
- Firebase向けアナリティクス
- Firebase Realtime Database
- Firebase Authentication

※23　詳細は、「IoT Core」（https://cloud.google.com/iot-core?hl=ja）を参照してください。

5

プロダクト設計

■ コールドスタートと関数インスタンスの寿命

　関数をデプロイした直後、あるいは、アクセスの増加に伴うスケーリングが発生したタイミングでは、新しいインスタンスが作成されるため、レスポンスが遅延する場合があります。また、継続的に呼び出しがある場合はインスタンスが再利用されます。この場合、グローバルスコープの変数の状態は呼び出しごとに引き継がれるため、関数を実装する際は、グローバル変数の初期化に注意を払う必要があります。

5.4.2　非機能要件実現のポイント

　Cloud Functionsを利用したシステムの非機能要件を実現するために、次のような点を考慮するとよいでしょう。

■ スケーラビリティと負荷分散

- Cloud Functionsの自動スケール機能を利用して、負荷に応じたスケーラビリティを実現できる。自動スケールにおける最大インスタンス数を指定[24]して、過剰なスケールを防ぐこともできるため、ワークロードの特性に応じて最大インスタンス数を指定する

■ 可用性とバックアップ

- Google Cloudの提供するソースコードリポジトリであるCloud Source Repositoryを利用して、Cloud Functionsにデプロイするコードのバージョン管理を行う[25]

■ セキュリティと暗号化

- IAMを利用したIDベース、または、ネットワーク設定を利用したネットワークベースの方法[26]でアクセス制御を行う
- Cloud Armorを前段に配置し、アクセスに対してCloud Armorのセキュリティポリシーによるフィルタリングを適用する

※24　詳細は、Cloud Functionsドキュメントの「スケーリング動作の制御」（https://cloud.google.com/functions/docs/max-instances?hl=ja）を参照してください。

※25　詳細は、Cloudソースレポジトリドキュメントの「Cloud Source RepositoriesからのCloud Functionsのデプロイ」（https://cloud.google.com/source-repositories/docs/deploying-functions-from-source-repositories?hl=ja）を参照してください。

※26　詳細は、Cloud Functionsドキュメントの「Cloud Functionsの保護」（https://cloud.google.com/functions/docs/securing?hl=ja）を参照してください。

5.5 Cloud Run

Cloud Runは、コンテナ化されたアプリケーションをデプロイして実行するためのサーバーレスプラットフォームです。Cloud Functionsと同様に、外部からのHTTPSリクエストに加えて、Cloud SchedulerやPub/SubのPushなど、各種のイベントをトリガーとしてコンテナ環境にあるアプリケーションを実行することができます[27]。Cloud Runについて理解を深めるために、まずは、Cloud Runのリソースモデルを確認します。

5.5.1 主な特徴

■ Cloud Runのリソースモデル

Cloud Runのリソースモデルは、サービス、リビジョン、コンテナインスタンスの3つで構成されます（図5.4）。

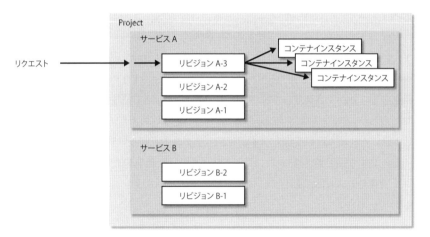

図5.4 Cloud Runのリソースモデル

サービスはCloud Runのメインリソースで、実行環境にデプロイされたアプリケーションを表します。各サービスは特定のリージョンに属しますが、冗長性とフェイルオーバーのため、リージョン内の複数のゾーンに自動的に複製されます[28]。

サービスをデプロイするたびに、**リビジョン**が作成されます。リビジョンは、環境変数、メ

※27 詳細は、Cloud Runドキュメントの「HTTPS リクエストによる呼び出し」（https://cloud.google.com/run/docs/triggering/https-request?hl=ja）を参照してください。
※28 詳細は、Cloud Runドキュメントの「リソースモデル」（https://cloud.google.com/run/docs/resource-model?hl=ja）を参照してください。

モリ制限、同時実行などの環境設定と特定のコンテナイメージから構成されます。コンテナイメージを新しいCloud Runサービスにデプロイすると、最初のリビジョンが作成され、その後、同じサービスに修正を加えたコンテナイメージをデプロイすると、2番目のリビジョンが作成されます。さらに環境変数を変更してデプロイをすると、3番目のリビジョンが作成されます。リクエストは、デフォルトでは、最新で正常な状態のリビジョンに自動的にルーティングされます。

リビジョンを実現する実体が**コンテナインスタンス**です。リビジョンは、受信したすべてのリクエストを処理できるように、コンテナインスタンスの数を自動的にスケーリングします。

これらの概念を把握したうえで、先ほどの図5.4を再確認してみましょう。この図では、サービスAに対してリクエストが届いており、最新のリビジョンのコンテナインスタンスが起動しています。Cloud Runは、リクエストが届いたサービスに対して、コンテナインスタンスが起動されます。リクエストが届いていないサービスBでは、コンテナはまだ起動されていません。

■ 同時実行とスケーリング

Cloud Runの1つのコンテナインスタンスは、同時に最大250件のリクエストを処理できます。これが、1回の起動につき1イベントしか処理できないCloud Functionsとの大きな違いです。Cloud Runにおいても、実行中のインスタンスで同時に1件のリクエストだけを処理するように制限することができます。ワークロードの特性に応じて設定を変えることが重要になります。また、リクエストが増加すると、リビジョンに紐付くコンテナインスタンスが自動的にスケールし、インスタンス数が増加します。逆に、リクエストがない時は、最小0インスタンスまでスケールインすることができます。インスタンスの初期化処理に時間がかかる場合は、最小インスタンス数を1以上に設定して、アイドル状態のインスタンスを残すように設計することもできます[29]。

※29 詳細は、Cloud Runドキュメントの「最小インスタンスの使用」(https://cloud.google.com/run/docs/configuring/min-instances?hl=ja) を参照してください。

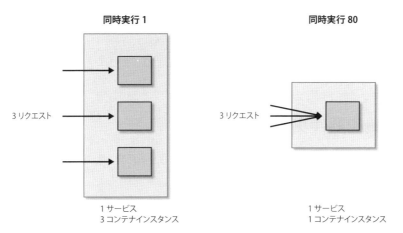

図5.5　Cloud Runの同時実行とスケーリング

■ Cloud Runのトリガー

Cloud Runのサービスには、HTTPSのエンドポイントURLが付与されるため、HTTPSリクエストを送信する機能さえあれば、どこからでもサービスを実行できます。その他にも、複数のトリガーからの実行をサポートしています。ここでは、主なトリガーとそのユースケースを整理します。

- HTTPSリクエスト：サービスを最初にデプロイした時に付与されるURLにHTTPSリクエストを送信することで、サービスを起動する。カスタムドメインの設定も可能であり、一般的なWebアプリケーションフロントエンドなどに利用できる
- gRPC：オプション指定でHTTP/2リクエストの処理を有効化することにより、gRPCリクエストを受け付けることができるようになる。マイクロサービスのサービス間の通信でgRPCを使用する場合などに利用できる
- Pub/Sub：Cloud Storageバケットへのファイルアップロードをトリガーとする場合や、Cloud Runサービスを非同期でつなぐ場合など、Pub/SubにPushされたメッセージを経由した非同期処理に利用できる。なお、Pullサブスクリプションはトリガーに利用できない
- Cloud Scheduler：cronジョブのように時刻指定での定期処理を行うために、Cloud Schedulerを使用してCloud Runのサービスを起動することができる

■ 認証

Cloud Runのサービスは、デフォルトでは承認済みのリクエストのみを受け付けるため、サービスを呼び出すには、リクエストヘッダーに認証情報を付与する必要があります。IAMで

アクセス権を管理することにより、アクセスできるユーザーを限定することができます。一般公開のWebサイトをCloud Runで構築する場合など、一般のユーザーに公開したい場合は、IAMの起動元ロールにallUsersメンバータイプを割り当てることで、サービス未認証の呼び出しを許可することもできます。

5.5.2 非機能要件実現のポイント

Cloud Runを利用したシステムの非機能要件を実現するためには、次のような点を考慮するとよいでしょう。

■ スケーラビリティと負荷分散

- コンテナインスタンスの自動スケール機能[30]を利用して、負荷に応じたスケーラビリティを実現する
- 自動スケール機能でコンテナインスタンスを0スケールさせることもできるが、その場合、コンテナインスタンスがコールドスタンバイとなるため、低レイテンシが求められるワークロードでは最小インスタンス数[31]を指定して、ウォームスタンバイとなるように設計する

■ 可用性とバックアップ

- サービスのコピー機能[32]を利用して、サービスの構成情報のバックアップを行う
- リビジョンのバージョン管理機能[33]を利用して、必要に応じてデプロイしたアプリケーションのロールバックを行う
- Cloud Runは、冗長性とフェイルオーバーのため、サービスはリージョン内の複数のゾーンに自動的に複製される[34]

■ セキュリティと暗号化

- IAMを利用してCloud Runインスタンス上の処理を実行できるユーザーを制限する[35]
- Cloud Armorを前段に配置し、アクセスに対してCloud Armorのセキュリティポリシーによるフィルタリングを適用する

※30 詳細は、Cloud Runドキュメントの「コンテナ インスタンスの自動スケーリングについて」(https://cloud.google.com/run/docs/about-instance-autoscaling?hl=ja) を参照してください。
※31 詳細は、Cloud Runドキュメントの「最小インスタンスの使用」(https://cloud.google.com/run/docs/configuring/min-instances?hl=ja) を参照してください。
※32 詳細は、Cloud Runドキュメントの「サービスの管理」(https://cloud.google.com/run/docs/managing/services?hl=ja#copy) を参照してください。
※33 詳細は、Cloud Runドキュメントの「ロールバック、段階的なロールアウト、トラフィックの移行」(https://cloud.google.com/run/docs/rollouts-rollbacks-traffic-migration?hl=ja) を参照してください。
※34 詳細は、Cloud Runドキュメントの「リソースモデル」(https://cloud.google.com/run/docs/resource-model?hl=ja) を参照してください。
※35 詳細は、Cloud Runドキュメントの「認証の概要」(https://cloud.google.com/run/docs/authenticating/overview?hl=ja) を参照してください。

5.6 Cloud Storage

　ここからは、ストレージ／データベース系プロダクトを紹介します。まずは、広範囲なユースケースに対応したオブジェクトストレージサービスである、Cloud Storageから説明します。

　Cloud Storageは、高い耐久性を持つオブジェクトストレージサービスです。オブジェクトとは任意のファイル形式のデータのことであり、Cloud Storageは保存できるデータ量に制限はなく、低レイテンシでオブジェクトにアクセスできます。またその際、プロジェクト内に**バケット**（オブジェクトをまとめるフォルダのようなもの）を作成して、その中にオブジェクトを保存します。バケットは、グローバルに一意の名前を持ち、バケット内のオブジェクトに一意のURLを割り当ててオブジェクトを公開することもできます。

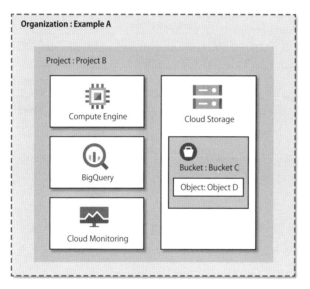

図5.6　Cloud Storageの構成

5.6.1 主な特徴

■ ストレージクラス

　Cloud Storageには、オブジェクトへのアクセス頻度と保存期間で4つの**ストレージクラス**が用意されており、オブジェクトへのアクセスオペレーション料金および、データ保存料金が異なります。例えば、アクセス頻度の高いオブジェクトを格納する**Standard Storage**は、データ保存料金が高く、データ取得オペレーションあたりの料金が低く設定されており、またアク

セス頻度の低いオブジェクトを格納する**Archive Storage**は反対にデータ保存料金が低く抑えられ、データ取得オペレーションあたりの料金が高く設定されています。ただし、どのストレージクラスも、高い耐久性や数十ミリ秒のデータ取得時のレイテンシは同じです。4つのストレージクラスの特徴を表5.5に整理します。

表5.5 Cloud Storageストレージクラス

	Standard Storage	Nearline Storage	Coldline Storage	Archive Storage
利用時のデータアクセス頻度の目安	頻度の高いアクセス	オブジェクトあたり月1回	オブジェクトあたり3カ月に1回	オブジェクトあたり年1回以下
可用性	• マルチ／デュアルリージョン99.99%以上 • リージョン99.99%	• マルチ／デュアルリージョン99.95% • リージョン99.9%	• マルチ／デュアルリージョン99.95% • リージョン99.9%	• マルチ／デュアルリージョン99.95% • リージョン99.9%
耐久性	99.999999999%			
最小保存期間	なし	30日	90日	365日
レイテンシ	最初のバイトの転送時間は数十ミリ秒			
ストレージ価格（GB単位／月）	$0.023	$0.016	$0.006	$0.0025
データ取得料金（10,000回あたり）	$0.004	$0.01	$0.05	$0.05
ユースケース例	静的コンテンツホスティング • アクセス頻度の高い最新コンテンツ	静的コンテンツホスティング • アクセス頻度があまりないコンテンツ	バックアップ	アーカイブ ディザスタリカバリ

■ バケットのロケーション（マルチリージョン冗長化）

オブジェクトデータを保存するロケーションは、バケットを作成する際に指定します。ロケーションは次の種類から選択できます。

- リージョン：東京などの特定のリージョン
- デュアルリージョン：ロンドンやオランダなど、特定の2つのリージョン。例えば、ASIA1を指定すると、東京と大阪が選択される
- マルチリージョン：アジア内のデータセンターなどの、2つ以上の地理的な場所を含む広い地理的なエリア

マルチリージョン、および、デュアルリージョンに保存されるオブジェクトは、地理的な冗長化が行われます。ロケーションタイプの選択にあたっては、オブジェクトへのアクセスの可用性とレイテンシおよび、特定の地域にデータを保存する必要があるといった、データの保存場所に対する制約有無等の観点から、次の指針で検討するとよいでしょう。

- Google Cloudの特定リージョンに属するアプリケーションや分析パイプラインからのデータアクセスがあり、それらのワークロードと同一リージョンにデータを保存したい場合や、特定の地域にデータを保存する必要がある場合は、リージョンを指定する
- リージョン指定と同様のパフォーマンスに加えて、地理的な冗長性が必要な場合は、デュアルリージョンを使用する
- Googleネットワークの外部から、広域に分散しているデータ利用者にコンテンツを配信する場合は、マルチリージョンを使用する

■ バックアップとバージョン管理、ライフサイクル管理

　Cloud Storageは非常に高い耐久性があり、複数リージョンによる地理的な冗長化を構成することもできるので、Cloud Storage自体の耐障害性を目的としたバックアップの取得は不要です。一方、アプリケーションによる意図しないデータの変更や破壊に対するバックアップとしては、バージョン管理[36]とライフサイクル管理[37]の利用を検討するとよいでしょう。

　Cloud Storageのオブジェクトは、複数のバージョンを持つことができます。デフォルトでは、オブジェクトを置換すると、Cloud Storageは古いバージョンを削除して新しいバージョンを追加します。一方、バケットでオブジェクトのバージョニングを有効にすると、置換、または、削除が行われても古いバージョンがバケットに残り、世代番号を指定して古いバージョンのオブジェクトを参照することができます。また、Cloud Storageでは、バケット単位で次のようなルールベースのライフルサイクル管理を設定することができます。

- 365日以上経過したオブジェクトのストレージクラスをColdline Storageにダウングレードする
- 特定の日付より前に作成されたオブジェクトを削除する
- バージョニングが有効になっているバケット内の各オブジェクトで、最新のバージョン3つのみを維持する

　ライフサイクル管理設定を行うことで、オブジェクトの有効期間（TTL）の設定、非現行バージョンの保持、ストレージクラスのダウングレードによるコスト削減などが可能になります。

※36　詳細は、Cloud Storageドキュメントの「オブジェクトのバージョニング」（https://cloud.google.com/storage/docs/object-versioning?hl=ja）を参照してください。
※37　詳細は、Cloud Storageドキュメントの「オブジェクトのライフサイクル管理」（https://cloud.google.com/storage/docs/lifecycle?hl=ja）を参照してください。

■ 更新とデータアクセスの追跡

Cloud Storageでは、データアクセスに対する監査が必要な場合、データ更新時とアクセス時に後述するPub/Subのトピックにイベントを送信することができます。バケット内でオブジェクトが作成、または、削除された場合は、トリガーになったイベントと変更されたオブジェクトの情報を含むイベントが送信されます。

■ 暗号化

Cloud Storageでは、データをディスクに書き込む前に、常にサーバー側で暗号化されます（サーバーサイド暗号化）。サーバーサイド暗号化は、Cloud Storageがデータを受信したあとに行われ、データは暗号化されたあとでディスクに書き込まれて保存されます。

暗号化に使用する鍵の管理方法には、以下の2つのオプションがあります。

- 顧客指定の暗号鍵[38]：独自の暗号鍵を作成し、暗号化する
- 顧客管理の暗号鍵[39]：Cloud Key Management Service（Cloud KMS）によって生成される暗号鍵を利用して暗号化する

さらに、データをCloud Storageにクライアント側で暗号化するという方法（クライアントサイド暗号化[40]）もあり、データがCloud Storageに送信される前に、アプリケーションの機能等を用いてクライアント側で任意の暗号化を行います。この場合、サーバーサイド暗号化と合わせて、2重の暗号化が行われることになります。

鍵管理の煩雑性と暗号化のポリシーを考慮して、暗号化の方式を検討するとよいでしょう。

5.6.2 非機能要件実現のポイント

Cloud Storageを利用したシステムの非機能要件を実現するためには、次のような点を考慮するとよいでしょう。

■ スケーラビリティと負荷分散

- Cloud Storageの容量については、無制限のためスケーラビリティの考慮は不要
- Cloud Storageへのアクセスは、リクエスト元からの地理的な距離を考慮し、適切なバケットロケーションを選択することで、レイテンシを低く抑えることができる

※38 詳細は、Cloud Storageドキュメントの「顧客指定の暗号鍵」（https://cloud.google.com/storage/docs/encryption/customer-supplied-keys）を参照してください。

※39 詳細は、Cloud Storageドキュメントの「顧客管理の暗号鍵」（https://cloud.google.com/storage/docs/encryption/customer-managed-keys）を参照してください。

※40 詳細は、Cloud Storageドキュメントの「クライアント側の暗号鍵」（https://cloud.google.com/storage/docs/encryption/client-side-keys）を参照してください。

■ 可用性とバックアップ

- Cloud Storageへのアクセスの可用性を担保するため、デュアルリージョン、または、マルチリージョンのバケットを利用する
- アプリケーションによるデータ変更や破壊に対するバックアップとして、バージョン管理とライフサイクル管理を利用する

■ セキュリティと暗号化

- Cloud IAMとアクセス制御リストでバケットとオブジェクトへのアクセスを制御する
- デフォルトの暗号化に加えて、必要に応じて、Cloud KMSによる暗号鍵の管理や、クライアントサイドでのオブジェクトの暗号化を行う

5.7 Cloud Bigtable

　Cloud Bigtableは、Key-Value型のデータを扱うためのマネージドNoSQL分散データベースです。Google検索やGoogleマップなど、世界中のユーザーが使用するGoogleサービスを支えるデータベース技術であり、実証済みのインフラストラクチャで構築されています。Cloud Bigtableは、オープンソースソフトウェアのHBaseとAPIの互換性があり、数ペタバイト、数億行のデータを格納しても、クラスタ内のマシン台数に比例したスループットと極めて低いレイテンシを実現することができるプロダクトです。Cloud Bigtableのアーキテクチャについては、以下のURLから公式ドキュメントを参考にしてください。

- 「Bigtableの概要」(Cloud Bigtableドキュメント)
  https://cloud.google.com/bigtable/docs/overview?hl=ja

　Cloud Bigtableは、データサイズが10MB以下のKey-Valueデータを扱う、非常に高いスループットとスケーラビリティを必要とするアプリケーションで利用を検討するとよいでしょう。1つのキーに対して、複数の列および列ファミリーからなるデータ構造を持たせることができ、1つのキーに含まれる複数の列に対するアトミックなデータ操作がサポートされます。

　また、Cloud Bigtableのテーブルは、値を格納していない列はリソースを消費しないスパース（低密度）なデータ構造のため、ストレージ料金は値の格納された列のみになるといった特徴があります[41]。ただし、SQLによるクエリ、結合、複数行にまたがるトランザクションなどはサポートされないため、これらの機能を必要とするOLTP処理では、リレーショナルデータ

※41　詳細は、「NoSQLを使用するタイミング：Bigtableが大規模なパーソナライズを推進」(https://cloud.google.com/blog/ja/products/databases/try-a-transformative-nosql-database) を参照してください。

ベースの機能を提供するCloud SQLの利用を検討するとよいでしょう。

Cloud Bigtableの利用に適した具体的なデータタイプとユースケースは以下となります。

- 時系列データ：複数のサーバーにおける時間の経過に伴うCPUとメモリの使用状況など
- マーケティングデータ：購入履歴やカスタマーの好みなど
- 金融データ：取引履歴、株価、外国為替相場など
- IoTデータ：電力量計と家庭電化製品からの使用状況レポートなど
- グラフデータ：ユーザー間の接続状況に関する情報など

5.7.1 主な特徴

■ ストレージの種類とパフォーマンス

Cloud Bigtableでは、インスタンスの作成時に、データ保存先としてSSDストレージとHDDストレージのどちらかを指定できます[42]。SSDのパフォーマンスの利点に比べ、HDDにした場合のコスト効果は小さいため、基本的にはSSDストレージを選択するとよいでしょう。10TB以上のデータがあり、レイテンシがあまり重要ではなく、アクセス頻度も低いようなユースケースでは、HDDストレージの利用が考えられます。

Cloud Bigtableでパフォーマンスの低下が発生した場合、その要因には、クラスタノード数の不足以外に、キーの指定が不適切でデータのノード分散に偏りが生じる、あるいは、特定のキーにアクセスが集中するといった、データの使用パターンに起因する場合があります。このような問題を調査するために、データの使用パターンを分析する**Key Visualizer**[43]が提供されています。パフォーマンス関連の問題については、以下のURLにある公式ドキュメントに詳細な説明があります。

5.7.2 非機能要件実現のポイント

Cloud Bigtableを利用したシステムの非機能要件を実現するために、次のような点を考慮するとよいでしょう。

---

[42] 詳細は、Cloud Bigtableドキュメントの「SSDストレージかHDDストレージかの選択」（https://cloud.google.com/bigtable/docs/choosing-ssd-hdd?hl=ja）を参照してください。

[43] 詳細は、Cloud Bigtableドキュメントの「Key Visualizerの概要」（https://cloud.google.com/bigtable/docs/keyvis-overview?hl=ja）を参照してください。

■ スケーラビリティと負荷分散

- Cloud Bigtableのスループットは、クラスタノードを追加、または、削除することで動的に調整される。クラスタのサイズをもとに戻すことも可能。この際、再起動は不要で、ダウンタイムは発生しない
- Cloud Bigtableのアーキテクチャを考慮したスキーマ設計[44] を行うことで、特定のノードにアクセスが集中するようなホットスポットの発生を回避する。Cloud BigtableのKey Visualizer[45] を利用すると特定の行がホットスポットになっていないか、テーブルの行全体がバランスよくアクセスされているかを確認できる

■ 可用性とバックアップ

- インスタンスのレプリケーション機能[46] を使用して、データを複数のリージョン、または、同じリージョン内の複数のゾーンにコピーして、ゾーン障害やリージョン障害に対するデータの可用性を向上させる
- アプリケーションによるデータの破損や、テーブルを誤って削除するなどのオペレーションエラーからの復元を可能にするために、データのバックアップ[47] を取得する

■ セキュリティと暗号化

- Cloud Bigtableでは、データ保存時にGoogleの各プロダクトに適用されるデフォルト暗号化が適用される。また、顧客管理の暗号鍵[48] を使用することも可能
- 必要に応じてクライアント側でのデータの暗号化も検討する

5.8 Cloud SQL

Cloud SQLは、リレーショナルデータベースの設定、維持、運用、管理を支援するフルマネージドのデータベースサービスで、MySQL、PostgreSQL、Microsoft SQL Serverのデータベースエンジンが提供されています。エンタープライズ利用に必要な各種機能と、高いスケーラビリティが実現されています。

※44 詳細は、Cloud Bigtableドキュメントの「スキーマの設計」(https://cloud.google.com/bigtable/docs/schema-design?hl=ja) を参照してください。

※45 詳細は、Cloud Bigtableドキュメントの「Key Visualizerの概要」(https://cloud.google.com/bigtable/docs/keyvis-overview) を参照してください。

※46 詳細は、Cloud Bigtableドキュメントの「レプリケーションの概要」(https://cloud.google.com/bigtable/docs/replication-overview?hl=ja) を参照してください。

※47 詳細は、Cloud Bigtableドキュメントの「バックアップ」(https://cloud.google.com/bigtable/docs/backups?hl=ja) を参照してください。

※48 詳細は、Cloud Bigtableドキュメントの「顧客管理の暗号鍵(CMEK)」(https://cloud.google.com/bigtable/docs/cmek?hl=ja) を参照してください。

Cloud SQLは、オンプレミスで利用されているRDBMSのワークロード、例えば、エンタープライズシステムのバックエンドデータベースでの利用を検討するとよいでしょう。また、東京リージョンのバックアップを他のリージョンに取得することやクロスリージョンレプリカも構成できるため、大規模災害を想定したディザスタリカバリサイトも容易に構成できます。データウェアハウス用途で使用することもできますが、大規模データの分析クエリについては、BigQueryのほうが高い性能を発揮します。リレーショナルモデルのデータ構造が必須な、比較的データ量の少ないデータウェアハウスの場合に利用するとよいでしょう。

5.8.1 主な特徴

■ スケーラビリティ

Cloud SQLは、トランザクションの増加に対し、マシンタイプの変更で最大64個のプロセッサコア、400GB以上のメモリ容量までスケールアップすることができます。さらに、リードレプリカ[49]による読み込みトランザクションの負荷分散も可能です。使用するマシンタイプは、定義済みマシンタイプだけでなく、カスタムマシンタイプも利用できるため、メモリとCPUを必要なだけ搭載したインスタンスを構成することができます。データの増加に対しては、30TBのストレージまで、ストレージ容量が上限に近づいた時に自動的に容量をスケールアップするように設定することも可能です[50]。また、IOPSは最大60,000で、IOPSには追加料金がかからないなど、十分な性能が提供されています。

■ 高可用性（HA）構成の実現

Cloud SQLでは、すべてのデータベースエンジンでリージョン内の2つのゾーンを利用した高可用性（HA）構成[51]を取ることができ、インスタンスとデータの冗長性を確保することが可能です。HA向けに構成されたCloud SQLインスタンスは、**リージョンインスタンス**とも呼ばれ、リージョン内のプライマリゾーンとセカンダリゾーンに配置されます。また、HA構成のゾーン間のデータ同期は、ストレージ層での同期レプリケーションとなります。

インスタンスまたはゾーンで障害が発生した場合はフェイルオーバーが発生し、プライマリインスタンスへの既存の接続が切断され、接続が再確立されるまでには通常2〜3分程度かかります。アプリケーションは、同じ接続文字列またはIPアドレスで再接続できるため、フェイルオーバー後にアプリケーション設定を変更する必要はありません。

---

[49] 詳細は、Cloud SQLドキュメントの「リードレプリカの作成」（https://cloud.google.com/sql/docs/mysql/replication/create-replica?hl=ja）を参照してください。

[50] 詳細は、Cloud SQLドキュメントの「インスタンスの設定」（https://cloud.google.com/sql/docs/mysql/instance-settings?hl=ja#automatic-storage-increase-2ndgen）を参照してください。

[51] 詳細は、Cloud SQLドキュメントの「高可用性構成の概要」（https://cloud.google.com/sql/docs/mysql/high-availability?hl=ja）を参照してください。

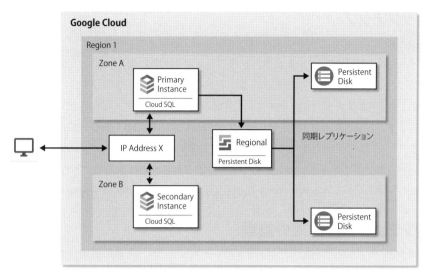

図5.7　Cloud SQL可用性構成

Cloud SQLとCloud SQL HA構成のリージョンPD（永続ディスク）はSLAの適用対象となります。また、HA向けに構成されたインスタンスを使用する場合は、スタンドアロンインスタンスの2倍の料金となります。

また、Cloud SQLでは、マスターインスタンスとは異なるリージョンにリードレプリカを作成するクロスリージョンレプリカ機能[52]が提供されています。プライマリリージョンが長時間使用できなくなった場合等に、別リージョンのレプリカをマスターインスタンスに昇格させることができます。なお、クロスリージョンレプリカは、非同期のレプリケーションのため、フェイルオーバーが発生すると、最近のトランザクションが失われる可能性があります。

■ プライベートIPの使用

デフォルトでは、Cloud SQLにはパブリックIPのエンドポイントが割り当てられますが、プライベートサービスアクセスを使用して、インスタンスへのアクセスをプライベートIPのみに限定することも可能です。この場合、Cloud SQLのインスタンスはCloud SQLサービスのVPC内に構成されるため、VPCピアリングを用いて、ユーザーが管理するVPCと接続します。プライベートIPを使用すると、公共のインターネットにエンドポイントが公開されることはなく、また、パブリックIPよりもネットワークレイテンシを低く抑えることができます。

※52　詳細は、Cloud SQLドキュメントの「リージョン移行または障害復旧のためにレプリカを昇格させる」(https://cloud.google.com/sql/docs/mysql/replication/cross-region-replicas) を参照してください。

199

■ バックアップ

Cloud SQLでは、ユーザーが任意のタイミングで実施するオンデマンドバックアップと、スケジュールされた時刻に取得する自動バックアップが提供されています。バックアップは無停止の増分バックアップとして実施され、ポイントインタイムリカバリでインスタンスを復元することができます。またデフォルトでは、冗長化のためにバックアップが2カ所のリージョンに保存されます。バックアップロケーションは「Cloud SQLが稼働するリージョン」と「同じ大陸にあるリージョン」の2カ所です。業界規制等の制約で、「東京リージョンで稼働するインスタンスのバックアップロケーションを日本国内にとどめる必要がある」ような場合は、カスタムバックアップロケーション機能[53]を使用して、リージョンを指定する必要があります。

■ メンテナンス時間帯の管理

Cloud SQLインスタンスは、不具合の修正やセキュリティパッチの適用、アップグレードの実施のために、メンテナンスが行われます[54]。メンテナンスが実施されると、インスタンスの再起動による短時間のサービス中断が発生する可能性があります。HA構成を取っている場合でも、プライマリとセカンダリの両方のインスタンスに同時にメンテナンスが適用されるため、フェイルオーバーは発生しません。

メンテナンスが行われる場合、1週間前までに通知を受け取ることができます。メンテナンスはインスタンスに設定した時間枠で実施されますが、通知を受けたあとに時間変更をすることができるため、実際の運用スケジュールを鑑みて調整することができます。また、1〜90日間のメンテナンス拒否期間[55]の設定をすることで、この期間の自動メンテナンスを回避することもできます。拒否期間の設定を利用すると、例えば、年末年始の繁忙期には自動メンテナンスを回避するといったことも可能です。

5.8.2　非機能要件実現のポイント

Cloud SQLを利用したシステムの非機能要件を実現するために、次のような点を考慮するとよいでしょう。

■ スケーラビリティと負荷分散

- トランザクション増加に伴う負荷の増大に対しては、Cloud SQLのスケールアップを行う

※53　詳細は、Cloud SQLのドキュメント「オンデマンド バックアップと自動バックアップの作成と管理」(https://cloud.google.com/sql/docs/postgres/backup-recovery/backing-up#locationbackups) を参照してください。

※54　詳細は、Cloud SQLドキュメントの「Cloud SQLインスタンスのメンテナンス」(https://cloud.google.com/sql/docs/mysql/maintenance?hl=ja) を参照してください。

※55　詳細は、Cloud SQLドキュメントの「Cloud SQLインスタンスのメンテナンス」(https://cloud.google.com/sql/docs/mysql/maintenance#deny) を参照してください。

- データ容量の増加に対しては、ストレージの自動容量増加機能を利用してデータ容量とIOPSが追加されるように設定する
- リードレプリカを構成して、読み書きを行うインスタンスからデータ読み取りの負荷をオフロードする

■ 可用性とバックアップ

- リージョン内の2つのゾーンを利用してHA構成にすることで、ゾーン障害への対応が可能になる
- クロスリージョンレプリカを利用することでリージョン障害に対応する
- バックアップは複数のリージョンに取得されるが、日本国内にとどめたい場合は、カスタムバックアップロケーションを使用する

■ セキュリティと暗号化

- Googleの内部ネットワーク、データベーステーブル、一時ファイル、バックアップにおいて、顧客データはデフォルトで暗号化される
- 必要に応じて、顧客管理の暗号化鍵での暗号化[56]や、クライアント側でデータベースに格納する値の暗号化を検討する
- プライベートIPでのアクセスが必要な場合、プライベートサービスアクセスを使用して、ユーザーのVPCネットワークとのピアリング接続を行い、プライベートIPによる通信のみに限定する

5.9 Cloud Spanner

Cloud Spannerは、グローバルなスケールでのトランザクション整合性、最大99.999%の可用性を備えたマネージドリレーショナルデータベースサービスです。TrueTimeと呼ばれる原子時計とGPSを用いた分散クロックを用いており、外部整合性[57]を保ちながらグローバル規模のスケーリングを実現している画期的なリレーショナルデータベースサービスです。

Cloud Spannerはリレーショナルと非リレーショナルのメリットをトレードオフなく実現しています。Cloud Spannerはリレーショナルデータベースサービスであり、従来のRDBMSと

※56 詳細は、Cloud SQLのドキュメント「顧客管理の暗号鍵（CMEK）の使用」（https://cloud.google.com/sql/docs/mysql/configure-cmek）を参照してください。

※57 Cloud Spannerで実現している外部整合性とは、トランザクションに対する最も厳格な同時実行制御です。可用性のために複数のサーバーでトランザクションを実行している場合でも、すべてのトランザクションが単一のデータベースで順次実行されているのと同様にシステムが動作します。詳細は以下のURLを確認してください。
・「Cloud Spanner: TrueTime と外部整合性」（Cloud Spanner ドキュメント）
　https://cloud.google.com/spanner/docs/true-time-external-consistency?hl=ja

同じように、スキーマ、トランザクション、SQL（拡張機能を含むANSI 2011）をサポートしています。また、NoSQLの分散データベースのように水平方向のスケールアウト、スケールインを任意に行うことができます。スケールアウト／スケールインに関する処理は、すべてデータベース側で管理・実行されるため、アプリケーション側でのシャーディングやリシャーディングは不要です。スケールアウト／スケールインのためにデータベースを停止するといったことも必要ありません。

Cloud Spannerは、クラウド型データベースサービスにおいて高水準のSLAを実現しており、シングルリージョン構成でSLA 99.99%、マルチリージョン構成でのSLA 99.999%が提供されます。マルチリージョンの構成を取る場合は、複数のリージョンにわたってレプリケーションが行われ、ユーザーは近くの場所からデータを読み取ることができます。したがって、データベースを使うアプリケーションが複数地域のユーザーを対象とするようなサービスに適しています。ただし、データの書き込みは、デフォルトリーダーリージョンに指定されたリージョンのインスタンスに対して行われます。マルチリージョン構成は、有効なリージョンの組み合わせが指定されているため、最新の有効な構成を以下のURLにある公式ドキュメントで確認してください。

- 「リージョン構成とマルチリージョン構成」（Cloud Spanner ドキュメント）
  https://cloud.google.com/spanner/docs/instance-configurations?hl=ja

Cloud Spannerには「高いSLAとスキーマ変更をダウンタイムなしで行える」といった特徴[58]があるため、金融などのミッションクリティカルシステム[59]のバックエンドにも利用されています。また、グローバルに展開されたレプリカを利用することができるため、グローバル規模で展開する、メンテナンス時間を持たないコンシューマー向けのWebサービスや、ゲームアプリケーションのバックエンドとしても利用されています。

表5.6　Cloud Spannerと従来のリレーショナルデータベース、非リレーショナルデータベースとの比較

	Cloud Spanner	従来のリレーショナルデータベース	従来の非リレーショナルデータベース
スキーマ	○	○	×
SQL	○	○	×
整合性	強整合性	強整合性	結果整合性
可用性	高	フェイルオーバー	高
スケーラビリティ	水平	垂直	水平
レプリケーション	自動	構成可能	構成可能

※58　詳細は、Cloud Spanner ドキュメントの「スキーマの更新」（https://cloud.google.com/spanner/docs/schema-updates?hl=ja）を参照してください。

※59　詳細は、「Spanner向けのアジアとヨーロッパの新しいマルチリージョン構成」（https://cloud.google.com/blog/ja/products/databases/spanner-database-new-regions-for-scalability）を参照してください。

5.9.1 主な特徴

■ アーキテクチャ

Cloud Spannerの理解を深めるために、シングルリージョンで構成したCloud Spannerのアーキテクチャについて、その概要を説明します。

まず、**Cloud Spannerのノード**とは、読み書き処理を実行するコンピューティングリソースです。ノードには、ローカルストレージ（ディスク）が直接アタッチされているわけではありません。格納されたデータはストレージ上の分散ファイルシステムに保存されており、ノードはネットワーク経由でデータにアクセスします。シングルリージョンで構成した場合、リージョン内の各ゾーンに同じ構成の一式のノードとストレージがデプロイされます。これらをレプリカと呼び、読み取り／書き込みが可能なレプリカとして機能します。

ストレージ内では、データはスプリットと呼ばれる単位で管理されています。ノードとスプリットは「1対N」の関係であり、各スプリットを担当するノードが割り当てられる形になっています。これらのノードと、各ゾーンのレプリカおよびストレージ全体でインスタンスを構成します。ゾーン間の冗長性と、ノードとストレージ間の疎結合により、高い可用性と拡張性が実現されています。

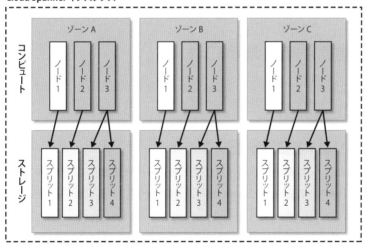

図5.8 Spannerのアーキテクチャ

■ スケーラビリティと負荷分散

　インスタンスの処理能力を増強する必要がある場合は、インスタンスにノードを追加します。インスタンス内の各ゾーンで使用できるリソースが増加するため、インスタンスのスループットを向上させることができます。また、ノード追加は既存のノードに影響がなく、担当するスプリットの変更のみのため、無停止で拡張することができます。データが増加した時は、自動的にスプリットが追加されて、データのリバランスと担当ノードの変更が行われます。

■ バックアップ

　先ほど説明したように、Cloud Spannerは、ゾーン間、または、リージョン間の冗長性を構成することができるため、高い可用性を実現することができます。シングルリージョンの可用性は99.99％、マルチリージョンの可用性は99.999％です。

　Cloud Spannerは、プロダクトとして高い信頼性が実現されているため、インフラの障害に対するバックアップは重要ではありません。しかしながら、「アプリケーションによるデータの論理的な破壊からの復元」を目的としたバックアップ[※60]の検討は行っておく必要があります。Cloud Spannerのバックアップ機能を用いると、有効期限を指定した完全なデータの複製が取得できます。なお、既存のデータベースへの復元機能は提供されていないため、バックアップからの復元は、新たなデータベースを作成することで行います。また、バックアップの保存期限は最大1年となっているため、1年以上のバックアップ保存期間が必要な場合、エクスポート機能によるバックアップを行うとよいでしょう。

5.9.2　非機能要件実現のポイント

　Cloud Spannerを利用したシステムの非機能要件を実現するためには、次のような点を考慮するとよいでしょう。

■ スケーラビリティと負荷分散

- トランザクション増加に伴う負荷の増大に対しては、ノードを追加してスケールアウトする
- データ量の追加については、Cloud Spannerが自動でストレージを拡張して、データのリバランスが行われる
- Cloud Spannerへのアクセスは、単一のエンドポイントに対して行う。各ノードへのルーティングは透過的に行われるため、ユーザーは意識する必要はない

※60　詳細は、Cloud Spannerドキュメントの「バックアップと復元」（https://cloud.google.com/spanner/docs/backup?hl=ja）を参照してください。

■ 可用性とバックアップ

- 可用性の要件と、提供するロケーションに応じて、シングルリージョン構成、またはマルチリージョン構成を検討する
- アプリケーションによるデータの論理的な破壊からの復元を目的としたバックアップをオンデマンドで取得する

■ セキュリティと暗号化

- Googleの内部ネットワークを通過するデータおよびデータベースとバックアップに含まれるデータは、デフォルトで暗号化される。必要に応じて、顧客管理の暗号鍵（CMEK）を利用したデータの保護を検討する
- Cloud Spannerのインスタンスレベル、データベースレベルでの、リソースに対するユーザーとグループのアクセス制御はIAMで行う

5.10 Memorystore

MemorystoreはオープンソースソフトウェアのRedis/Memcachedと互換性を持つマネージドインメモリデータストアです。ここでは、先行して一般提供となった**Memorystore for Redis**について説明します。

Memorystore for Redisは、Redisと同様のユースケース、すなわちWebアプリケーションのキャッシュデータなど非常に高い応答性能を求められる一時データを格納するインメモリデータベースとして利用することができます。Memorystore for Redisはマネージドサービスであり、レプリカノードを利用した自動フェイルオーバーなども利用できるので、Compute Engine上に独自にRedisを構成するよりも、高い運用効率を実現できるでしょう。

5.10.1 主な特徴

■ 高可用性構成

Cloud Memorystore for Redisでは、シングルノード構成に加えて、ゾーン間のレプリケーションと自動フェイルオーバーが行われる高可用性のRedisインスタンスが提供されています。可用性のSLAは99.9%となっています。フェイルオーバーが発生しても、インスタンスへの接続文字列や、IPアドレスは引き継がれるため、アプリケーション設定を変更する必要はありません。

■ Memorystore for Redisのスケーラビリティ

Memorystore for Redisでは、インメモリデータストアの容量が不足した場合、容量の大きいインスタンスへ変更する[61]ことで拡張を行うことができます。高可用性インスタンスの場合、プライマリとセカンダリの各インスタンスに対する拡張がセカンダリから順次実施されるため、フェイルオーバーが発生します。

■ データエクスポート機能

Memorystoreはインメモリデータストアのため、通常、一時的なデータの保存、もしくはデータベースに存在するデータのキャッシュとして利用します。一時的なデータの永続化を目的としたバックアップは、エクスポートによって実施します。Memorystore for Redisのエクスポート機能[62]では、RedisのネイティブRDBスナップショット機能を使用して、データをエクスポートします。エクスポートされたデータは、インポート機能を利用して復元することができます。エクスポートしたデータは、Cloud Storageに保存されます。

5.10.2　非機能要件実現のポイント

Memorystore for Redisを利用したシステムの非機能要件を実現するためには、次のような点を考慮するとよいでしょう。

■ スケーラビリティと負荷分散

- インメモリデータストアの容量が不足した場合、容量の大きいインスタンスへの変更で拡張を行う

■ 可用性とバックアップ

- 高可用性のRedisインスタンスを利用して、ゾーン障害への耐性を高める
- 一時的なデータ格納のため、一般的にはバックアップを行う必要があるデータは格納しない。データの永続化が必要な場合は、エクスポートを行う

※61　詳細は、Memorystoreドキュメントの「Redisインスタンスのスケーリング」（https://cloud.google.com/memorystore/docs/redis/scaling-instances?hl=ja）を参照してください。

※62　詳細は、Memorystoreドキュメントの「Redisインスタンスからのデータのエクスポート」（https://cloud.google.com/memorystore/docs/redis/export-data?hl=ja）を参照してください。

■ セキュリティと暗号化

- Memorystore for Redisインスタンスへの接続は、ダイレクトピアリングまたはプライベートサービスアクセスで接続するため、ユーザーのVPC環境からの接続のみに限定される
- ユーザーのVPC環境からの意図しないアクセスを防ぐには、Redis AUTH[63]を使用する
- Redisインスタンスへの接続は、TLSを構成して通信の暗号化を行う

5.11 Cloud Firestore（Nativeモード／Datastoreモード）

　Cloud Firestoreは、主にモバイルやWebアプリケーションのバックエンドとして使用されます。Cloud FirestoreにはNativeモードとDatastoreモードがあり、以前のCloud Datastoreは現在、DatastoreモードのCloud Firestoreに置き換えられています。NativeモードとDatastoreモードでは、データの保存形式などに大きな違いがあります。基本的には、独立した2種類のNoSQLデータベースと考えるのがよいでしょう。

5.11.1　主な特徴

■ NativeモードとDatastoreモード

　Nativeモードは、JSONツリーとしてデータを保存するドキュメント型のNoSQLデータベースです。主にモバイルバックエンドとして使用されており、クライアントとリアルタイムにデータを同期したり、オフラインの同期にも対応している点が特徴です。

　もう一方のDatastoreモードは、Key-Value形式でデータを保存するKey-Value型のNoSQLデータベースです。大量のデータが登録されてもクエリの速度が低下しないのが特徴です。NoSQLデータベースでありながら、強い整合性を持ったトランザクションを実行することができます。それぞれの主な特徴は表5.7のとおりです。より詳細な情報は以下のURLから公式ドキュメントを参照してください。

- 「ネイティブ モードと Datastore モードからの選択」（Firestoreドキュメント）
  https://cloud.google.com/firestore/docs/firestore-or-datastore?hl=ja

---

※63　詳細は、Memorystoreドキュメントの「AUTH 機能の概要」(https://cloud.google.com/memorystore/docs/redis/auth-overview) を参照してください。

表5.7　Firestoreの各モードの代表的な特徴

	Nativeモード	Datastoreモード
データモデル	ドキュメントとコレクションに分類されたドキュメントデータベース	種類とエンティティのグループに分類されたエンティティ
クエリとトランザクション	• データベース全体での強整合性を確保したクエリ • 任意の数のコレクションにおいて、トランザクションごとに500ドキュメントまで • 射影クエリはサポート対象外	• データベース全体での強整合性を確保したクエリ • トランザクションでは任意の数のエンティティグループにアクセス可能
リアルタイムアップデート	• リアルタイム更新のための、ドキュメントまたは一連のドキュメントをリッスンする機能をサポート[64] • ドキュメントまたは一連のドキュメントをリッスンしながら、クライアントにデータの変更を通知し、最新のデータセットを送信	サポート対象外
オフラインデータの永続性	モバイルクライアントライブラリとWebクライアントライブラリでオフラインデータの永続性をサポート[65]	サポート対象外
クライアントライブラリ	以下をサポート • Java • Python • PHP • Go • Ruby • C# • Node.js • Android • iOS • Web	以下をサポート • Java • Python • PHP • Go • Ruby • C# • Node.js
セキュリティ	• IAMでデータベースアクセスを管理 • Firestoreのセキュリティルールは、モバイルおよびWebクライアントライブラリのサーバーレス認証および承認をサポート	IAMでデータベースアクセスを管理
パフォーマンス	• 数百万のクライアント同時実行まで自動的にスケーリング • 1秒あたり最大10,000件の書き込み	毎秒数百万回の書き込みまで自動的にスケーリング

5.11.2　非機能要件実現のポイント

　Cloud Firestoreを利用したシステムの非機能要件を実現するためには、次のような点を考慮するとよいでしょう。これらは、NativeモードとDatastoreモードで共通のポイントとなります。

※64　詳細は、Firestoreドキュメントの「リアルタイム アップデートの取得」（https://cloud.google.com/firestore/docs/query-data/listen?hl=ja）を参照してください。
※65　詳細は、Firestoreドキュメントの「オフラインデータの有効化」（https://cloud.google.com/firestore/docs/manage-data/enable-offline?hl=ja）を参照してください。

■ スケーラビリティと負荷分散

- Cloud Firestore は、データベースへのトラフィックに対応できるように自動スケーリングが行われる

■ 可用性とバックアップ

- 異なるリージョンにある複数のデータセンターにデータを格納し、グローバルなスケーラビリティと信頼性を確保する
- アプリケーションによるデータの論理的な破壊からの復元を目的としたバックアップは、インポート／エクスポートで実施する

■ セキュリティと暗号化

- Firestore は、すべてのデータをディスクに書き込む前に自動的に暗号化する。必要に応じて、データを Firestore に書き込む前のクライアント側での暗号化も検討する

5.12 まとめ

　本章では、主なコンピュート、ストレージ／データベース系プロダクトについて、各プロダクトの代表的な仕様および、設計時の考慮点について説明しました。Google Cloud には多様なプロダクトがありますが、最適なプロダクトを選択するには、各プロダクトの特徴を把握したうえで、構築したいシステムに求められる要件やユースケースに見合ったものを選択することが重要です。各プロダクトの詳細かつ最新の仕様は、Google Cloud の公式ドキュメントにて公開されていますので、実際にシステムを構築する際は、公式ドキュメントをご確認のうえ、より各プロダクトの理解を深めてください。

監視・運用設計

　クラウドの登場により、企業におけるデジタル化が進んで、ITシステムの監視・運用においても高品質化・高効率化が求められるようになりました。本章では、監視・運用に求められる要件を整理し、Google Cloudのプロダクトを利用した実装方法、および、効率的に利用するための設計ポイントを紹介します。

6.1 監視・運用とは

　ITシステムの安定稼働は、システムを提供するうえで最も重要な要求事項の1つです。なお本章では、安定稼働を実現するために行う一連の作業を「監視・運用」と呼びます。また、監視・運用の内容をそれぞれ次のように定義したうえで、説明を進めていきます。

- 監視：システムが正常に稼働していることを定期的、かつ、継続的に確認し、問題を検知した場合は正常な状態に戻すために対処を行う一連の作業
- 運用：システムを稼働させるために、定期・非定期に行う必要のある一連の作業

　監視・運用は、監視・運用対象となる業務系システム（例えば図6.1に示す在庫管理システム）のような商用ソフトウェア、および監視・運用を実現するために専用に開発したソフトウェアに加えて、手順書をもとにした手作業を組み合わせて実現されます。ソフトウェアによる完全な自動化が理想ですが、多くの場合、実現が困難である、もしくは実現のコストが高額になるという理由から、手作業による対応とソフトウェアによる対応を組み合わせて行われます。

　上記の定義からもわかるように、これまでエンタープライズ企業では「安定稼働を実現すること」が監視・運用の最大の目的でした。エンタープライズ企業で利用されるITシステムの多くは、業務遂行のために必要な情報の保管・引き出しを目的に利用されており、SoR（Systems of Record[※1]）とも呼ばれるこの種類のシステムは、ビジネスを支える根幹であるため安定稼働が最優先事項と考えられてきました（図6.1）。

※1　業務遂行のために必要な情報の保管・引き出しを目的に利用されるシステムのこと。

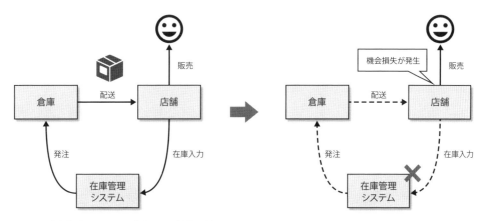

図6.1 在庫管理システムの障害による損失の例
（システム障害により在庫・発注を行う機能が失われ、販売を行う店舗で過不足が発生する。1店舗で1日あたり10万円の機会損失があると仮定すると、100店舗を持つ企業では1日1000万円の機会損失が発生する）

　したがって、SoRのシステムは、多くの場合、安定稼働を最優先に考えて開発・運用されます。では、そのようなシステムにおいて、どのような監視・運用がなされてきたのでしょうか。実際の監視・運用の対象としては、アプリケーションの前提となる「インフラストラクチャのコンポーネント」が中心になります（図6.2）。なぜなら、アプリケーションの設計・開発は綿密な計画に基づいて行われ、「アプリケーション以外のコンポーネントが正常に動作していれば、アプリケーションとして求められる機能・非機能要件は間違いなく満たすことができる」という前提があるからです。そのため、監視・運用では前提となるコンポーネントに変化がないことを継続的に確認し、「変化」もしくは「変化の兆し」があれば対処を行うという流れで行われます。アプリケーションが提供する機能・非機能要件が満たされているかを運用フェーズで確認することもありますが、すべてを確認するには高いコストがかかるため、簡易に実装可能な範囲に限定して確認するという手法が取られます。

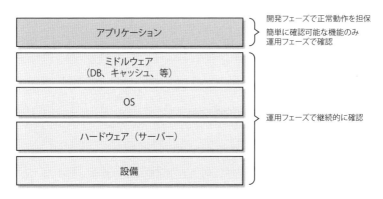

図6.2 システムのスタックと監視・運用の対象

　一方最近では、ビジネスを拡大するために、個人消費者や社外企業などとの関係性を強化するためのシステム（SoE：System of Engagement）の活用がより求められるようになりました。SoEに種別されるシステムは、従来の安定稼働もさることながら、ユーザーの要望を始めとした環境変化に速く追従できる迅速性が求められます（図6.3）。

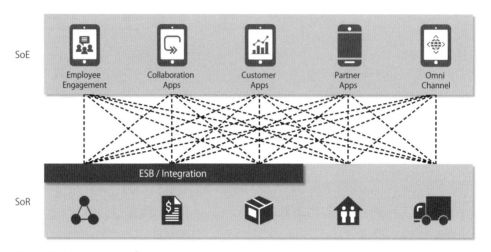

図6.3　SoE／SoRのイメージ

　迅速性に重きを置くことから、これまでの監視・運用における「安定性を最優先しつつ、監視・運用にかかるコストを下げる」というアプローチに加えて、開発・運用全体の効率を考えたアプローチが求められるようになりました。しかしながら、SoRを前提に設計された組織では、開発と運用は異なるチームで行われ、さらに、異なる目標（KPI）を持つことが多いため、既存の枠組みにおける効率化には限界があります（図6.4）。

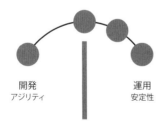

図6.4　迅速性に重きを置いたことにより生じる開発と運用の問題

　クラウドを利用すると監視・運用の専用プロダクトがマネージドサービスとして提供されるため、初期コストおよびランニングコストを下げることが可能になります（図6.5）。したがって、既存の監視・運用の仕組みがなく、新規に監視・運用の仕組みを構築するケースでは、マ

ネージドサービスの利用を強くおすすめします。一方、既存の監視・運用の仕組みがある場合は既存の仕組みで不足している機能を補うこともできますが、既存の仕組みを置き換えることでメリットがあるか、という観点でも検討することをおすすめします。

　ただし前述のように、昨今求められる開発・運用全体の効率化を行うには、クラウドを利用することもさることながら、既存の開発・運用の枠組み自体を変える必要があります。組織の見直し・目標の再設定などがその一例です。特にエンタープライズ企業では、既存の資産・仕組みを変えるにはそれなりの時間がかかります。中長期的な視点を持って、取り組みの方向性を決めることが重要になります。

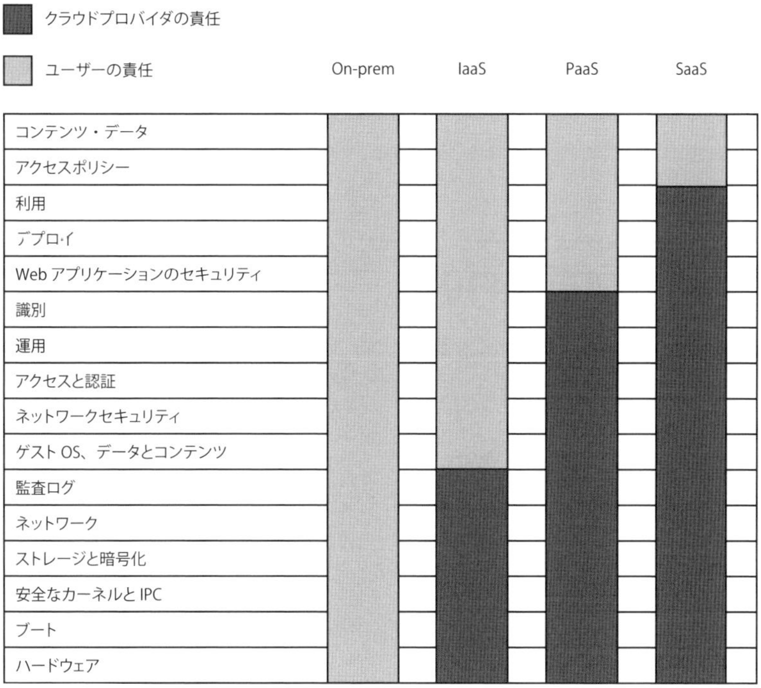

■ クラウドプロバイダの責任
□ ユーザーの責任

	On-prem		IaaS		PaaS		SaaS	
コンテンツ・データ	ユーザー		ユーザー		ユーザー		ユーザー	
アクセスポリシー	ユーザー		ユーザー		ユーザー		ユーザー	
利用	ユーザー		ユーザー		ユーザー		プロバイダ	
アプロ·イ	ユーザー		ユーザー		ユーザー		プロバイダ	
Web アプリケーションのセキュリティ	ユーザー		ユーザー		ユーザー		プロバイダ	
識別	ユーザー		ユーザー		プロバイダ		プロバイダ	
運用	ユーザー		ユーザー		プロバイダ		プロバイダ	
アクセスと認証	ユーザー		ユーザー		プロバイダ		プロバイダ	
ネットワークセキュリティ	ユーザー		ユーザー		プロバイダ		プロバイダ	
ゲスト OS、データとコンテンツ	ユーザー		ユーザー		プロバイダ		プロバイダ	
監査ログ	ユーザー		プロバイダ		プロバイダ		プロバイダ	
ネットワーク	ユーザー		プロバイダ		プロバイダ		プロバイダ	
ストレージと暗号化	ユーザー		プロバイダ		プロバイダ		プロバイダ	
安全なカーネルと IPC	ユーザー		プロバイダ		プロバイダ		プロバイダ	
ブート	ユーザー		プロバイダ		プロバイダ		プロバイダ	
ハードウェア	ユーザー		プロバイダ		プロバイダ		プロバイダ	

図6.5　クラウドで提供されるプロダクトの責任範囲

　本章では、このような背景をもとにGoogle Cloudを利用して監視・運用を行う場合に利用できる代表的なプロダクトを紹介します。特に、これらを用いた監視・運用の仕組みを設計する際のパターンと考慮事項を解説し、開発・運用組織をこれからのエンタープライズ企業で求められる形にしていくための対策や方向性を紹介します。

6.2 Google Cloudの監視・運用に関する プロダクト

Google Cloudでは、**Cloud Operations**という名称でインフラ、アプリケーションの監視を行うための一連のプロダクトを提供しています。これらのプロダクトは高い拡張性を持ち、リアルタイム性があり、マネージドサービスとして提供されるという特徴があります。これらの特徴により、ユーザーは監視プロダクトを動作させるためのインフラを管理する必要がなく、インフラおよびアプリケーションの状況をリアルタイムで把握することが可能になります。これらのプロダクトは、Google Cloudの他のプロダクトと連携されているため特別な設定は不要であり、すぐに一定の情報を収集して監視・運用に活かすことができます。また、Google Cloudに限らず、オンプレミスや他のクラウドにあるシステムも監視対象にすることができます。

本節では、Google Cloudで提供される代表的なプロダクトと、その機能の詳細を紹介します。

6.2.1 Cloud Monitoring

Cloud Monitoringは、指標の収集、可視化、アラート、インシデント管理を行うためのプロダクトです。

■ 実装できるモニタリング方法

Cloud Monitoringでは、大きく次の4つのモニタリング方法を実装することができます。

【1】ブラックボックスモニタリング

ブラックボックスモニタリングとは、

- Webページをリクエストする
- TCPポートに接続する
- REST API呼び出しを作成する

など、ユーザーがサービスを利用するのと同じ方法でサービスの状態を確認する手法です。このタイプのモニタリングでは、サービスの内部に関する情報は提供されず、サービスはブラックボックスとして取り扱われます。Cloud Monitoringでは、この種のモニタリングを「稼働時間チェック」という機能として提供しています。

【2】　ホワイトボックスモニタリング

ホワイトボックスモニタリングは、サービスの内部コンポーネントをモニタリングする手法です。Cloud Monitoringでは、この種のモニタリングを「カスタム指標」という機能として提供しています。ユーザーは、OpenCensusなどの指標や分散トレーシングの収集を行うためのライブラリを使用して、アプリケーション固有の指標をCloud Monitoringに書き込むことで、サービスコンポーネントの詳細な状態をモニタリングすることができます。

【3】　システムモニタリング（グレーボックスモニタリング）

システムモニタリング（グレーボックスモニタリング）は、サービスが実行されている環境の状態に関する情報をモニタリングする手法です。Google Cloudのプロダクトを利用する場合、環境に関する情報は自動的にCloud Monitoringへ収集されます[※2]。ユーザーが管理責任を負う環境（仮想マシン上のミドルウェアやアプリケーション等）は、Cloud Monitoringエージェントもしくはサードパーティプラグインを用いてモニタリングすることができます。

【4】　ログベースモニタリング

ログベースモニタリングは、システムやアプリケーションが出力したログをモニタリングする手法です。Cloud Monitoringでは、後述するCloud Loggingと連携して提供される「ログベース指標」という指標を用いることで実現します。Google Cloudが出力するシステムログでは、Cloud Monitoringで利用するための設定（事前定義[※3]）が事前になされているため、デフォルトでログベース指標として利用できます。また、ログベース指標はカスタマイズすることも可能で、例えば、任意のクエリに一致するログエントリの数を計上したり、一致するログエントリ内の特定の値を追跡したりすることが可能です。具体的な内容は、6.2.2項を確認してください。

Cloud Monitoringの利用イメージは、図6.6のようになります。

6

監視・運用設計

※2　取得されるリソースの一覧と取得される指標の一覧は、以下のURLより確認可能です。
　　　・リソースの一覧：https://cloud.google.com/monitoring/api/resources
　　　（Operation Suite ドキュメントの「Monitored resurce types」）
　　　・指標の一覧：https://cloud.google.com/monitoring/api/metrics（オペレーションスイートドキュメントの「指標の一覧」）
※3　事前定義されているログベース指標は以下のURLから確認可能です。
　　　・「Google Cloud metrics」（Operation Suite ドキュメント）
　　　https://cloud.google.com/monitoring/api/metrics_gcp?hl=ja#gcp-logging

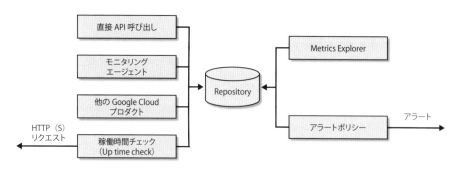

図6.6　Cloud Monitoringの情報収集から活用までの利用イメージ

■ 保存される指標の形式

Cloud Monitoringでは、次に示す**指標記述子**という形式でモニタリングの指標を表します。指標記述子とはデータの属性を記述した定義のことであり、Cloud Monitoringには、約1,500種類の組み込みの指標記述子があります。可視化やアラート設定の際は、指標の形式が重要になるため、使用する指標を注意深く確認する必要があります。

指標タイプ

モニタリング対象となるソースの識別子と対象リソースを表示するフィールドであり、URLのような形式で表現されます。例えば、agent.googleapis.com/disk/percent_usedとして表現される指標タイプは、agent.googleapis.comというソースの/disk/percent_usedというリソースに関する指標であることを表します。

表示名

指標記述子を説明する短い名前です。

指標の種類

取得した指標の時系列の関係を表します。

ゲージ（GAUGE）タイプは、任意の時点で測定される対象の値が格納されていることを意味します。たとえるなら「現在の速度を記録する自動車の速度計」です。

累積（CUMULATIVE）タイプは、任意の時点で測定される対象の累積値が格納されます。たとえるなら「走行した合計距離を記録する走行距離計」です。

デルタ（DELTA）タイプは、特定の期間において測定される対象の値の変化を格納します。たとえるなら「当日に走行した合計距離、または、前回リセットされてからの合計走行距離を測定し、毎日リセットされる走行距離計」です。

値の型

測定のデータ型を示します。BOOL、STRING、DISTRIBUTION、INT64、DOUBLEのいずれかのタイプが設定されます。各型の詳細は公式ドキュメントを確認してください。

指標の単位

指標値が報告される時の測定単位を表します。例えば「By」は「バイト」で表記する標準的な表記法を、「kBy」は「キロバイト」を表します。

ラベル

モニタリング対象リソースに付けられたラベルを意味します。ラベルは収集するデータを分類するために利用できます。グラフまたはアラートポリシーを作成する時に、ラベルの値でデータをフィルタリングしたり、グループ化したりすることが可能です。

■ アラートとインシデント管理

アラート[4]によって、クラウド上のアプリケーションに生じた問題をタイムリーに認識し、問題をすばやく解決することができます。Cloud Monitoringではアラートポリシーを作成することでアラートを制御します。

アラートポリシーに設定する内容は以下のとおりです。

条件

1つのリソース、またはリソースのグループが、サポートチームによる対応が必要な状態かどうかを識別する条件です。アラートポリシーの条件は、継続的にモニタリングが行われます。特定の期間のみにモニタリング対象となる条件を構成することはできません。

通知

条件が満たされたことをサポートチームに知らせるために通知を利用できます。通知の送信先として、メール、Cloudモバイルアプリケーション、PagerDuty、SMS、Slack、Webhook、Pub/Subが設定できます。

アラート名およびドキュメント

サポートチームによる問題の解決に役立つように、一部のタイプの通知に含めることができるドキュメントです。ドキュメントの構成は省略可能です。

※4 詳細は、オペレーションスイートドキュメントの「アラートの概要」(https://cloud.google.com/monitoring/alerts) を参照してください。

　アラートポリシーの条件が満たされると、Cloud MonitoringはCloud Consoleにインシデントを作成して表示します。通知を設定した場合は、Cloud Monitoringによってユーザーやサードパーティの通知サービスにも通知が送信されます。応答者は、通知の受信を確認できますが、インシデントをトリガーした条件が満たされなくなるまで、インシデントはオープンされた状態になります。

　作成されたインシデントや状況は、Cloud Consoleから表示・管理することができます。ただし、エンタープライズ企業で行われる厳密なインシデント管理（チケットベースのインシデント管理など）はできないため、必要な際は、サードパーティのソリューションと組み合わせて利用することが推奨されます。

■ 利用時のポイント

- Google Cloudのプロダクトに関する指標が自動的に収集される。これはシステムモニタリングに使える一方、Google Cloudをより効率的に使うための分析にも利用できる。例えば、BigQueryで分析時に利用されるコンピューティングリソース（消費スロット数）を確認して、最適なリソース計画を立てることが可能
- ログベース指標を活用すべきである。ホワイトボックスモニタリングを行ったり、精度の高いアラートが実現できる
- 既存の監視の仕組みがあれば、それを活用することも検討すべき。Cloud Monitoringを利用することにより、既存の仕組みと同様のモニタリングを実行することは可能だが、運用手順書の修正や運用メンバーへの教育など、さまざまな変更コストが必要になる場合がある。そういった場合は既存の仕組みを利用して、Cloud Monitoringは、補助的な監視・運用ツールとして活用する方法を検討するとよい。Cloud MonitoringのほうがGoogle Cloudの指標が簡単に収集・確認できるため、既存の仕組みとCloud Monitoringを併用するのもよい方法だといえる

6.2.2　Cloud Logging

　Cloud Loggingは、ログの収集・管理・検索をするためのプロダクトです。さまざまなコンポーネントからログを収集することが可能であり、監査情報およびマネージドサービスのインフラログが自動的に収集されます。

　追加で自動的に収集されるログ以外を収集したい場合は、エージェントを利用する必要があります。また、自動収集の対象であるマネージドサービスにおいても、収集を行うためには一定のルールに従った方法での情報出力が必要な場合があります。例えば、App Engineでアプリケーションのログを収集する場合、標準出力／標準エラー出力に書き込みを行うことが必要です。

Cloud Loggingには大きく分けて

- 監査ログ
- それ以外のログ

の2種類が保管されます。監査ログ（図6.7の「変更不可範囲」に該当）は費用がかからず、その他のログ（図6.7の「変更・作成可能範囲」に該当）は費用が発生します。

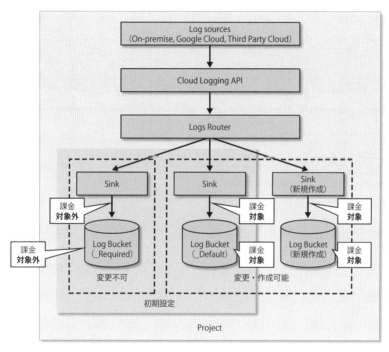

図6.7　Cloud Loggingの動作概念と課金対象[5]

6

監視・運用設計

※5　詳細は以下のURLを参照してください。
・「Google Cloud オペレーション スイートのエージェント」（オペレーションスイートドキュメント）
　Google Cloud：https://cloud.google.com/logging/docs/agent?hl=ja
・「転送とストレージの概要」（オペレーションスイートドキュメント）
　Google Cloud：https://cloud.google.com/logging/docs/routing/overview?hl=ja

■ コンポーネントと機能

以下、Cloud Loggingで用いられるコンポーネントや機能（図6.8）を説明します。

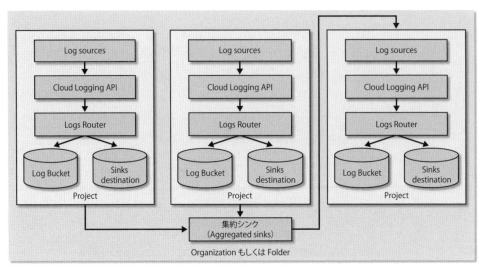

図6.8 Cloud Loggingで用いられるコンポーネント

ロギングエージェント

ロギングエージェントは、アプリケーションやシステムのログをCloud Loggingに転送するためのエージェントです。

ログルーター

ログルーターは、各ログエントリに対してルールを適用し、そのログの扱いが

- 取り込む（保持する）
- エクスポートに含める
- 破棄する

のいずれであるかを決定します。Cloud Logging APIに送信されたすべてのログは、ログルーターを通過します。

ログエクスプローラ

　ログエクスプローラは、Cloud Loggingに保管されているログを表示するための機能です。フィルタによるログの絞り込み、受信したログのリアルタイム表示（ストリーム）、ログのヒストグラム表示などができ、Cloud Consoleから利用できます。

ログバケット（Log Bucket）

　ログバケットは、Cloud Loggingで管理するデータの保存場所です。Cloud Loggingでログの保管、および検索をする場合、ログバケットに対してログをルーティングするシンクが必要となります。ただし、初期状態で設定されているシンク（Default Sinks）が初期状態で存在するログバケットに対してログをルーティングしているため、特別な設定をしなくてもログの検索が可能です。

　ログバケットごとにログの保管期間を設定することができます。ただし、初期設定されているログの保存期間を延ばすとログ保管のためのコストがかかります。

シンク（Sink）

　シンクを使用して、サポートされている送信先にログエントリをルーティングできます。また、1つのシンクに対して1つの宛先と複数の除外フィルタが設定できます。Cloud Loggingは、ログエントリをシンクのフィルタと比較して、シンクの送信先にルーティングするかどうかを決定します。次に、一致するログエントリをシンクの除外フィルタと比較して、ログエントリを破棄するか、シンクの送信先にルーティングするかを決定します。

　各Google Cloudプロジェクトには、_Requiredログバケットと、_Defaultログバケットへログを保存するためのシンクが設定されます。_Requiredログバケットに対するシンクは

- 管理アクティビティの監査ログ：リソースの構成またはメタデータを変更するAPI呼び出しやその他の管理アクションに関するログエントリ
- システムイベントの監査ログ：リソースの構成を変更するGoogle Cloudアクションのログエントリ
- アクセスの透明性ログ：Googleの担当者がユーザーのコンテンツにアクセスした際に行った操作のログエントリ

を保存するために初期設定されており、変更不可になっています。

　_Defaultに対するシンクは_Required以外すべての情報を保存するための設定がなされています。

6

監視・運用設計

223

Default Sinks

Default Sinksは、初期状態で設定されているシンクです。Locked Sinks以外のすべての情報をCloud Loggingで管理するための設定（すべてのログエントリをログバケットに送る）がなされており、_Defaultという名前が設定されています。

除外フィルタ（exclusion filters）

除外フィルタは、シンクごとに設定されるログエントリを除外するためのフィルタです。除外されたログエントリは、シンクの宛先に送信されず、Cloud Loggingの割り当てや課金対象から外れます。なお、設定できる除外フィルタの上限はGoogle Cloudのプロジェクトに対して設定されます（シンクごとの上限ではありません）。

集約シンク（Aggregated sinks）

Google Cloud組織のすべてのプロジェクト、フォルダ、請求先アカウントからログエントリをエクスポートできる集約シンクを作成できます。例えば、監査ログエントリを組織のプロジェクトから1カ所に集約、エクスポートできます。

構造化ロギング

ログを構造化して保管することにより、ユーザーは効率的にログの検索や活用が可能になります[6]。Cloud Loggingでは、ログエントリをJSON形式やprotobut形式で受け取ることにより構造化が可能となります[7]。Cloud Loggingエージェントを利用する場合は、パーサーを利用してJSON形式への変換を行う必要があります。構造化ロギングを利用しない場合、情報がすべてtextPayloadフィールドに保存されてしまい、ログが検索しづらくなるため注意が必要です。

ログレコード（入力）

```
<6>Feb 28 12:00:00 192.168.0.1 fluentd[11111]: [error] Syslog test
```

構造化ロギングを利用しない場合の出力

```
textPayload: {
    "<6>Feb 28 12:00:00 192.168.0.1 fluentd[11111]: [error] Syslog test"
}
```

※6　詳細は、オペレーションスイートドキュメントの「構造化ロギング」（https://cloud.google.com/logging/docs/structured-logging）を参照してください。

※7　詳細は、オペレーションスイートドキュメントの「LogEntry」（https://cloud.google.com/logging/docs/reference/v2/rest/v2/LogEntry）を参照してください。

構造化ロギングによる出力

```
jsonPayload: {
    "pri": "6",
    "host": "192.168.0.1",
    "ident": "fluentd",
    "pid": "11111",
    "message": "[error] Syslog test"
}
```

■ 利用時のポイント

- 障害対応（デバッグ）、情報保全、分析など、目的に応じたログの保存先を選択するとよい。例えば、障害対応（デバッグ）はCloud Logging、情報保全はCloud Storage、分析はBigQueryで行うといった使い分けを行うことが望まれる

- Cloud Loggingは、障害対応（デバッグ）用のログの保存・検索に適しているため、デバッグに必要、もしくは、必要となると思われるログを対象として、必要な期間だけ保存するとよい[8]。例えば、アプリケーションに関する重大度が警告・エラーのログ（アプリケーションログ、ミドルウェアのログ、OSのログ）を60日間保管し、警告より低い重大度のログ（デバッグ、通知など）はBigQueryに保管するといった使い分けを行うことができる

- 構造化ロギングを活用して、障害対応（デバッグ）や分析を効率的に行えるよう事前に準備するとよい。構造化ロギングを活用すると、ログエクスプローラでログエントリを絞り込む場合やBigQueryへエクスポートしたログエントリを検索・集計する場合、作業が簡単になる

- Default SinksではすべてのログをCloud Loggingで保管する形になるため、ログが大量に保管され、情報が検索しづらくなる、コストが高くなるといった問題が起きる可能性がある。ログの保管量が多くなる可能性がある場合は、_Defaultに除外フィルタを設定して除外を行う。ただし設定できる除外ルールの数には上限[9]が設定されているため、上限を超える可能性がある場合は、必要なログだけを集約するシンクを作成する必要がある

---

[8] デフォルトの保管期間は30日です。詳細は以下のURLにある公式ドキュメントを参照してください。
・「割り当てと上限」（オペレーションスイートドキュメント）
https://cloud.google.com/logging/quotas 詳細は、オペレーションスイートドキュメントの「ログの除外」（https://cloud.google.com/logging/docs/exclusions）を参照してください。

[9] 詳細は、オペレーションスイートドキュメントの「ログの除外」（https://cloud.google.com/logging/docs/exclusions）を参照してください。

6.2.3 Cloud Trace

企業で監視・運用対象とするような商用アプリケーションは、1つのリクエストを処理するために、分散配置された複数の異なるアプリケーションが協調動作するようなアーキテクチャで構成されることがよくあります。**Cloud Trace**は、このようなアーキテクチャを持つアプリケーションから効率的にレイテンシデータを収集し、可視化、分析を行うための分散トレーシングの機能を提供するプロダクトです。

Cloud Traceを利用すると、アプリケーションからトレース情報を送信するだけで、簡単に分散トレーシングを行うことが可能となり、監視・運用対象とするアプリケーションに対する以下のような疑問に答えることができるようになります。

- リクエストを処理するのにどのくらい時間がかかるか？
- アプリケーションがリクエストを処理するのになぜそんなに時間がかかるのか？
- 一部のリクエストが他のリクエストより時間がかかるのはなぜか？
- アプリケーションへのリクエストの全体的なレイテンシは？
- アプリケーションのレイテンシは時間とともに増加しているのか、減少しているのか？
- アプリケーションのレイテンシを小さくするにはどうすればよいか？
- アプリケーションにどのような依存関係があるか？

トレース情報はGoogle Cloudのプロダクトを始め、Google Cloud以外の環境から送ることもできます。

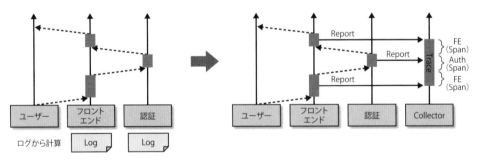

図6.9 分散トレーシングを使ったトレーサビリティの確保

なお、ここでいう**分散トレーシング**とは、1つのリクエストを処理するために分散配置された複数の異なるアプリケーションが協調動作するシステムにおいて、リクエストのトレーサビリティを確保するための方法です。分散アプリケーションでは一般に、パフォーマンスの問題が起きた際の問題分析は難易度が高くなります。なぜなら、複数のサーバーにログインして情報

を確認したり、ログを集約して該当の問題を発見するためのクエリを書いたりと、さまざまな作業が必要になるからです。

 NOTE トレーサビリティの確保が困難なシステムとは、例えば、マイクロサービスアーキテクチャで作られたシステム、システム連携をしている業務システムなどが挙げられます。

■ トレースとスパン

トレースとは、アプリケーションが1つの操作を完了するまでにかかる時間を表します。例としては、アプリケーションがユーザーからリクエストを受信してから、それを処理し、レスポンスを返すまでにかかった時間が挙げられます。また、各トレースは1つ以上の**スパン**によって構成され、それぞれのスパンはサブオペレーションが完了するまでにかかる時間を表します。例えば、アプリケーションがリクエストの処理時に、他のシステムへの往復RPCコールを実行するのにかかる時間や、より大きなオペレーションの一部となる別のタスクを実行するのにかかる時間が挙げられます。

■ トレースの送信とサンプリング

トレース情報を送信するには、大きく3つの方法があります（表6.1）。

表6.1　トレース情報の送信方法

方法	説明	利点	欠点
アプリケーションから直接送信	トレーシング用のライブラリ（OpenCensus、OpenTelemetryなど）をアプリケーションに組み込み、トレース情報の送信を行うコードを組み込む方法	詳細なトレース情報の取得が可能（関数、コードブロック単位など）	・ライブラリの提供状況がプログラミング言語ごとに異なる ・プログラミングやライブラリを導入するコストがかかる
中間エージェントを利用して間接的に送信	アプリケーションからエージェントに対してトレース情報を送信し、エージェントが代理で送信を行う方法	・アプリケーションに対する変更が少ないため導入が容易 ・エージェント側でトレース情報の集約／加工が可能なため自由度が高い	エージェントの仕様や設定可能な内容など学習コストがかかる
プロキシを用いて間接的に送信	サイドカーコンテナなどを用いて、アプリケーションに届くリクエストをインターセプトしてトレース情報を送信する方法	アプリケーションに対する変更が不要なため導入が容易	詳細なトレース情報の取得ができない（例：連携システムごとのレイテンシは取得できるが、コードレベルでは取得できない）

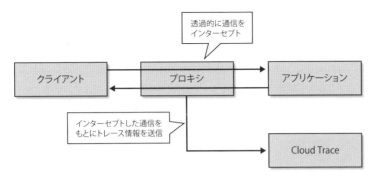

図6.10　プロキシを用いて間接的に送信する方法のイメージ

　Google CloudではTraffic Director[※10]やEnvoy[※11]を用いることにより、プロキシを用いて間接的に送信する方法を実現することができます（図6.10）。設定方法については、公式ドキュメントをご確認ください。

　Cloud Traceを始めとするマネージドの分散トレーシングプロダクトは、送信したトレースの数に応じて課金がされるため、処理を行うリクエストのすべてに対してトレースの送信を行うと利用料金が高額になったり、その他にも性能問題[※12]を引き起こしたりする可能性があります。そのため、サンプリングを行い、トレース対象を絞りましょう。サンプリングはライブラリの実装に依存するため、プログラミング言語ごとに用意されているライブラリを確認してください。サンプリングは確率（$xx\%$）やレートリミット（yyy個あたりz個のリクエスト）といった形で実装され、オプションで切り替え可能なライブラリが多くあります。

■ 利用時のポイント

- 新規にアプリケーションを開発する場合は、アプリケーションから直接送信する方法を採用し、既存のアプリケーションに適用する場合は、プロキシを用いる方法、もしくは中間エージェントを用いて間接的に送信する方法を検討する。ただし、既存のアプリケーションに対して今後修正を多く行うことが見込まれる場合は、アプリケーションから直接送信する方法を採用するかも検討すべき。前述したとおり、アプリケーションから直接送信する方法のほうが詳細な情報を取得できるため、パフォーマンスの分析が容易になる

- Cloud LoggingやCloud Monitoringにトレース情報を埋め込むことにより、さらなるトレーサビリティが実現可能となる。Cloud Loggingにはトレース情報を書き込むためのフィールドがあるため、このフィールドに対して書き込みを行う。これによりCloud TraceとCloud

---

※10　サービスメッシュの制御をつかさどるフルマネージドのプロダクト。

※11　OSSのプロキシソフトウェア。

※12　大量のトレース情報を送信すると、トレース情報を送信するための処理、エージェントやサイドカーが多くのコンピューティングリソースを使用してしまい、アプリケーションの性能に影響を与える可能性があります。

Loggingを連携して、容易にパフォーマンスの分析ができるようになる。詳細は公式ドキュメント「Cloud Loggingとの統合」（オペレーションスイートドキュメント）を参照。Cloud Monitoringでも同様にExemplarを利用することにより、チャート上にトレース情報に関連するデータを表示して視覚的に情報を把握することが可能。詳細は公式ドキュメント「概要（Cloud Traceの実行ツールを作成する方法）」（オペレーションスイートドキュメント）を参照

- 「Cloud Loggingとの統合」（オペレーションスイートドキュメント）
  https://cloud.google.com/trace/docs/trace-log-integration?hl=ja

- 「概要（Cloud Traceの実行ツールを作成する方法）」（オペレーションスイートドキュメント）
  https://cloud.google.com/trace/docs/setup#create-exemplars

- デバッグ時は、強制的にトレース情報を表示させる。トレース情報をサンプリングしていると、デバッグ時にトレース情報がなかなか表示されなかったり、特定の状況において発生するバグのトレースが取得できなかったりする問題が起こりえる。そのような際は、以下のURLにある公式ドキュメントに記載されている方法や、各クライアントライブラリのサンプリング頻度を調整して、トレース情報を強制的に表示させる。ただし、クライアントライブラリがサンプリング頻度の調整に対応しているかどうかは、ライブラリに依存するため、詳細はライブラリの対応状況を確認すること

- 「概要（リクエストを強制的にトレースする方法）」（オペレーションスイートドキュメント）
  https://cloud.google.com/trace/docs/setup?hl=ja#force-trace

6.2.4　Cloud Profiler

プロファイリングとは、アプリケーションの実行時にCPUやメモリの使用状況をキャプチャし、その情報を使用してアプリケーションの実行速度や実行効率を改善する方法を見つける、コードの動的分析の一種です。これまでプロファイリングは主にアプリケーション開発時に実行されていましたが、このアプローチで効果的な分析を行うためには、本番環境を高い精度で再現する負荷試験やベンチマークを設計する必要があります。このような課題に対して、本番環境で実行中のアプリケーションを継続的にプロファイリングできれば、より高い精度で効率的にアプリケーションの分析が可能となります。

Cloud Profilerは、本番環境のアプリケーションからCPU使用率やメモリ割り当てなどの情報を継続的に収集する、オーバーヘッドの少ないプロファイラです（図6.11）。収集した情報からアプリケーションのソースコードが特定できれば、最もリソースを消費しているコード部

6

監視・運用設計

分を容易に識別可能になります。また、もしコードの特定が難しい場合でも、パフォーマンスの特徴を把握することはできます。こうしたプロファイル情報は、Google Cloudの内外問わず取得することができます。

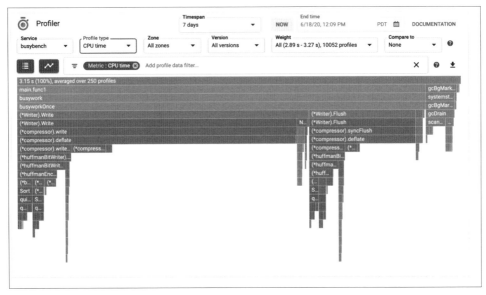

図6.11　Cloud Profilerによるプロファイル情報の確認
Google Cloud公式ドキュメント（https://cloud.google.com/profiler/docs/using-profiler）より引用

　なお、Cloud Profilerは、アプリケーションで利用されているプログラミング言語によって取得できるプロファイルの種類が異なり、動作環境によってプロファイル取得のサポート状況が異なります。利用予定のプログラミング言語、および、環境がプロファイルをどこまでサポートしているか、以下のURLにある公式ドキュメントを参照してください。

- 「Profilerインターフェースの概要」（プロファイラドキュメント）
  https://cloud.google.com/profiler/docs/using-profiler

■ サービス名とバージョン

　プロファイルの情報は、**Profilerエージェント**により自動的に収集されます[13]。また、アプリ

---

[13] Goなどのプログラミング言語ではアプリケーションのコードに変更を加える必要があります。詳細な設定方法はプログラミング言語ごとのドキュメントを参照してください。
　　・例：Goアプリケーションの設定方法
　　　https://cloud.google.com/profiler/docs/profiling-go

ケーションからCloud Profilerへプロファイル情報を取得する際に、サービス名とバージョンを指定可能です。1つのサービスまたはアプリケーションしか実行していない場合はどのようなサービス名を選択するかさほど問題になりませんが、アプリケーションが一連のマイクロサービスとして実行されている場合は、名前の選択が重要になります。サービスバージョンは省略可能ですが、指定を行うことにより新旧バージョンのパフォーマンスを比較することができます。

■ 利用時のポイント

- アプリケーションのリリース時に、プロファイラが送信するバージョンを更新すべき。これによりバージョンごとの比較が可能になる
- アプリケーションのテスト時やリリース時は、プロファイラの情報を比較してデグレードが発生していないことを確認する
- アプリケーションリリース時は、プロファイルで新旧バージョンの比較ができることを利用し、段階的なリリース（カナリアリリース）を行う方法も推奨される。カナリアリリースは、アプリケーションログなどを使って問題ないことを確認しながら段階的に新バージョンへの移行を行う移行方法である。プロファイル情報を利用することにより、今までは確認できなかった観点でアプリケーションの健全性を比較できるため、より安全なリリースが実現可能になる

6.2.5　Google Cloudからの通知

　監視・運用に用いる個々のプロダクトからの通知に加え、Google Cloudから通知される情報を確認する必要があります。通知される情報は「Google Cloudのステータス」や「Google Cloudからのお知らせ」などがあります。

■ Google Cloudのステータス通知

　Google Cloudのステータスは、**Google Cloud Status Dashboard**[※14]で情報提供されるため、ユーザーは自身でWebサイトにアクセスして、通知内容を確認する必要があります。Google Cloud Status Dashboardは、「監視で問題が見つかった場合に、問題がGoogle Cloudに起因する問題なのか、ユーザー側に起因する問題なのかを切り分ける」ために利用するのがおすすめです。Google Cloud Status DashboardではRSSフィードやJSONフィードが提供されているので、プロアクティブに確認をする場合は、RSSリーダーなどを利用して通知が届くように設定を行いましょう。

※14　Google Cloud Status Dashboardは、https://status.cloud.google.com/ で確認できます。

■ Google Cloudからのお知らせ

Google Cloudから、課金やセキュリティに関する通知が届きます。この通知はデフォルトで連絡先が定義されていますが、カスタマイズも可能です。

■ 利用時のポイント

- 監視・運用時の作業フローにおいて、障害を検知した際の確認項目にGoogle Cloud Status Dashboardを確認して関連するプロダクトに障害が出ていないかを確認するという作業を追加するとよい。この作業により、効率的な問題の切り分けが可能になる
- Google Cloudからのお知らせを見逃してしまうと、セキュリティに関する問題を放置してしまったり、意図しないメンテナンスを発生させてしまったりといった重大な問題を引き起こしてしまう可能性がある。見逃しがないように、事前に連絡のカテゴリおよび連絡先を確認[15]し、必要に応じて連絡先の設定を行うこと

6.2.6　Google Cloudサポート

Google Cloudにより、ビジネス目標を達成するための迅速な回答、先を見越したソリューション、エンジニアドリブンのアプローチが提供されます。問い合わせには、Cloud Consoleもしくは電話を利用することができます。提供されるサポートは、次の4つのプランに分かれます。

- ベーシックサポート：課金と支払いのサポート
- スタンダードサポート：トラブルシューティング、テスト、利用に関する無制限のテクニカルサポート
- エンハンストサポート：クラウドの実行に関する迅速な回答と追加サービスの提供
- プレミアムサポート：専任のテクニカルアカウントマネージャー（TAM）による、ユーザーの認知度にかかわる重要なワークロードのサポート

ここでは、重要なワークロードで利用できる、エンハンストサポートとプレミアムサポートの概要について説明します。各サポートプランの詳細は以下のURLから公式ドキュメントを参照してください。

- 「カスタマーケアポートフォリオ」
  https://cloud.google.com/support/

※15　詳細は、Resource Managerドキュメントの「通知の連絡先の管理」(https://cloud.google.com/resource-manager/docs/managing-notification-contacts) を参照してください。

■ エンハンストサポート

　エンハンストサポートは、本番環境でのクラウドワークロードの実行において、問い合わせに対する迅速な応答時間と、スダンダードサポートでは利用できない追加のサービスを求める「中規模から大規模の企業」向けに設計された有料サポートサービスです。以下のようなサポートを受けることができます。

- P1レスポンスSLOが1時間以内になる
- サードパーティの技術サポートが受けられる
- 重大な影響のある問題への24時間365日のサポート
- 解消に時間がかかっているケースなどに対して、さらに対応をリクエストするためのエスカレーションが可能
- 日本語でのサポートが受けられる

■ プレミアムサポート

　プレミアムサポートは、本番環境でのミッションクリティカルなワークロードの実行や、問い合わせに対する迅速な応答時間、プラットフォームの安定性、さらに運用の効率化を必要とする企業向けに設計された有料サポートサービスです。プレミアムサポートでは、エンハンストサポートで受けることのできる内容に加えて、テクニカルアカウントマネージャー（TAM）によるサポートなど、プラットフォームの健全性の実現に向けたさらなるサポートを受けることが可能になります。

- P1レスポンスSLOが15分以内になる
- テクニカルアカウントマネージャー（TAM）によるアドバイスを受けられる
- サードパーティの技術サポートが受けられる
- 負荷の高いワークロードへ対応できる事前準備が可能になる
- Qwiklabsが提供するオンデマンド型のハンズオントレーニングが受けられる
- 新しいプロダクトのプレビューを試せるようになる
- 重大な影響のある問題への24時間365日のサポート
- 解消に時間がかかっているケースなどに対して、さらに対応をリクエストするためのエスカレーションが可能
- 日本語でのサポートが受けられる

6

監視・運用設計

■ 利用時のポイント

- 本番稼働しているシステムの監視・運用を行う場合は、エンハンストサポートを契約することが推奨される。エンハンストサポートは一般的なエンタープライズ企業で求められる要件（対応言語や一次回答までの時間等）を満たすことができるサポート内容になっている
- 会社全体でGoogle Cloudを活用していく場合や、大規模で複雑なシステムをGoogle Cloud上で稼働させる場合、高度な知識や経験が求められるため、プレミアムサポートに加入してGoogleから企業背景・プロジェクトの背景を理解したサポートを得ることが推奨される
- Cloud サポートの利用に関するベストプラクティス[16]を確認し、問題解決が円滑に行えるように準備するとよい。監視・運用チーム内でナレッジ共有を行ったり、問い合わせテンプレートを用意したりする等、属人化を排除するような取り組みも同時に行うと効果的

6.3 体制設計のポイント

　次に、監視・運用を考慮した、体制の設計ポイントについて説明します。体制の設計を行ううえではまず、監視・運用のスコープを考え、続いて監視・運用に必要となるスキル・知識を洗い出します。そのうえで、利用可能なリソースを割り当てていくという考え方で設計を進めると、過不足なく体制の設計が可能となります。現状で不足しているスキルや知識がある場合は、トレーニングを受けることを含めた計画の作成も効果的です。表6.2で、監視・運用スコープ、必要とされるスキル・知識、利用可能なリソースを整理したうえで、それらを考慮した具体的な体制例を紹介します。

表6.2　監視・運用のスコープ、必要なスキル・知識、利用可能なリソースの例

スコープ	必要なスキル・知識	移譲可能な組織・チーム	利用可能なトレーニングなど
・案件 ・チーム、部門 ・組織全体	・ファシリティ、ハードウェア ・クラウド ・OS ・ミドルウェア ・監視・運用方法 ・ソフトウェア開発	・部門横断チーム[17] ・企業内コミュニティ ・パートナー企業 ・ユーザーコミュニティ ・Google Cloudサポート	・オンデマンドトレーニング ・Google Cloud主催のイベント

※16　詳細は、カスタマーケアドキュメントの「カスタマーケアの使用に関するおすすめの方法」（https://cloud.google.com/support/docs/best-practice）を参照してください。

※17　セキュリティチーム（SOCなど）にセキュリティ診断を移譲する、クラウド技術専門チーム（Cloud Center Of Excellence：CCOE）にアーキテクチャレビューやデバッグの協力を依頼するなど。

6.3.1　体制例

　ここで、実際の体制例について考えていきましょう。これまでに整理したポイントをもとにして体制を検討することになりますが、Google Cloudを利用する組織を検討する際は、いずれのパターンでもGoogle Cloudサポートを利用するのは必須で検討することをおすすめします。システム運用を続ける中で、Google Cloudに対する質問や要望が出てくるケースが多くありますが、Google Cloudサポートの契約がないと問い合わせができません。サードパーティ企業の監視・運用サービスを利用する場合においても、Google Cloudサポートを契約しておくと、技術的な質問やプロダクトに関する質問ができるため便利です。

　ここからは、組織の設計例として、3つのパターンの体制イメージとそれぞれの利点、欠点を紹介します。体制を検討する際の参考にしてください。

■ 自チームで開発運用をやりきるパターン

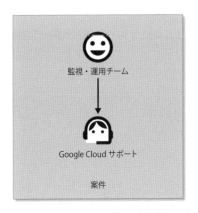

図6.12　自チームで開発運用をやりきるパターン

- 利点：自由度が高い
- 欠点：高い技術力、クラウドや監視・運用の知識・経験が求められる

■ 案件単位で運用チームがあるパターン（SIerの開発案件など）

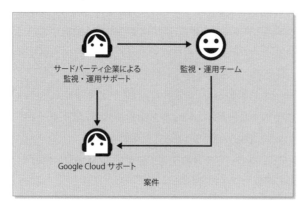

図6.13　案件単位で運用チームがあるパターン（SIerの開発案件など）

- 利点：監視・運用チームを最小限にできる
- 欠点：サードパーティ企業による監視・運用サポートにコストがかかる。作業が依頼ベースになるため運用作業にリードタイムがかかる

■ 全社的な運用組織があるパターン

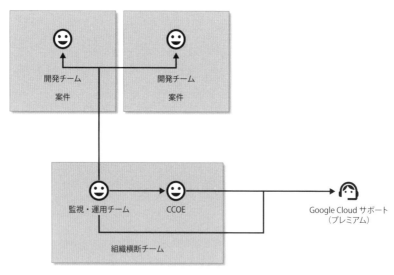

図6.14　全社的な運用組織があるパターン

- 利点：知識・経験が集約されるので、全社最適化がやりやすい
- 欠点：立ち上げまでに時間がかかる、トレーニングが必要

6.4 監視設計のポイント

　監視とは、システムが正常に稼働していることを定期的かつ継続的に確認し、問題を検知した場合は正常な状態に戻すために対処を行う一連の作業のことです。監視設計を行うにあたり重要なポイントは、すぐに監視方法を考えるのではなく、ユーザーの立場に立ち、システムを正常に稼働させるための目標を定め、最後に監視方法を検討することです。これにより、実装の過不足をなくし、監視を最適化することが可能になります。具体的には、オーバーエンジニアリングの防止や、システム提供目線では気づけなかった障害の検知が可能となります。

　ここでは、監視における重要な指標値となるサービスレベル目標（SLO）の定義の流れを確認したあと、監視の実装方法について説明します。

> **NOTE**
> オーバーエンジニアリングとは必要以上の実装をしてしまうことを意味しており、監視・運用においては「必要以上にメトリクスをモニタリングする」「求められているレベル以上の可用性を担保する冗長化構成を組む」といった例が挙げられます。

6

監視・運用設計

6.4.1 サービスレベル目標（SLO）の設定

　「システムを常に利用可能な状態に保ちたい」というのは誰もが願うことです。しかしながら、システムが常に利用可能な状態であることを保証するのは不可能で、システムが利用不可能になる障害は避けられません。そのため、ユーザーがシステムに対して期待するサービスレベルを「**サービスレベル目標**」（Service Level Objective、**SLO**）として定義し、必要なレベルを満たしているかをモニタリングする必要があります[18]。適切なSLOを定めることは難しいため、継続的に見直しを行って、改善を行うことも重要です。また、システムの要件定義を綿密に行ったシステムでは、以下のような「稼働率」という形でSLOが定められていることがありますが、何をもって稼働しているかという定義がないことがしばしばあるので注意が必要です。

---

[18] 詳細は、「Setting SLOs: a step-by-step guide」（https://cloud.google.com/blog/products/management-tools/practical-guide-to-setting-slos）を参照してください。

- 稼働率：特定の期間（20日、月間、四半期など）においてシステムが利用できる割合。99.9%、99.95%などが設定され、99.99%はフォーナイン、99.999%はファイブナインと呼ばれる

　それでは、SLOはどのように定義すればよいのでしょうか。あらゆるパターンにおいて最適な定義方法はありませんが、一例として、次の流れで行うSLO定義について説明します。

1. クリティカルユーザージャーニーのリスト化とビジネス価値による並べ替え
2. 最もユーザー体験に影響を与えるメトリクスの分析
3. SLOおよび計測期間の検討

■ クリティカルユーザージャーニーのリスト化とビジネス価値による並べ替え

　SLOを定義する最初のステップは、**クリティカルユーザージャーニー（CUJ）** を洗い出すことです。CUJは、ユーザーが、サービスを利用して目的を達成するまでに行う行動内容を表します。例えば、次のような行動が考えられます。

- 商品を検索する
- カートに商品を追加する
- チェックアウトする

　この例は、ECサイトにおいて、ユーザーが商品を購入するまでに必要なユーザージャーニーです。

　続いて、列挙したユーザージャーニーをビジネスインパクトが大きい順に並べ替えます。これは、ユーザーが商品を購入するという目的に与える影響の大きさを考えて整理します。この例について、ビジネスインパクトの順に並べ替えを行った例を確認しましょう。

1. チェックアウトする
2. カートに商品を追加する
3. 商品を検索する

　「商品を検索する」が、なぜ最も重要度が低いのか疑問に思うかもしれませんが、これは「商品を検索する」という行動をしたユーザーが、必ずしも商品を購入するわけではないからです。一方、「チェックアウトする」という行動をしたユーザーは、商品を購入する可能性が最も高い

と考えられます。つまり、「チェックアウトする」という行動ができることは、ビジネスに対して最も大きな影響を与えると言い換えることができます。このような発想で、ビジネスインパクトの大きさを検討します。

これ以降は、「チェックアウトする」という行動をもとにして、SLOを定義する例を説明します。「どのような流れでSLO定義を行うか」を一度理解できれば、同じ要領で、他のCUJに対しても同様にSLO定義が行えるでしょう。

■ 最もユーザー体験に影響を与えるメトリクスの分析

次のステップは、最も正確にユーザー体験をトラックできるメトリクスを見つけ出し、**サービスレベル指標**（Service Level Indicator、**SLI**）として定義することです。SLIは定量的に計測可能であり、サービスが正常に動作しているか否かを示す指標です。提供するサービスの特性に合わせて、可用性、レイテンシ、スループット、正確性、データ鮮度など、さまざまな指標が用いられます。

NOTE

サービスの種類ごとに、一般的に用いられるSLIは以下のURLから公式ドキュメントを参照してください。

• 「Implementing SLOs」
https://sre.google/workbook/implementing-slos/#slis-for-different-types-of-services

また、以下のSLI計算式は、ビジネスに対して正しいSLIを定量化する際に用いることができます。

$$SLI = \frac{\text{Good Events}}{\text{Valid Events}} \times 100$$

このSLI計算式は、ユーザーの要望を満たすイベントの総数（式における「Good Events」）を例外[19]を除くイベントの総数（式における「Valid Events」）で割り、100を掛けることにより、SLIの値を0〜100の範囲に標準化しています。

それでは「チェックアウトする」というCUJを計測するためのSLIを検討してみましょう。ここでは可用性、レイテンシの2つのSLIを例に検討します。

※19 SLIを成功と失敗の2つの観点だけで計算できるように、ユーザー起因の問題や成功・失敗以外のイベント（HTTPサービスにおける「404 Not Found」「3xx Redirect」など）を例外として計算対象から除きます。

可用性SLI

提供するサービスにおいて、「チェックアウトする」という機能はとても重要であり、ユーザーが利用できる状態を維持することが強く望まれるため「可用性SLI」を採用します。

続いて、可用性という観点で、サービスが健全であることを示す指標を探します。今回のケースでは、何人のユーザーがチェックアウトを試行し、いくつのリクエストが成功したかを知ることにより、健全性を測定することができます。これが、サービスが健全であることを示す指標となります。

さらにSLIを評価するために、何のメトリクスを計測するか、どこで計測を行うかといった詳細化を行うことが大切です。例えば、詳細化により、SLIは次のように定義できます。

- 測定するメトリクス：URI「/checkout_service/response_counts」に対する5XXステータス以外（3XXと4XXを除く）のHTTP GETリクエストの割合
- 測定方法（場所）：内部L7ロードバランサで計測

NOTE 今回のケースでは/checkout_service/response_countsがチェックアウトサービスを提供するURIであると仮定します。

計測を行う際は、サービス障害であることを示すイベントのみを取得することが望まれます。そのため、HTTPのステータスコードが3XX（リダイレクト）、および4XX（クライアント起因のエラー）ステータスのリクエストを除外します。

レイテンシSLI

ユーザーがチェックアウトをする時に、オーダーの処理が許容時間内に完了することも重要です。これを確認するために、成功したレスポンスにどれくらい時間がかかっているかを計測する「レイテンシSLI」を設定することが望まれます。ここでは、ビジネスにとって許容できる閾値が500ミリ秒であると仮定し、これをSLIとして設定します。これによりレイテンシSLIは、次のようになります。

- 測定するメトリクス：URI「/checkout_service/response_counts」に対する5XXステータス以外（3XXと4XXを除く）のHTTP GETリクエストにおいてユーザーに対するレスポンスタイムが500ミリ秒以内である割合
- 測定方法：内部L7ロードバランサで計測

■ SLOおよび計測期間の検討

　SLIが決定したら、最後にSLOを決定します。サービスレベル目標（SLO）は、特定の期間におけるサービスレベル指標（SLI）の目標値になります。これは、特定の期間内のサービスの信頼性を測定するのに役立ちます。

　特定の期間としては、月、四半期、年など、ユーザーからの期待値に合うように設定しましょう。例えば、1カ月のうちに10,000回のHTTPリクエストがあり、そのうちの9,990回がSLIに従って成功した応答を返す場合、その月の可用性は9,990÷10,000＝99.9%に相当することになります。

　また、アラートが意味のあるものになるように、達成可能な目標を設定することも重要です。現在提供しているサービス、もしくは類似するサービスに対して十分な数のユーザーが満足している場合は、現状のサービスレベルに問題がないと仮定して、SLOの設定を行うことが望まれます。これから提供するサービスの場合は、過去に提供した同種のサービスや類似のサービスを参考にするとよいでしょう。ある程度の試行錯誤を重ねながら、最終的には、ビジネス上で達成が求められる、意欲的な目標に収束させることが望まれます。

　以上がSLOの定義の流れです。その他、サンプルのSLOは公式ドキュメントから確認できるので、必要に応じて参考にしてください。また、Google Cloudが各プロダクトに対して定義している目標、および、障害の定義を公式ドキュメントより確認できますので、これらのプロダクトを利用する場合は、システム安定性を考える際の参考にしてください。

6.4.2　実装方法の検討

　続いて、設定したSLO、および、SLIをもとにして、監視を行う方法を検討します。システムの監視は、一般的に次の流れで行います。各フェーズにおいて、どのようなサービスやツールをどのように利用するとSLOを満たすことができるか検討してみましょう。

1. 障害を検知する
2. 障害の軽減・解消を行う
3. 障害を分析し、今後の対応を検討する

　SLOを満たすために、求められる対応レベルは、例えば可用性を例に挙げると、以下の方程式を用いて算出できます。ここで用いられる数値は、すでに運用中のシステムであれば、過去のデータを用いることが望まれます。新規に構築するシステムであれば、同様の目的で構築されたシステムの運用実績値を社内・社外問わず調査して、参考値を設定するとよいでしょう。

$$可用性 = 1 - \frac{MTTD + MTTM}{MTBF} \times Impact$$

- MTTD（Mean Time to Detect）：障害の検知に要する平均時間
- MTTM（Mean Time to Mitigate）：障害の解消・軽減に要する平均時間
- MTBF（Mean Time Between Failure）：次に障害が起きるまでの平均時間
- Impact：障害が起きた際のユーザーに対する影響（すべてのユーザーに対して影響が出るか、割合で影響が出るかなど）

　上記の方程式を用いて可用性を計算してみましょう。平均して月に1回障害が発生し、検知に要する平均時間（MTTD）が45分、解消・軽減に要する平均時間（MTTM）が135分、そして、障害が発生すると平均して50%のユーザーに影響があるものとして算出します。障害が起きるとすべてのユーザーに対して影響があるという前提ではなく、何らかの工夫を行うことにより、ユーザーに対する影響を下げることができるという考え方を持つことがポイントです。

$$99.7\% = 1 - \frac{45（分）+ 135（分）}{43020（分）} \times 50\%$$

　ここで、この方程式を構成する要素を改善することにより、可用性を高めて、サービスレベルを向上できることがわかります。具体的には、要素ごとに次のような対応を行うことで、サービスレベルの改善を図ることができます。

- MTTD：モニタリング、アラート
- MTTM：ツールの拡充、トレーニング、自動化、文書化（手順化）
- MTBF：障害報告書[20]
- Impact：エンジニアリング、チェンジマネジメント[21]

　これらの対応に利用できるプロダクトがある場合は、それらを活用することをおすすめします。モニタリングや分析ツールの拡充は、既存のプロダクトを利用することで実現できることがたくさんあります。
　しかしながら、プロダクトだけでは解決できず、人による介在が必要なケースも多数存在します。未知の障害であれば、既存のプロダクトでは検知・解消はできず、人手で対応をする必

※20　障害報告書に根本原因およびそれに対する予防措置をまとめることにより、同様の障害を防いだり、障害発生間隔を延ばすことが可能です。詳細は以下のURLを参照してください。
　　　・「Postmortem Culture: Learning from Failure」
　　　　https://sre.google/sre-book/postmortem-culture/
※21　本章では経営的な用語ではなく、システムに変更を加える際（ソフトウェアのリリースなど）の管理方法を指します。

要があります。そのためにも、プロダクトがカバーしている領域をしっかり把握して、カバーしていない領域の対応については、中長期的な目線も持ちながら継続的に取り組む必要があります。

　次は、Google Cloudが提供するCloud Operationsで実現できることを簡単にまとめたものです。

- Cloud Monitoring：モニタリング、（チェンジマネジメント）
- Cloud Logging：モニタリング、ツールの拡充、（チェンジマネジメント）
- Cloud Trace：ツールの拡充、チェンジマネジメント
- Cloud Debugger[22]：ツールの拡充
- Cloud Profiler：ツールの拡充、チェンジマネジメント
- Error Reporting[23]：モニタリング、ツールの拡充

　Cloud TraceやCloud Profilerは、障害を解消／軽減する際に問題を特定するという用途で活用することも可能ですが、一方で、チェンジマネジメントにおいて利用することもできます。例えば、ソフトウェアのリリースを段階的に行うカナリアリリースという手法を取る際、リリースの段階を上げる時に、Cloud ProfilerやCloud Traceを用いて「過去のリリースバージョンと比較してサービスに悪影響を与えていないかを確認する」というセーフガードの機構として利用することができます。このような使い方をすることで、性能に関するバグを含んだソフトウェアのリリースを止めることができるので、サービスレベルの向上が期待できます。

　図6.15は、Cloud Operationsに含まれるプロダクトを連携して利用する際の実装イメージです。

---

[22]　アプリケーションの停止や実行速度の低下を招くことなく、実行中のアプリケーションに対するデバッグを可能とするプロダクト。この機能を使って本番環境でのコードの動作を把握し、また状態を分析して見つけにくいバグを検出することもできます。詳細は、オペレーションスイートドキュメントの「Cloudデバッガ」（https://cloud.google.com/debugger）を参照してください。

[23]　実行中のクラウドサービスで発生したクラッシュの回数をカウントし、分析と集計を可能とするプロダクト。集計結果は一元化されたエラー管理インターフェースに表示され、発生したエラーの並べ替えやフィルタリングを行えます。エラーのタイムチャート、発生回数、影響を受けたユーザー数、最初または最後の発生日時、消去された例外スタックトレースといった詳細情報が表示されます。詳細は、オペレーションスイートドキュメントの「Error Reporting」（https://cloud.google.com/error-reporting）を参照してください。

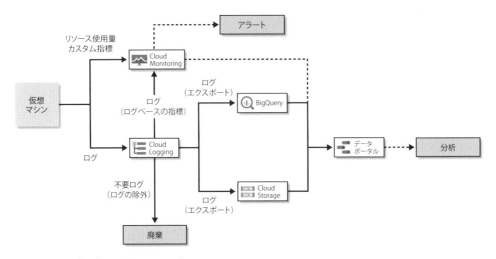

図6.15 監視プロダクト連携のイメージ

■ アラートに関する考慮事項

　最後に、アラートに関する考慮事項を説明します。**アラート**とは、システムに障害が起きたと思われる際に、監視・運用担当者に通知を送ることを意味します。ここで大切になるのは、SLOを下回った時点でアラートを送るのではなく、「SLOを下回りそうな兆し」を検知してアラートを出す必要があることです。

　例えば、月間のSLOが99.5％（210分のシステム停止）である場合、システムが210分停止したあとにアラートを送ると、すでにSLO違反になってしまうため、もっと早く検知して、修復・軽減の対応をする必要があります。

　また、アラートの設計を行う際はSLOの定義期間全体ではなく、一部の期間に注目して、目標とするエラー率がSLOを上回るか評価するという考え方をします。例えば、月間（30日）のSLOが99.5％である場合、「過去10分間のエラー率が0.5％を上回った時にアラートを上げる」という形になります。

　アラートの対応については、すべてオンコール（緊急対応）になるわけではなく、チケットによる業務時間での通常対応など、状況別に対応方法を検討することにより効率的なアラート対応が実現可能になります。詳細は以下のURLから公式ドキュメントを参照してください。

- 「Being On-Call」
  https://sre.google/sre-book/being-on-call/

　これらの考え方により、適切なアラート設計が可能になります。エラー率の計算方法やウィンドウサイズ、アラートを行う期間などはチューニングすることが可能ですが、期間が短すぎ

ると、ノイズが増えて運用コストが増える可能性があります。詳細は以下のURLから公式ド
キュメントを参照してください。

- 「Alerting on SLOs」
  https://sre.google/workbook/alerting-on-slos/

　SLOの策定においては、最初から完璧なものを作ることは難しく、また、策定後の状況変化
によりSLOの見直しが必要になるケースもあります。そのため、SLOの策定は、1回きりのプ
ロセスにせず、定期的に見直しを行い、最新化することが重要です。そのためにも、運用計画
などにSLOの定期的な見直しを含めておくようにしましょう。

6.5 運用設計のポイント

　クラウドを利用することにより、従来の運用を効率化することができます。クラウドに特有
の運用作業も必要になりますが、ほとんどのケースで自動化の方法が用意されています。クラ
ウドに特有の運用は、システムを安定して稼働させるために必要なケースが多いため、どのよ
うな作業が必要かを事前に確認して、定期的な運用作業として盛り込みましょう。ここでは、
従来の運用を効率化する運用設計のポイントと、クラウドに特有の運用設計ポイントについて
説明します。

6.5.1 従来行っていた運用の効率化

　クラウドを活用すると、従来のシステム運用で行っていた作業を効率的に行うことが可能に
なります。設計を行う際は、以下に示すように、クラウドを活用して効率化できる運用がない
か、改めて確認しましょう。

■ バックアップの自動化

　「データの損失を防止する」「障害からの復旧を早くする」などの目的でバックアップを取得
しているシステムは多数あります。その際、専用のソフトウェアやハードウェアを用いてバッ
クアップを取得するのが一般的ですが、Google Cloudのプロダクトにはバックアップの自動
取得機能を持つものがあります。

　自動バックアップ機能を利用できる場合は、積極的に活用することをおすすめします。ここ
では、代表的なプロダクトとバックアップの自動化方法を紹介します。これ以外にも、さまざ
まなプロダクトがバックアップの自動化に対応しています。使用するプロダクトのサポート状
況を確認してください。

Compute Engine インスタンス（永続ディスク）のバックアップ取得方法

　Compute Engineのインスタンスは、1つのブートディスクと1つ以上の永続ディスクで構成されることが一般的です。永続ディスクには、スナップショットという「ある時点の状態を抜き出す」機能があります。このスナップショットは、スケジュールを設定することができ、スナップショットの取得をスケジュールに従って自動的に取得することができます。またスケジュール設定によって、保管する世代数も管理することができます。具体的な設定方法は、公式ドキュメントを確認してください。

　ただし、状況によっては、スナップショットとして取得するデータの一貫性が保証できない場合があります。例えば、アプリケーションやミドルウェアが書き込みを行っている最中のスナップショット、あるいは、ディスクへのデータ書き込みが完了していない状態[24]でのスナップショットでは、データの欠損が生じることがあり、特に書き込み量が多いアプリケーションでは、このような状況が起きる可能性があります。厳密な一貫性が求められる場合は、以下のURLにある方法を参考に対策を行いましょう。

* 「永続ディスクのスナップショットに関するベストプラクティス」
　（Compute Engineドキュメント）
　https://cloud.google.com/compute/docs/disks/snapshot-best-practices

　スナップショットの作成は、クラウド側の障害や、割り当ての超過などの理由により、失敗する可能性があります。スナップショットの作成を行う場合は、以下のURLの手順に従って失敗時にアラートを受け取れる構成がおすすめです。

* 「永続ディスクのスナップショット スケジュールの作成」（Compute Engineドキュメント）
　https://cloud.google.com/compute/docs/disks/scheduled-snapshots#logging_and_monitoring

Cloud SQL インスタンスのバックアップ取得方法

　Cloud SQLも、Compute Engineと同様に、バックアップ取得やスケジュール設定が可能です。これにより、スケジュールに従って自動的にバックアップを取得することができます。具体的な設定は以下のURLを参考にしてください。

---

[24] ディスク書き込みを行う前にキャッシュ領域にデータを書き込む機構により、「見た目上は書き込みが完了しているが、実際にはデータがディスクに書き込まれていない」ということがあります。

- 「オンデマンド バックアップと自動バックアップの作成と管理」（Cloud SQL ドキュメント）
  https://cloud.google.com/sql/docs/mysql/backup-recovery/backing-up?hl=ja
  #schedulebackups

Cloud SQLのバックアップも、前述のスナップショット同様にバックアップ取得が失敗する可能性があります。そのため、以下のURLを参考に、バックアップ失敗時の対応方針を検討することをおすすめします。

- 「バックアップの概要」（Cloud SQL ドキュメント）
  https://cloud.google.com/sql/docs/mysql/backup-recovery/
  backups#troubleshooting-backups

■ Cloud SDKを利用した作業の効率化

Google Cloudのプロダクトは、APIを使って操作することができます。APIを利用して運用作業を行うためのソフトウェアを開発して、作業の効率化を図ることも可能ですが、独自開発のソフトウェアは詳細な動作を制御可能な反面、開発コストがかかるといった課題があります。

Google Cloudでは、**Cloud SDK**[25]というGoogle Cloudの操作をコマンドから利用できるツール、および、ライブラリが提供されています。Cloud SDKは単体で利用されることもありますが、スクリプト言語（Bashなど）と組み合わせて、一連の作業を自動化することも可能です。そのため、

1. まずはCloud SDKを利用した作業の効率化を考える
2. Cloud SDKで行えないことに関してはソフトウェアの独自開発を視野に入れる

という進め方をおすすめします。例えば、Cloud SDKを利用することにより、以下のような作業を効率的に行うことができます。

仮想マシンへのSSHログイン

Cloud SDK（gcloud compute sshコマンド[26]）を利用すると、仮想マシンにSSHログインすることができます。また、構成によってはIPアドレスを用いないSSHログインや、パブ

※25 Cloud SDKの詳細は、https://cloud.google.com/sdk を参照してください。
※26 詳細は、Command Line Interfaceドキュメントの「gcloud compute ssh」（https://cloud.google.com/sdk/gcloud/reference/compute/ssh）を参照してください。

リック IP を持たない仮想マシンへの SSH ログインなどが行えます※27。これにより、メンテナンス対象のインスタンスの IP アドレスを管理簿から探すといった作業や、メンテナンスのために踏み台サーバー（Bastion ホスト）を経由するといった作業を軽減することができます。

仮想マシンの作成・停止・削除

Cloud SDK（gcloud compute instances コマンド※28）を利用すると、Cloud Console から実行できる操作をコマンドライン上から実行できます。仮想マシンの作成・停止・削除などは、一般的に運用の中で多く行われる作業になります。こういった作業については、画面上からの操作を前提に手順書を作ることが多くありますが、Cloud SDK を利用することにより、作業を効率化することができます。

Cloud Logging のログを確認する

Cloud SDK（gcloud logging コマンド※29）を利用すると、Cloud Logging に保管されているログをコマンドライン上から確認することができます。事前に仮想マシン上のログを Cloud Logging に転送する設定をしておけば、コマンドライン上から確認することができるようになります。ログは条件を絞り込んで表示することもできるので、システムに関連する仮想マシンすべての情報を時系列で表示するといった使い方も可能です。従来必要だった「それぞれの仮想マシンにログインしてログを確認する」方法と比べ、大幅な作業効率化を実現できます。

 他にも、Cloud SDK を利用することでさまざまな応用が期待できます。Cloud SDK をスクリプト言語に組み込む際は以下の URL にある Tips を参考にしてください。

• 「Scripting with gcloud: a beginner's guide to automating GCP tasks」
https://cloud.google.com/blog/products/management-tools/scripting-with-gcloud-a-beginners-guide-to-automating-gcp-tasks

---

※27 詳細は、Compute Engine ドキュメントの「高度な方法による Linux VM への接続」（https://cloud.google.com/compute/docs/instances/connecting-advanced#sshbetweeninstances）を参照してください。
※28 詳細は、Command Line Interface ドキュメントの「gcloud compute instances」（https://cloud.google.com/sdk/gcloud/reference/compute/instances）を参照してください。
※29 詳細は、Command Line Interface ドキュメントの「gcloud logging read」（https://cloud.google.com/sdk/gcloud/reference/logging/read）を参照してください。

6.5.2　クラウド特有の運用設計

　クラウドには、オンプレミスにはなかった考え方があります。この違いを認識して、日々の運用作業に落とし込む必要があります。ここでは、クラウドに特有の運用設計の中でも、代表的なものを紹介します。まずはこれらを確認して、運用への組み込みを検討しましょう。

■ マネージドサービスのソフトウェアアップデート

　Cloud SQL、Kubernetes Engineなどのマネージドサービス（特にオープンソースソフトウェアをもとに開発されたマネージドサービス）は、セキュリティやパフォーマンスなどの問題を解決するために、ソフトウェアのバージョンアップを定期的に行う必要があります。利用しているプロダクトのバージョン管理に関する考え方やサービスレベル規約（SLA）を確認して、ソフトウェアのバージョンアップがどういった頻度で発生するかを把握して、運用の中に組み込みましょう。組み込みができていないと、サポートが得られない、予期しないシステム障害を引き起こすといった問題が起きる可能性があります。

　詳細については、以下のURLを参考にしてください。

- Kubernetes Engine：GKEでのバージョニングとサポート
  https://cloud.google.com/kubernetes-engine/versioning
- Cloud SQL：データベースのバージョンポリシー
  https://cloud.google.com/sql/docs/db-versions

■ 割り当て（Quota）と消費状況の確認と変更

　Google Cloudでは、さまざまな理由からリソースの使用に**割り当て**を適用しています。例えば、割当量を制限して予期しない使用量の急増を防ぐことで、Google Cloudのユーザーを保護しています。この割り当ては、Google Cloudが提供するCompute Engineを始め、Cloud SQL、Kubernetes Engine などのさまざまなプロダクトに設定されています。どのような割り当てが存在するかは、以下のURLで確認できます。

- 「割り当ての操作」
  https://cloud.google.com/docs/quota

　実際には、「システムをリリースする時点では割り当てが十分にあったものの、運用を続ける中で割り当てが不足してしまった」というケースも多くあります。例えば、急激なユーザー数の増加や、大規模なシステムリリースは割り当て不足を引き起こしやすいケースです。ユー

6

監視・運用設計

ザーの増加に伴う対応が割り当て不足で実施できないと、ビジネス上の機会損失や、システム障害を招く可能性があります。

そのため、利用しているリソースに変動が起きる可能性のある事象（ユーザーの急増を招く可能性のあるマーケティングイベント、システムリリースなど）を定期的に棚卸しして、必要に応じて割り当ての変更を行いましょう。システムの規模や特性にも依存しますが、棚卸しは月に1回程度の頻度で行うことをおすすめします。

割り当てのモニタリング、および、アラートの設定は以下のURLの方法で実施可能です。こちらの設定を行い、予期しない利用リソースの増加を把握して割り当て不足を防ぎましょう。ただし、この方法でのモニタリングに対応していないプロダクトもあります。対応していないプロダクトは、Cloud Consoleを用いて定期的に確認しましょう。

- 割り当ての操作（割り当て指標のモニタリングとアラートの設定）
  https://cloud.google.com/docs/quota#monitoring_quota_metrics

■ IAMの見直し

一時的に変更したが戻すことを忘れていた、あるいは、変更が必要だったがシステムに影響がないため後回しにしていたなどの理由により、不必要なIAM設定が残存するケースがあります。運用メンバーの脱退、デバッグ目的の一時的な権限変更などは、よくあるケースです。不必要なIAM設定が存在すると、次のような問題が起きる可能性があります。

- 運用作業時に意図しない影響が出る
- セキュリティリスクが高まる（情報持ち出し、攻撃を受けるなど）

不必要な設定は、次のような方法で確認することができます。

- チーム、個人に直接確認する
- 監査ログから確認する（ログイン、運用に使うプロダクトの利用の有無など）
- 設計書などドキュメントから確認する

他にも、Chapter 2で説明した、IAM Recommender[30]という機能を利用すると、IAMに関する推奨設定を確認することができます。こちらの機能を活用することにより効率的な見直しができるので、利用を検討することをおすすめします。IAMに変更が行われる頻度や

---

[30] 詳細は、IAMドキュメントの「ロールの推奨事項を使用した最小権限の適用」（https://cloud.google.com/iam/docs/recommender-overview）を参照してください。

Google Cloudプロジェクトの構成にも依存しますが、3カ月〜6カ月に1回は、見直しを行うことをおすすめします。

■ 使用リソースの確認と整理

オンプレミスと異なり、クラウドは従量課金が基本となっているため、余剰リソースを整理することで、コストの最適化を行うことができます。余剰リソースは以下のようなケースで生まれます。

- オーバーサイジング
- 一時利用リソースの削除し忘れ

オーバーサイジングの対応

Compute Engineの仮想マシン、Cloud SQLのDBインスタンスなどのプロダクトは、利用するリソースのサイズと利用時間で利用料金が決まります。設計段階の見積もりでは、利用リソースが最適化されていないことがよくあります。これは、安全を考えて、理論的な見積値よりも大きなリソースを準備するためです。

システムの運用を開始するとリソース使用量の実績値が取得できるので、準備したリソース量と実績値を比較して、余剰リソースがある場合は定期的に整理を行いましょう。この作業はコストの最適化に大きな影響を与えます。

余剰リソースの確認には、Cloud Monitoringを用いる方法がおすすめです。Google Cloudのプロダクトは、初期状態で多くのメトリクスがCloud Monitoringで収集されるため、こちらを利用しましょう。また特にCompute Engineは仮想マシンの推奨サイズ提案[31]をしてくれるため、この機能を利用することを検討すべきです。ただし、次の2点に留意して対応する必要があります。

- メトリクスの収集にはMonitoring Agent[32]を使う等の設定が必要な場合がある
- メトリクスの保存期間には期限がある（6週間）。中長期的にメトリクスを確認する必要がある場合は、データをエクスポートすべき[33]。特に、年末商戦、新年度など、年に1回のピークが来るようなシステムでは取得をすることが推奨される

---

[31] 詳細は、Compute Engineドキュメントの「VMインスタンスの推奨サイズ提案の適用」(https://cloud.google.com/compute/docs/instances/apply-sizing-recommendations-for-instances?hl=ja) を参照してください。

[32] 詳細は、オペレーションスイートドキュメントの「Google Cloudオペレーションスイートのエージェント」(https://cloud.google.com/monitoring/agent?hl=ja) を参照してください。

[33] 詳細は、「Cloud Monitoring指標のエクスポート」(https://cloud.google.com/architecture/stackdriver-monitoring-metric-export) を参照してください。

　リソースのサイズ変更には、再起動を伴うものが多くあります。運用計画の中に定期的なメンテナンスがあれば、これに合わせてオーバーサイジングされたリソースの確認と整理を行いましょう。一般的に、定期メンテナンスはシステムダウンを伴うため、

- 3カ月（四半期）
- 6カ月（半期）
- 12カ月（年間）

といった期間が設定されることが多いと思います。定期メンテナンスの計画がなければ、これを機に検討を行いましょう。

一時利用リソースの削除し忘れの対策

　クラウドを利用すると自由に仮想マシンなどのリソースを作成することができます。そのため、検証などの目的で一時的にリソースが必要なケースで活用できます。一方で、検証完了後にリソースを削除することを忘れてしまうなどの理由により、リソースが残っていることがあります。残っているリソースは利用者がわかれば削除を依頼できますが、わからない場合は利用者を探す必要があります。Google CloudではChapter 3で説明した監査ログが提供されています。この監査ログを活用することにより、該当するリソースの利用者を特定することができます。

　また、このような事態を防ぐためには管理簿を活用することも有効です。管理簿の運用が煩雑な場合は、ラベル機能の活用もおすすめです。ラベルに所有者や連絡先を入力することにより、利用者がわからなくなるという事態を防ぐことができます。Google Cloudのプロダクトの多くがラベル機能を提供しています。例えば、Compute Engineについて以下のURLで詳細イメージを確認できます。

- 「ラベルの作成と管理」（Compute Engineドキュメント）
  https://cloud.google.com/compute/docs/labeling-resources

6.6 まとめ

　昨今のビジネス状況の変化により、ITシステムの監視・運用に高品質化・高効率化が求められるようになりました。本章では監視・運用に求められる要件を整理し、Google Cloudのプロダクトを利用した実装方法、および、効率的に利用する方法、そして、体制・監視・運用の設計ポイントを紹介しました。

監視・運用はデジタルトランスフォーメーションを支える1つの大きな柱としても注目されているため、本章で紹介した内容をもとに、可能な範囲から取り組みを始めてください。チームや部署といった範囲で取り組みが成功した場合は、その知見や経験を組織全体に広げ、会社全体としての最適化につなげてください。組織全体としての取り組みに広げる場合は、以下のURLにあるような取り組みも効果的です。ぜひ参考にしてください。

- 「Building a Cloud Center of Excellence」
  https://services.google.com/fh/files/misc/cloud_center_of_excellence.pdf

　監視・運用においては、**サイトリライアビリティエンジニアリング**（Site Reliability Engineering：**SRE**）というエンジニアリングの適用が注目され、需要も高まりつつあります。本章で紹介したポイントは、SREのプラクティスとして紹介されているものでもあるため、本章の内容を実践したあとに、本格的にSREの導入を進めることも可能です。SREの導入に関しては、以下のURLにある情報を参照のうえ、計画を立てることをおすすめします。

- 「What is Site Reliability Engineering (SRE)?」
  https://sre.google/

6

監視・運用設計

253

移行設計

ここまで、Google Cloudが提供するプロダクトとその価値、そして、それらを利用するにあたってのポイントを整理してきました。新しく構築するシステムであれば、これらの情報を参考にして、Google Cloudの特性を活かしたシステムの開発が進められるでしょう。一方、エンタープライズ企業においては、すでに稼働しているオンプレミスのシステムをクラウドに移行したいというニーズも多数あります。

　しかしながら、クラウドのメリットはわかっていても、移行方法の検討がなかなか進まず、クラウドの活用に踏み切れないという声を聞くこともあります。本章では、このような移行の検討を支援するために、既存のシステムをGoogle Cloudに移行する際に考えるべきポイントを説明します。

　クラウドへの移行を検討するきっかけには、次のようなものがあります。

- 老朽化などによる、既存データセンターの利用停止
- 現行ハードウェア、ソフトウェアのサポート期間の終了
- オンプレミス環境におけるリソースの不足
- 機能追加を容易にするための最新技術を活用したアプリケーションのモダナイズ

　このような移行の理由や目的、あるいは既存システムの構成などにより、移行方法にはさまざまなパターンが考えられます。しかしながら、いずれの場合でも、移行にあたって検討するべき主要なポイントは変わりません。本章の内容を参考にして、まずは、移行設計の大きな枠組みを捉えるようにしてください。

　また、移行設計ではクラウド移行後に利用するプロダクトを選択する必要がありますが、クラウド上で利用できるプロダクトにはさまざまな種類があるため、使用するプロダクトの選択に迷うこともあるでしょう。このあと説明するように、移行パターン等に応じて移行後に利用するプロダクトを選択していくことになりますが、その際、クラウド事業者に管理を任せられる範囲が大きなフルマネージドサービスの利用をできるだけ検討することをおすすめします。これにより、インフラの管理やミドルウェアの管理など、基本的な管理業務の一部を簡略化することができ、業務の標準化を通じた人的コストの削減が可能になります。その結果、付加価値の高い、より戦略的なタスクに人的リソースを集中することができるでしょう。クラウドで提供される技術は日々進化していますので、これまでは移行が困難と思われていたシステムについても、新しい技術を利用した移行ができないか、定期的に再検討することをおすすめします。

　本章では、はじめにオンプレミスからクラウドに移行する際の移行パターンを整理します。その後、移行ステップと、サーバー移行、データ移行、データベース移行における具体的な移行方法を解説します。

7.1 移行パターン

　クラウドへの移行をスムーズに進めるには、移行パターンを整理したうえで、移行の目的や現状のシステム構成に応じて、適切なパターンを選択することが大切です。本章では移行パターンを図7.1の4つのパターン、

- リフト＆シフト
- リフト＆最適化
- 改良
- 再構築

と定義し、それぞれを整理していきます。

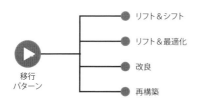

図7.1　クラウド移行の4つのパターン

　これら4つの移行パターンは、アプリケーションが移行後に目指す状態の違いとして、図7.2のように整理することができます。

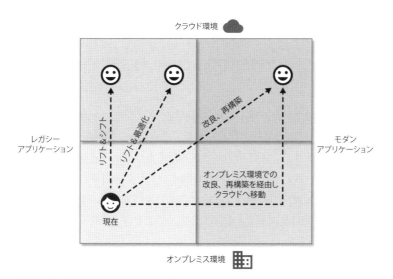

図7.2　システムの状態と移行パターン

7

移行設計

どのパターンでも、スタート地点（現在）はオンプレミスの仮想マシン上でレガシーアプリケーションを稼働している状況と仮定します。また、レガシーアプリケーションとは、クラウド環境を考慮せずに開発されたモノリシックなアプリケーションを意味します。

レガシーアプリケーションにはできる限り手を加えず、そのままの形でクラウド環境に移行するパターンが、リフト＆シフトやリフト＆最適化にあたります。一方、レガシーアプリケーションをモダンアプリケーション（クラウドネイティブアプリケーション）に変更するアプローチが改良および再構築にあたります。ここで、クラウドネイティブアプリケーションとは、クラウドのような動的でモダンな環境を最大限活用するために開発されたスケーラブルなアプリケーションを意味します。クラウドネイティブアプリケーションを作成する際によく参考にされるのが、Twelve-Factor App[1]という設計原則です。

Twelve-Factor Appでは、モダンなアプリケーションとしてあるべき姿を12のベストプラクティスにまとめています。ここで、レガシーアプリケーションとクラウドネイティブアプリケーションの特徴をまとめると表7.1のようになります。

表7.1　レガシーおよびクラウドネイティブアプリケーションの特徴

項目	レガシーアプリケーション	クラウドネイティブアプリケーション
概要	クラウド環境を考慮せずに開発されたモノリシックなアプリケーション	Twelve-Factor Appのような設計原則に基づき、クラウドのような動的でモダンな環境を最大限活用するために開発されたスケーラブルなアプリケーション
機能の結合度	密結合（多くの機能を1つのアプリケーションで構成）	疎結合（小さな独立したアプリケーションの集合体で構成）
変更アプローチ	各機能の変更時に全体への影響確認が必要	各機能は独立して変更可能
耐障害性	1つのコンポーネントでの障害が全体に波及しやすい	障害が伝播しにくく、部分的な機能障害で留まりやすい
スケール方法	垂直スケール ・CPUやメモリを稼働マシンに追加することで増強、コスト高になりやすい ・スケール時にライセンスへの考慮が必要なことがある	水平スケール ・マシンを並列に追加することで増強、コストが抑えられやすい ・必要に応じて垂直スケールも可能

クラウドネイティブアプリケーションは、小さな独立したアプリケーションの集合体として構成されており、スケーラブルで、各機能を独立に変更できるという特徴があります。さらに、マネージドサービスを活用しやすく、アプリケーション開発者はビジネスロジックの開発に集中することができます。あるいは、水平スケールの自動化やサービス自体の耐障害性の向上により、インフラ担当者は構成変更や障害対応などのマニュアル作業を減らし、より多くの時間を抜本的なシステムの改善活動にかけることができます。つまり、クラウドネイティブアプリ

※1　詳細は、Cloudアーキテクチャセンター「Google CloudにおけるTwelve-Factors App開発」(https://cloud.google.com/architecture/twelve-factor-app-development-on-gcp)を参照してください。

ケーションを実現することで、よりクラウドの恩恵を受けやすくなります。

　なお、一般には、クラウド移行の初期段階では、難易度の低いアプローチ（リフト＆シフト、もしくはリフト＆最適化）が選択されることが多いです。これは、まずクラウドへの移行を迅速に行い、クラウドの恩恵を少しでも受けながら、より高度なクラウドの利用方法を学んでいこうという考え方によるものです。

プロダクトのマネージドレベルと移行難易度

　次に、図7.3で、それぞれの移行パターンで選択できるプロダクトおよびそのマネージドレベルと、移行時に求められる変更量（移行難易度）を示します。

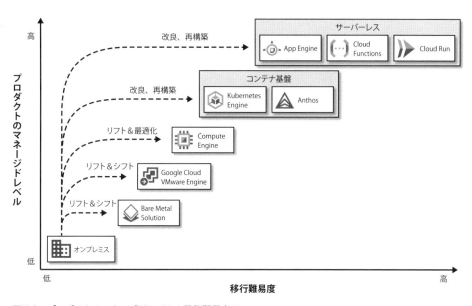

図7.3　プロダクトのマネージドレベルと移行難易度[※2]

　この図からもわかるように、移行の難易度とマネージドプロダクトの活用レベルはトレードオフの関係にあります。移行時に求められる変更量が多いほど、移行に時間がかかると想定されますが、マネージドレベルの高いプロダクトが利用できるため、クラウド化により受ける恩恵はより大きくなります。マネージドレベルの高いプロダクトを利用すると、インフラの管理やミドルウェアの管理など、基本的な管理業務の一部を簡略化することができ、業務の標準化を通じた人的コストの削減が可能になります。その結果、付加価値の高い、より戦略的なタスクに人的リソースを集中することができるでしょう。

※2　詳細は、「Highway to the landing zone: Google Cloud migration made easy」（https://cloud.google.com/blog/topics/developers-practitioners/google-cloud-migration-made-easy）を参照してください。

　このあとは、リフト＆シフト、リフト＆最適化、改良、再構築という4つの移行パターンについて、より詳しく説明していきます。

7.1.1　リフト＆シフト

　リフト＆シフトとは、オンプレミスのアプリケーションやデータベースをそのままの形で、クラウド上の物理サーバー、あるいは仮想マシン環境に移行することを意味します。Google Cloudにおける移行先は、Bare Metal SolutionやGoogle Cloud VMware Engineといった環境です。

　ソフトウェアを実行するハードウェアの稼働場所がオンプレミスからクラウドに変わるだけで、その上のテクノロジースタックには変更を加えないため、最も簡単な移行方法だといえます。運用面でも、これまでの運用手順をほぼ変える必要がないため、他の方法に比べて、短期間で移行を完了することができます。

　リフト＆シフトによりハードウェアの稼働環境をクラウドに移行することで、次のような固定資産、構築および保守管理費用を削減することができます。

- データセンター（確保スペース、入館管理費用）
- ラック
- 電源
- ハードウェア
- 仮想化基盤

　また、アプリケーションの実行環境をクラウドに移行することで、アプリケーションが取り扱うデータもクラウドに移動することになります。このため、クラウド上で提供される最新のデータ分析プロダクトをシームレスに活用することが可能になります。例えば、Google Cloudでは、サーバーレスなデータウェアハウスであるBigQueryを利用して、大量のデータに対する大規模な分析を高速に実行することができます。あるいは、AIと機械学習に関連するプロダクトを活用して、ビジネスデータを用いた予測処理を導入することも考えられます。

　一方、移行先の環境で稼働するアプリケーションはレガシーアプリケーションのままであり、ハードウェアより上位のミドルウェアに関しては、クラウド上のマネージドプロダクトを利用するわけではありません。そのため、マネージドプロダクトによる運用の簡略化、柔軟なスケーラビリティの実現、あるいは、細かな課金体系によるコストの最適化など、クラウドのメリットを完全な形では受けにくいというデメリットもあります。したがって、リフト＆シフトにより迅速にクラウド化を実現したあとは、マネージドプロダクトへの移行を含めたさらなる最適化を続けるというアプローチが望まれます。

7.1.2　リフト&最適化

　リフト&最適化とは、アプリケーションにはできるだけ手を加えずに移行する一方で、アプリケーションやデータベースなどのミドルウェアを実行するプラットフォームにはクラウド上のマネージドプロダクトを活用することを意味します。Google Cloudにおいては、Compute EngineやCloud SQLなどを利用することになります。

　リフト&最適化は、リフト&シフトと比較して、クラウド事業者により広い範囲のシステム運用を任せることができます。移行に伴う変更量を小さく抑えたまま、適切なリソース割り当てを推奨するRecommender[3]、コスト管理ツール[4]、OS Patch Managementサービス[5]、オートスケール[6]など、Google Cloudが提供する付加価値を取り入れて、アプリケーションのパフォーマンスやコスト効率を最適化することができます。ただし、新しい技術を取り入れるための学習コストや、マネージドプロダクトへのデータベース移行などの追加作業は、リフト&シフトよりも大きくなります。

7.1.3　改良

　改良は、アプリケーションの機能そのものは変更せずに、レガシーアプリケーションをクラウドネイティブアプリケーションに書き換えることを意味します。これにより、Kubernetes Engine、Anthos、App Engine、Cloud Functions、Cloud Runなど、よりマネージドレベルの高いプロダクトが活用できるようになり、スケーラビリティや高可用性といったクラウドならではの恩恵を受けることができます。また、パフォーマンスやコスト効率のさらなる改善が期待できます。

　その一方で、リフト&シフトやリフト&最適化と比較すると、移行に伴う難易度は高くなります。特にアプリケーションの書き換えにおいては、表7.1に示した、「レガシーアプリケーションとクラウドネイティブアプリケーションの差異を埋める」アプローチが必要となります。この他には、新たなプロダクトを使用するためのスキルの習得も必要になります。

　移行の方法として改良を選択するのは、リフト&シフトのアプローチでは効果が不十分である、現在のアプリケーションがそのままの形ではクラウドでサポートされない、後述の再構築ではあまりにも時間がかかりすぎるなどの場合が当てはまります。

7

移行設計

※3　詳細は、Recommenderドキュメントの「概要」(https://cloud.google.com/recommender?hl=ja) を参照してください。

※4　詳細は、「コスト管理」(https://cloud.google.com/cost-management?hl=ja) を参照してください。

※5　詳細は、Compute Engineドキュメントの「OS Patch Management」(https://cloud.google.com/compute/docs/os-patch-management) を参照してください。

※6　詳細は、Compute Engineドキュメントの「インスタンスのグループの自動スケーリング」(https://cloud.google.com/compute/docs/autoscaler?hl=ja) を参照してください。

7.1.4　再構築

　再構築とは、既存のアプリケーションを廃止して、同等のアプリケーションをクラウドネイティブアプリケーションとして新規作成することを意味します。前述の改良との差異について補足すると、改良はあくまでもクラウドへの適用のためのコード変更であるのに対し、再構築は要件定義まで遡ってクラウド利用の価値を最大化しつつ移行していくアプローチです。

　再構築は、既存のアプリケーションがGoogle Cloudの環境ではサポートされていない、改良するには移行コストがかかりすぎる、既存のアプリケーションはメンテナンスにコストがかかるので利用を継続したくない、などの場合に選択する方法です。再構築の場合は、新しいテクノロジーを自由に取り入れることができるので、クラウド移行の効果を最大限に発揮することができます。

　その一方で、最新テクノロジーを取り入れるためのスキルの獲得が必要であり、一般的には、アプリケーションの再構築にも時間がかかります。そのため、図7.3に示された再構築の移行難易度からもわかるように、4つの移行パターンの中では、最も難易度が高くなります。

7.2　移行ステップ

　ここでは、移行の進め方を説明します。Google Cloudでは次の4つのステップに従って移行を進めることを推奨しています（図7.4）。

1. 移行するワークロードの評価：移行に対するビジョンの明確化や、移行の対象となりうるすべてのワークロードの情報を整理して、最初に移行するアプリケーションの決定を行う
2. 移行計画の策定：クラウド移行後のアーキテクチャ設計を実施する。アプリケーションの改良・再構築の計画に加えて、Chapter 2〜6で説明したアカウント設計、セキュリティ設計、ネットワーク設計、プロダクト設計、監視・運用設計など移行後の共通的な基盤としての設計を並行して行う
3. 移行の実施：移行方式に応じた移行作業（仮想マシン、データベースの移行やアプリケーションの書き換え）を進める
4. 移行後環境の最適化：初期段階の移行が完了したら、よりマネージドレベルが高いプロダクトの活用など、より多くのクラウドの恩恵が得られるように、移行後のシステム環境のさらなる最適化を行う

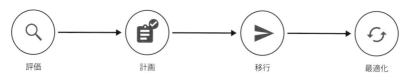

| 評価 | 計画 | 移行 | 最適化 |

図7.4　移行ステップ

　本章では、いったん4つのステップの概要のみを把握してください。各ステップを具体的に
どのように進めていくかは、このあとのChapter 8で、架空企業の移行プロジェクトを模した
シナリオに基づいて解説しています。

7.3　移行方法

　ここでは、エンタープライズ企業で特に採用される移行パターンである、リフト＆シフト、お
よび、リフト＆最適化を中心として、Google Cloudへの移行時に取りうる方法を説明します。
話をわかりやすくするために、

- 仮想マシンを移行対象とするサーバー移行
- ファイルサーバーなどの大量データを対象にしたデータ移行
- データベースに特有の機能を活用したデータベース移行

の3つに分類して、それぞれをまとめます。要件に合わせて、どの移行方法が適切であるかを
判断して、効率的に移行を進めていきましょう。なお、各方法の概要紹介にとどめているため、
詳細はそれぞれの解説箇所に記載された公式ドキュメントを参照してください。

7.3.1　サーバー移行

　サーバー移行の具体的な方法を紹介する前に、Google Cloudへの移行にあたり、どのプロ
ダクトを選択すべきかを確認しましょう。先ほど図7.3に示したように、移行方式に応じて、さ
まざまなプロダクトの選択が可能です。なお、本章末尾のコラム（282ページ）にて、より具
体的に各プロダクトをどのようなポイントを考慮して選択すべきか整理したディシジョンツ
リーも紹介しているので、あわせて参考にしてください。

　ここでは、リフト＆シフト、および、リフト＆最適化において選択できる代表的なサーバー
移行方法をより具体的に説明します。これら移行方式では、表7.2にまとめた選択肢を取るこ
とができます。

7

移行設計

表7.2 サーバー移行ユースケースと移行方法

	ユースケース	移行パターン	移行先	移行方法
1	vSphere環境をそのままクラウド化	リフト&シフト	Google Cloud VMware Engine	VMwareエコシステム
2	多数の仮想マシンを移行	リフト&最適化	Compute Engine	Migrate for Compute Engine
3	少数の仮想マシンを移行	リフト&最適化	Compute Engine	仮想アプライアンスのインポート
4	仮想ディスクを移行	リフト&最適化	Compute Engine	仮想ディスクのインポート

　移行時には、ライセンスへの考慮が必要不可欠です。各種ライセンスの最新情報は、移行検討時にそれぞれの提供元に確認する必要があります。なお、Compute Engineでは、OSがWindowsやRed Hat Enterprise Linuxの場合は、ライセンスの払い出しを受けることも、Bring Your Own Licenceで利用することも可能です[7]。

　ここからは、表7.2の4種類の移行方法について、詳細を説明します。

■ VMwareエコシステム

　VMwareの世界を支える技術としては、VMwareから提供されるプロダクトに加えて、Veeam Backup & ReplicationやZerto Virtual Replicationといった認証済みのサードパーティ製品があります。これらはVMwareプロダクトを補完し、支えあう位置付けにあることから、まとめて、VMwareエコシステムと呼ばれています。移行先として、GoogleがマネージするvSphereである、Google Cloud VMware Engineを選択した場合も、このVMwareエコシステムの恩恵を受けることができます。

　VMwareエコシステムの中でも、VMware HCX[8]はGoogle Cloud VMware Engineのライセンスに含まれているため、ライセンスコストの考慮なく利用できます。前提として、Cloud InterconnectによるGoogle CloudのVPCへの接続が必要にはなりますが、オンプレミスに構築したVMware HCXと、Google Cloud VMware Engine上のVMware HCXをペアリングさせることにより、オンプレミスのL2ネットワークをクラウドまで延伸することができ、IPアドレスの変更なしにサーバー移行が可能です。

　また、延伸によるネットワーク遅延への考慮は必要となりますが、仮想マシンを稼働させたままvSphereから提供されるvMotion機能を利用して無停止で移行するといったことも可能です。

※7　詳細は、Compute Engineドキュメントの「お客様所有ライセンスの使用」(https://cloud.google.com/compute/docs/instances/windows/bring-your-own-license) を参照してください。

※8　詳細は、VMware Engineドキュメントの「VMware HCXを使用したVMware VMの移行」(https://cloud.google.com/vmware-engine/docs/workloads/howto-migrate-vms-using-hcx) を参照してください。

■ Migrate for Compute Engine（M4CE）

　Migrate for Compute Engine※9（M4CE）は、Google Cloudより提供される無料のツールであり、vSphere環境、AWS、およびAzureのIaaS環境からCompute Engineへの移行をサポートします。M4CEの以下のような特徴により、サーバー移行プロセスの自動化、簡素化、効率化が可能となります。

- エージェントレス
- アプリケーションの実行に必要なアクセス頻度の高いデータをストリーミングし、わずか数分でCompute Engineでの稼働が可能（優先度の低いデータはアプリケーションをCompute Engine上で稼働させている間にバックグラウンドでストリーミング）
- 移行前にリソース使用状況を確認し、サイジングが推奨されるので、コスト最適化が可能
- 事前に移行テストが可能で、さらに実際の移行時に予想外の事態が発生した場合でも移行元へ更新の書き戻しが可能
- 複数仮想マシンの一括移行により移行が簡略化できるほか、一括ではなく、いくつかのまとまった単位で分割して移行したい場合にも編成可能
- Windows Server 2008 R2からWindows Server 2012への自動アップグレードが可能

　移行までの概要は以下のようになります。

1. Google Cloudの環境を準備
   - リソース階層、ネットワークアクセス、IAMロールやサービスアカウントといったGoogle Cloudの基本的な基盤を用意
   - Google Cloud MarketplaceよりMigrate for Compute Engine Managerをデプロイ
2. 移行元の環境を準備
   - 移行元にM4CEのための権限を付与
   - 移行元をM4CEのソースとして設定
3. 移行元とGoogle Cloudのパイプ役となるCloud Extensionを設定
   - Cloud Extensionのサイズをsmallまたはlarge（同時移行対象仮想マシンがそれぞれ最大20台または50台）から決定し、必要数用意
4. 移行ジョブの作成と実行
   - 対象Google CloudプロジェクトやOSライセンス形式といった仮想マシン移行のための情報を付与したCSV形式のランブックを作成し、移行ジョブを実行

※9　詳細は、Migrate for Compute Engineドキュメントの「Migrate for Compute Engine スタートガイド」（https://cloud.google.com/migrate/compute-engine/docs/4.11/getting-started?hl=JA）を参照してください。

これらの詳細は、以下のURLにある公式ドキュメントをご確認ください。

- 「Migrate for Compute Engine を使用した VM の移行: 基盤の構築」
（Cloudアーキテクチャセンター）
https://cloud.google.com/architecture/migrating-vms-migrate-for-compute-engine-building-foundation?hl=JA

■ 仮想アプライアンスのインポート

VMware ESXiやKVM（Kernel-based Virtual Machine）などのハイパーバイザで利用できる仮想マシンファイルフォーマットであるOpen Virtualization Format（OVF）ファイル、もしくは、それをTAR形式で単一ファイルにまとめたOpen Virtual Appliance（OVA）ファイルを用いて、仮想マシンをCompute Engineにインポートすることができます[10]。

Cloud Storageにファイルをアップロードしたあとに、gcloud compute instances import コマンドでインポートを行います。インポートすると、OVFパッケージの構成情報が処理されたあとに、Compute Engineに仮想マシンが作成されて起動します。表7.3に、インポートされる項目とその内容を示します。

表7.3 インポートされる項目と内容

	項目	内容
1	DiskSection	仮想ディスク
2	ResourceAllocationSection	CPU、メモリ（Compute Engineのサポート範囲を超えている場合、Compute Engineで設定できる最大値となる）
3	BootDeviceSection	ブートディスクの詳細
4	OperatingSystemSection	ゲストOSの詳細

■ 仮想ディスクのインポート

Compute Engineに仮想ディスクをインポートして移行するには、Cloud Console経由、もしくは、gcloudコマンドラインツールによるimages importコマンドの実行といった方法があります[11]。インポートを実行すると、以下が自動で処理されます。

※10 詳細は、Compute Engineドキュメントの「仮想アプライアンスのインポート」（https://cloud.google.com/compute/docs/import/import-ovf-files）を参照してください。
※11 詳細は、Compute Engineドキュメントの「仮想ディスクのインポート」（https://cloud.google.com/compute/docs/import/importing-virtual-disks）を参照してください。

- 仮想ディスクをCloud Storageにアップロード
- Compute Engineにイメージをインポート
- イメージをブート可能に変換

　手動でのインポートも可能ですが、基本的にはこちらの自動インポート機能を利用することが推奨されます。手動インポートでの移行を選択するのは、高度なカスタマイズが必要であったり、自動インポート機能がサポートされなかったりする場合です。自動インポートがサポートされているOSであるかは、公式ドキュメントより確認できます[12]。

7.3.2　データ移行

　少量のデータであればサーバー移行の一部にデータ移行を含めることもできますが、ファイルサーバーなど大量のデータを含む場合は、移行中の業務の中断を最小限に抑えるためにも、サーバー移行とは切り離して検討することが一般的です。データ移行において必要な確認項目を以下に挙げます。

- 移行対象データ量
- 利用可能なネットワーク帯域
- データ転送頻度

　ネットワーク帯域とデータ量から求められる、転送時間の見積もりを図7.5に示します。これは、転送方法を決定する際や、おおよその転送時間を把握する際に役立ちます。データ転送を行う際は、転送ファイルを圧縮したり、ネットワーク帯域を広げるなどの工夫をすると、より短時間で転送できます。詳細は、以下のURLにある公式ドキュメントを参照してください。

- 「Google Cloud への移行: 大規模なデータセットの転送」（Cloudアーキテクチャセンター）
  https://cloud.google.com/solutions/migration-to-google-cloud-transferring-your-large-datasets

※12　詳細は、「オペレーティング システムの詳細」（https://cloud.google.com/compute/docs/images/os-details?hl=ja#import）を参照してください。

ネットワーク帯域

	1Mbps	10Mbps	100Mbps	1Gbps	10Gbps	100Gbps
1GB	3時間	18分間	2分間	11秒間	1秒間	0.1秒間
10GB	30時間	3時間	18分間	2分間	11秒間	1秒間
100GB	12日間	30時間	3時間	18分間	2分間	11秒間
1TB	124日間	12日間	30時間	3時間	18分間	2分間
10TB	3年間	124日間	12日間	30時間	3時間	18分間
100TB	34年間	3年間	124日間	12日間	30時間	3時間
1PB	340年間	34年間	3年間	124日間	12日間	30時間
10PB	3404年間	340年間	34年間	3年間	124日間	12日間
100PB	34048年間	3404年間	340年間	34年間	3年間	124日間

（移行データ量）

図7.5 ネットワーク帯域と移行データ量による転送時間の見積もり

　Google Cloudでは、データ転送に役立つツールを提供しています。選択できる代表的なデータ移行方法を表7.4にまとめます。移行先は、オブジェクトストレージであるCloud Storage、Compute Engineの永続ディスクや、Compute EngineおよびKubernetes Engineから利用できる高性能ファイルストレージであるFilestoreなどがあります。

表7.4 データ移行方法

	データ移行方法	データ量目安	移行元	移行先
1	Cloud Storageへのオンライン転送	1TB未満	• オンプレミス • 他社クラウド	Cloud Storage
2-1	Storage Transfer Service（クラウドデータ用）	特になし（少量／多量データの両方に対応可能）	• Amazon S3 • Azure Blob Storage • 別のCloud Storageバケット • Webアドレス（HTTP）で参照できるデータ	Cloud Storage
2-2	Storage Transfer Service（Transfer Service for On-Premises Data）	1TB以上	• オンプレミス	Cloud Storage
3	Transfer Appliance（本書執筆時点では日本は未対応）	20TB以上	• オンプレミス	Cloud Storage
4	仮想ディスクのインポート	少量	• オンプレミス • 他クラウド	Compute Engineの永続ディスク
5	OSコマンド	少量	• オンプレミス • 他クラウド	Compute Engineの永続ディスク、またはFilestore
6	サードパーティの転送プロダクト	大量	• オンプレミス • 他クラウドなど	プロダクトに依存

　ここからは、これらの移行方法について、それぞれの詳細を説明します。

■ Cloud Storageへのオンライン転送

Cloud Storageへのオンライン転送とは、Cloud Storageに対して、標準的なコマンドやツールを用いて直接データをアップロードする方法です。Cloud Storageにデータをアップロードするには、次のような方法があります。

- Cloud Consoleからドラッグ＆ドロップでアップロード
- クライアントライブラリ
- API
- gsutilコマンドラインツール

この中でも、簡単で安全に移行できるため、よく利用されるのが**gsutil**コマンドラインツール[13]です。gsutilコマンドには、次のような機能が組み込まれています。

- マルチスレッド転送（複数の小さなファイルを並列でアップロードするオプション）
- 並列複合アップロード（主に大きいサイズのファイルを小さいコンポーネントに分割し、それらを並列でアップロードするオプション）
- 中断された転送の再開
- リトライ処理
- リアルタイム増分同期

また、gsutilコマンドには、いくつかのサブコマンドがあります。その中でもデータ移行に活用できるサブコマンドは、cp[14]とrsync[15]です。ある時点のデータをコピーする場合はcpコマンドを、継続的にデータを同期する場合はrsyncコマンドを利用します。具体的なコマンド例[16]を以下に記載します。

複数ファイルをCloud Storageにコピーする

```
$ gsutil -m cp -r top-level-dir gs://example-bucket
```

※13　詳細は、Cloud Storageドキュメントの「gsutilツール」（https://cloud.google.com/storage/docs/gsutil?hl=ja）を参照してください。

※14　詳細は、Cloud Storageドキュメントの「cp - Copy files and objects」（https://cloud.google.com/storage/docs/gsutil/commands/cp?hl=ja）を参照してください。

※15　詳細は、Cloud Storageドキュメントの「rsync - Synchronize content of two buckets/directories」（https://cloud.google.com/storage/docs/gsutil/commands/rsync?hl=ja）を参照してください。

※16　詳細は、Cloud Storageドキュメントの「Cloud Storageとビッグデータの使用」（https://cloud.google.com/storage/docs/working-with-big-data?hl=ja）を参照してください。

ワイルドカードを利用してCloud Storageにコピーする

```
$ gsutil -m cp -r top-level-dir/subdir/image* gs://example-bucket
```

ディレクトリをCloud Storageに同期する

```
$ gsutil -m -d rsync -r local-dir gs://example-bucket
```

例中で利用しているオプションは以下のとおりです。

- -mオプション：マルチスレッドを有効化
- -rオプション：サブディレクトリを再帰的に取得
- -dオプション：（利用注意）同期元にないファイルが同期先にある場合該当ファイルを削除

■ Storage Transfer Service

Storage Transfer Service[17]は、オンプレミス、もしくは他社のクラウド環境からCloud Storageにデータを転送するプロダクトです。移行用途での利用だけではなく、データ分析パイプラインの一部として、定期的にデータを移動させることもできます。シンプルなユーザーインターフェースが提供されるため、セットアップ後であれば社内の一般ユーザーでも簡単にデータの移動に利用できます。また、転送と同期を容易にする以下のようなオプションがあります。

- 完全コピーまたは増分コピーを選択可能
- 転送元でオブジェクトが削除された場合、転送先バケットのオブジェクトを削除することが可能
- 転送が完了した転送元データを削除することが可能

転送後はチェックサムやファイルサイズといった情報を利用してコピー後のデータ整合性が自動でチェックされます。利用にあたっては、オブジェクトサイズは5TBまでといった制限事項がいくつかあるので、以下のURLにある公式ドキュメントをあわせて確認してください。

- 「既知の制限事項」（Cloud Storage Transfer Serviceドキュメント）
  https://cloud.google.com/storage-transfer/docs/known-limitations-transfer?hl=ja

---

※17 詳細は、Cloud Storage Transfer Serviceドキュメントの「概要」（https://cloud.google.com/storage-transfer/docs/overview?hl=ja）を参照してください。

　Storage Transfer Serviceには、表7.5に示す2種類の利用体系があります。Storage Transfer Service（クラウドデータ用）は、他社クラウドのオブジェクトストレージなどをデータソースにできるプロダクトです。また、Transfer Service for On-Premises Dataは、有償にはなりますが、オンプレミスのデータを容易に移行できるプロダクトです。詳細については以下のURLから公式ドキュメントを確認してください。

- 「Storage Transfer Service オプションの違い」
  （Cloud Storage Transfer Service ドキュメント）
  https://cloud.google.com/storage-transfer/docs/transfer-differences?hl=ja

表7.5　Storage Transfer Serviceの利用体系

	利用体系	データソース	利用インターフェース	料金
1	Storage Transfer Service（クラウドデータ用）	• Amazon S3 • Azure Blob Storage • 別のCloud Storageバケット • Webアドレス（HTTP）で参照できるデータ	• Cloud Console • 各言語のクライアントライブラリ • API	無料
2	Storage Transfer Service（Transfer Service for On-Premises Data）	• エージェントからNFSでアクセス可能なオンプレミスデータ	• Cloud Console	$0.04/GB

　Transfer Service for On-Premises Dataには、帯域幅上限を設定する機能があるため、既存サービスへの影響を抑えながらオンプレミスから数十億ファイル、数ペタバイトといった大量データを転送できます。以下に、Transfer Service for On-Premises Dataを利用する際の手順を記します。この手順は、Cloud Consoleから設定する際に、具体的なコマンドを含めたガイドとして表示されるので、ステップバイステップで確認しながら設定を進めることができます。

1. ジョブ開始通知を送るためにメッセージを送付するPub/Subリソースを作成
2. データソースにアクセスできるマシンにエージェントを導入、起動
3. 帯域幅上限を設定
4. データソース、転送先、スケジュールなどを入力し転送ジョブを作成
5. ジョブをモニタリングし、想定どおり動作しているかを確認

7

移行設計

■ Transfer Appliance

ペタバイト級のデータをオフラインで移送することができるTransfer Appliance※18が Googleより提供されています。期限内にデータを転送できる帯域幅がない場合の選択肢となります。利用の流れは以下のとおりです。

1. Cloud Consoleより申し込みを実施
2. Googleより配送される大容量ストレージサーバーをユーザーのデータセンターに配置し、移行対象のデータを転送
3. Googleに返送後、Google側で順次Cloud Storageへデータをアップロード

本書執筆時点では日本では未サポートですが、米国やシンガポールなどで利用可能です。

■ 仮想ディスクのインポート

起動ディスク（OS）を伴わない、データのみの仮想ディスクをインポートすることで、データを移行することもできます。インポート対象としてはVMDKやVHDなどのほとんどの仮想ディスクファイル形式をサポートしています。対象ファイルのI/O停止が可能で、ファイル数がそれほど多くない場合に適した方法です。具体的な仕様はサーバー移行で利用するインポート処理と同様ですので、詳細は、7.3.1項を参照してください。

■ OSコマンド

移行先の仮想マシンをクラウド上に作成し、そちらに対し通信を行うことで、慣れ親しんだOSコマンドを利用したデータの移行が可能です。対象ファイルのI/O停止が可能で、ファイル数がそれほど多くない場合に適した方法です。代表的なコマンドとユースケース例を表7.6にまとめます。

表7.6　代表的なOSコマンドとユースケース例

	OSコマンド	ユースケース例
1	sftpコマンド	対話的にデータを移行したい場合
2	tarコマンド＋データ移動	必要なデータの断面を取って圧縮し、まとめて移行したい場合
3	rsyncコマンド	同期を複数タイミングで行いたい場合

※18　詳細は、Transfer Applianceドキュメントの「概要」(https://cloud.google.com/transfer-appliance/docs/4.0/overview?authuser=1&hl=ja) を参照してください。

■ サードパーティの転送プロダクト

　高度なネットワークレベルの最適化や継続的なデータワークフローが必要な場合は、サードパーティツールが利用に適しています。詳細は以下のURLにある公式ドキュメントをご確認ください。

- 「Google Cloud への移行: 大規模なデータセットの転送」（Cloudアーキテクチャセンター）
  https://cloud.google.com/architecture/migration-to-google-cloud-transferring-your-large-datasets?hl=ja#third-party_transfer_products

7.3.3　データベース移行

　ここでは、データベース特有の機能を利用して、より柔軟に移行する方法を紹介します。データベース移行においては、次の2つのステップをたどることとなります。

1. データ移行
2. データベース切り替え

　それぞれのステップにおいてどのような方法を取りうるかは、移行元と移行先のデータベースの組み合わせで異なります。これらの組み合わせは多種多様であり、すべてのパターンを網羅することは容易ではありません。そこで、本項では、データベース移行における組み合わせを大きく、

- 同種データベース間移行
- 異種データベース間移行

の2種類に分類して移行方法を整理します。

　表7.7に同種／異種データベース間移行の特徴をまとめてあります。同種間か異種間かの分類にはデータモデル（リレーショナル、キーバリューなど）に基づく分類方法もありますが、ここでは一般的に多く用いられている、データベーステクノロジー（MySQL、Oracle Databeseなど）による分類方法を前提とします。表7.7をもとにして、同種間、異種間のどちらの移行タイプを選択するかを決定します。データベース移行に関する詳細は、以下のURLにある公式ドキュメントが参考になるので、あわせて確認することをおすすめします。

7

移行設計

273

- 「データベースの移行: コンセプトと原則（パート1）」（Cloudアーキテクチャセンター）
https://cloud.google.com/architecture/database-migration-concepts-principles-part-1

- 「データベースの移行: コンセプトと原則（パート2）」（Cloudアーキテクチャセンター）
https://cloud.google.com/architecture/database-migration-concepts-principles-part-2

表7.7　同種／異種データベース間移行の特徴比較

比較項目		同種データベース間移行	異種データベース間移行
概要		• 互換性のあるデータベーステクノロジー同士	• 互換性のないデータベーステクノロジー同士
例		• MySQLからCloud SQL for MySQL • HBaseからCloud Bigtable	• Oracle DatabaseからCloud Spanner • Amazon RedshiftからBigQuery
移行ステップ	データ移行	以下が選択可能（詳細は後述） • エクスポート • レプリケーション • 移行システム • 差分クエリ	以下が選択可能（詳細は後述） • エクスポート • 移行システム • 差分クエリ
	データベース切り替え	• アプリケーションでの参照先切り替え	• ドライバ、クエリ変更 • アプリケーションでの参照先切り替え
メリット		• 運用の簡素化などクラウド化の効果を一部享受可能 • スキーマは同一のことが多く、ドライバやクエリは変更不要	• 要件に合致したクラウドネイティブなデータベースを選択でき、クラウド化の効果を最大化可能
デメリット		• 移行先がクラウドネイティブプロダクトにならない場合は、クラウド化の効果は限定的となる可能性あり	• データベーステクノロジー間の差異が多いほど移行は複雑となりやすく、対応コストが必要

　同種間、異種間のどちらの移行タイプであるかを整理できたら、データベースの移行方法を検討していきます。同種間か異種間かにかかわらず、多くの場合、表7.8のようなデータ変更が必要となります。

表7.8　移行時に必要となりうるデータ変更

	データ変更の種類	概要
1	データ型の変換	ソースとターゲットでデータ型を合わせる
2	データ構造の変換	テーブルの分割や結合をする
3	データ値の変換	データ型を変更せずにデータ値を変更する（タイムゾーンをUTCからJSTへ変更など）
4	追加	参照が必要なデータを追加する
5	削減	不要、または再計算できるデータを削除する

　移行方法によって、このようなデータ変更が可能な場合と不可能な場合があります。あるいは、移行方法によって、移行に必要なダウンタイムも変わります。したがって、データ変更の

必要性、および、移行のために確保できるダウンタイムに応じて、データベースの移行方法を検討する必要があります。このような観点から、基本的な5つのデータベース移行方法を表7.9に整理してあります。ここから、要件に合う移行方法がどれであるかを絞り込むことができます。

表7.9　データベース移行方法一覧

| データベース移行方法 | 適用ユースケース | | 移行方法によるデータ変更 | 移行に伴うダウンタイム | 特記事項 |
	同種間	異種間			
1	データベースエクスポートまたはバックアップ機能	○	○※19	不可	十分確保可能	シンプルであるため推奨
2	データベースレプリケーション機能	○	×	不可	ほぼゼロ	ダウンタイムを確保できない同種間移行に推奨
3	データベース移行システム	○	○	可能	ほぼゼロ	ダウンタイムが確保できない中で、データ変更が必要な場合の選択肢
4	差分クエリ	○	○	必須※20	ほぼゼロ	上記方法では対応できない場合の選択肢
5	DigQuery Data Transfer Service	×	○	可能	十分確保可能	移行先はBigQueryで、移行元がTeradata、Amazon S3、Amazon Redshiftなどである場合の選択肢

　その他にも、データベースのさまざまなカスタム機能を利用した移行方法があります。一方で、カスタム機能を利用した移行は手作業での対応が多くなりがちで、作業ミスが発生するリスクが大きくなります。そのため、基本的には、この5つの方法での対応を推奨します。

　このあとは、これらの5つの移行方法を詳細に紹介していきます。なお、事例の多い移行元、移行先の組み合わせについては、本章末尾のコラム（284ページ）で紹介する公式ドキュメントが公開されています。こちらもあわせて確認するとよいでしょう。

■ データベースエクスポートまたはバックアップ機能

　ダウンタイムを十分に確保できる場合は、エクスポート／インポートやバックアップ／リストアが最も単純な移行方式になります。異種間での移行では、CSV、TSV、Avroなど、両方のデータベースがサポートする形式でのエクスポート機能を利用します。同種間では、加えて、データベース固有のエクスポート、またはバックアップ機能を利用できます。エクスポートおよびバックアップ機能には、データ変更は含まれないため、必要な場合は別途実施します。大まかな移行の流れは、次のようになります。

※19　異種間の場合、別途データ変更への対応が必要
※20　差分クエリの要件として、多くの場合データ追加が必要

7

移行設計

1. ソースデータベースへの書き込みを停止
2. ソースデータベースからデータをエクスポート
3. 7.3.2項の記載内容を参考にエクスポートデータをクラウドへ移動（必要に応じてデータ変更）
4. エクスポートデータをターゲットデータベースにインポート
5. データ整合性の確認
6. アプリケーションの宛先を新しいデータベースに変更
7. 新しいデータベースの書き込み有効化
8. 新しいデータベースの性能を確認

　ソースとターゲットにデータの差異を許容しない場合は、上記の1.～7.までの間、アプリケーションからのデータ更新を停止しておく必要があるため、ダウンタイムは長くなります。また、データベースのサイズが大きいほど移行には時間がかかります。

　移行時間を短縮するポイントを表7.10に示します。こちらの項目4にある差分エクスポートは、ソースデータベースにおいて、最後のエクスポート以降に変更された行のみをエクスポートする機能です。データベース製品がこの機能を有する場合にのみ利用できます。通常の運用で取得しているエクスポートと組み合わせて利用することができるため、移行のためのダウンタイムを短縮することができます。

表7.10　移行時間を短縮するポイント

	ポイント	期待される効果
1	ターゲットデータベースへのインポートをインデックス生成なしで実施	インポート時の余分な負荷を削減
2	ターゲットデータベースにてIOやメモリの状況を確認しながら • 巨大なRAMの使用 • HDDではなくSSDの使用 • マルチスレッドのインポート機能がある場合は有効化（MySQLの Parallel Table import Utility など）	インポート性能を向上
3	ターゲットデータベースでのインポートが正常かをモニタリング	完了後すぐに業務を再開可能
4	ソースデータベースにて差分エクスポートを利用し複数回ターゲットデータベースにてインポートを実施	エクスポート／インポートにかかる時間を短縮

■ データベースレプリケーション機能

　ダウンタイムが取れず、エクスポート機能では移行できない場合でも、同種間移行においては、データベース管理システム自身のレプリケーション機能を使用してダウンタイムを抑えた状態でデータベースを移行できることがあります。具体的には、MySQLレプリケーション、PostgreSQLレプリケーション、Microsoft SQL Serverレプリケーション機能などを利用します。

　これにより、スキーマもデータも完全に同一のコピーがクラウド上に作成されます。バック

グラウンドでデータを同期させておき、停止は切り替え時のみで済むため、停止時間を最小限に抑えることができます。

　また、Database Migration Service[21]を利用すると、オンプレミスや他のクラウドのMySQL、および、PostgreSQLについて、GUI経由で簡単にレプリケーションを操作することができます。Microsoft SQL Serverについては本書執筆時点でプレビュー版として提供されており、2021年内に正式サポート予定となっています。

■ データベース移行システム

　データベース移行システムとは、移行元と移行先データベースの間に用意されるシステムであり、移行元データベースへの変更を継続的に移行先に転送することで、処理を停止することなく変更データを移行先へ転送する仕組みを提供するものです。ダウンタイムの確保ができない中で、表7.8で述べたようなデータ変更が必要な場合、データベース移行システムの利用が選択肢となります。

　図7.6にDatastream（プレビュー）[22]、Striim[23]、Cloud Data Fusion[24]のようなデータベース移行システムを利用した移行アーキテクチャを示します。

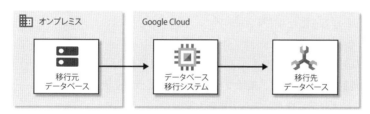

図7.6　データベース移行システムを利用した移行アーキテクチャ

　大規模データベースを移行するには、場合によっては数カ月、または、数年を要することがあります。データベース移行システムを利用すると、ソースとターゲットを長期間同期させることができます。異種データベースへの移行を行う場合には、前提として関連するアプリケーションコードの記述変更は必要となりますが、データベース移行システムを利用することで最適化やテストを移行前に実施することができ、これによりダウンタイムを極力抑えた移行が実現できます。つまり、業務影響のリスクを可能な限り少なくして、最新クラウドテクノロジーの活用へと踏み出すことができます。

※21　詳細は、「データベース移行サービス」（https://cloud.google.com/database-migration）を参照してください。
※22　詳細は、Datastreamドキュメントの「Overview of Datastream」（https://cloud.google.com/datastream/docs/overview）を参照してください。
※23　詳細は、Cloudアーキテクチャセンターの「Striimを使用したデータベースの移行とレプリケーションの設計」（https://cloud.google.com/solutions/architecting-database-migration-replication-striim?hl=ja）を参照してください。
※24　詳細は、「Cloud Data Fusion」（https://cloud.google.com/data-fusion）を参照してください。

　データベース移行システムにてよく採用される変更データをリアルタイムにキャプチャする方法は表7.11に示すように2つあります。基本は、加えられた変更がすべて記録されるトランザクションログの利用が推奨されます。利用している移行元データベースにトランザクションログの機能がない場合は、差分クエリを選択します。

表7.11　変更データをキャプチャする方法

	方法	概要
1	トランザクションログ	• 変更をすべて記録するデータベースの機能 • 移行元に負荷をほとんどかけない
2	差分クエリ（詳細はこのあとの「差分クエリ」を参照）	• クエリにより都度更新されたデータを照会 • 移行元に負荷がかかる

■ 差分クエリ

　差分クエリとは、クエリによりデータベースの更新を照会する仕組みです。この照会結果をもとにして、移行先に差分を反映させます。差分クエリによる移行は非常に柔軟ではありますが、多くの場合、スキーマとアプリケーションの変更を伴います。また、移行元データベースに業務とは別のクエリ負荷が追加されることになるため、利用においては注意が必要です。具体的な使用方法は以下のようになります。

1. テーブルに最後の変更時刻を示すタイムスタンプ属性を付与
2. DELETE時は物理的に削除はせず、削除フラグを加えるように変更
3. 一定間隔でクエリによりデータベースへの更新を照会

■ BigQuery Data Transfer Service

　BigQuery Data Transfer Service[25]は、BigQueryへのデータ移動を自動化するマネージドサービスです。Cloud Console、bqコマンドラインツール、APIにてアクセスが可能で、データ転送を設定するとデータが定期的かつ自動的にBigQueryに読み込まれます。データソースにTeradata、Amazon S3、Amazon Redshiftをサポートしていることからデータベース移行にも利用されます。

　本書執筆時点において、サードパーティからのデータ転送を含め、指定可能なデータソースとしてはFacebook Adsなど100を超える指定が可能で、Google Cloud Marketplace経由

---

[25] 詳細は、BigQuery Data Transfer Serviceドキュメントの「BigQuery Data Transfer Serviceの概要」（https://cloud.google.com/bigquery-transfer/docs/transfer-service-overview?hl=ja）を参照してください。

で転送の登録ができます[26]。

7.4 まとめ

　本章では、移行を成功させる鍵となる、移行設計のポイントと移行方法を説明しました。これまでに説明したように、クラウドの活用は一度移行したらそれで終わりというわけではありません。テクノロジーの進化や状況の変化に合わせて、継続的に最適化していくことがクラウドを最大限に活用するためのポイントです。

　エンタープライズ企業のこれからを支える皆さんには、クラウド移行により今までの運用負荷を抑えるとともに、よりビジネス価値の高い仕事に注力していただけたら幸いです。

※26　詳細は、BigQuery Data Transfer Service ドキュメントの「サードパーティ転送の使用」（https://cloud.google.com/bigquery-transfer/docs/third-party-transfer?hl=ja）を参照してください。

クラウド適用フレームワーク

COLUMN

クラウド化においては、そのテクノロジーの変化に着目されがちですが、クラウドを最大限活用するためには組織の変革も非常に重要なポイントとなります。もちろん、変化にはリスクが伴います。しかし、変わらないこと、つまり世にある優秀なツールを活用できないことも、将来的には企業にとって大きなリスクとなる可能性があります。移行検討の大変さからクラウド化のリスクが過大評価され、クラウド移行の足止めにならぬよう、組織に対しクラウド化がもたらす長期的な価値を見据えることが重要です。

クラウド移行を成功させるために、移行を開始する前にユーザー組織のクラウド技術に対する成熟度を評価することを推奨します。Google Cloudでは、成熟度評価を実施し、将来のあるべき姿に向けて何が必要であるかを明確にするクラウド適用フレームワークを提供しています。これはGoogle自身が多数のユーザーのクラウド移行をサポートしてきた経験をもとにしたものです。

このフレームワークでは、Google Cloudに限らず、クラウド導入を成功させ、最終的にクラウドファーストの組織となるために、組織が注力すべき4つの能力と、各能力の成熟度判定項目を表7.12のように定義しています。

表7.12 必要な4つの能力とフェーズ判定項目例

	能力	概要	判定項目例
1	学習	組織のテクニカルチームをスキルアップさせるための能力	• 学習プログラムの質と規模 • 新スキル、資格の獲得
2	リード	組織のクラウド化を推進していく能力	• CxOを含む各メンバーがチーム横断的かつ自発的に協力する度合い
3	スケール	クラウドネイティブなアーキテクチャを活用する能力	• クラウドネイティブサービスの使用範囲 • リリースサイクルやデプロイ回数 • 運用プロセスの自動化レベル
4	セキュア	現在の環境を不正アクセスから守る能力	• IDおよびアクセス管理状況 • 漏洩防止対策状況

それぞれの能力の準備状況は、表7.13のように、3つのフェーズに分類されます。組織の4つの能力が3つのフェーズのどこに位置付けられるかを評価することで、現在の組織の状況を把握し、次のフェーズに進むには何が必要かというアクションへと効率的につなげることができます。

表7.13 成熟度フェーズ一覧

	フェーズ	概要	重視される目標
1	戦術	個々の取り組みそれぞれに対する計画のみがある	短期目標 • 例：コスト最適化
2	戦略	将来の全体的なニーズをもとに個々の取り組みの計画がある	中期目標 • 例：ITによる価値増大
3	変革	IT組織がイノベーションセンターとなり継続してビジネスを改善している	長期目標 • 例：持続可能なイノベーション基盤の用意

図7.7に、具体的な各能力、および、そのフェーズの一覧を示します。

	戦術	戦略	変革
学習	個人努力がメイン　不足スキルは他社に依存	組織計画に基づく研修　他社は全体をサポート	社員同士の知識が最大限共有　他社は特定分野のみサポート
リード	機能ごとのチーム　マネージャーからのサポート	新規の部門横断クラウドチーム　経営層からのサポート	部門を超えた自律的なチーム　全管理者層からのサポート
スケール	設定変更のマニュアルレビュー　手動デプロイ　手動でのリソース作成	設定変更の自動テスト　手動デプロイ　テンプレートでのリソース作成	設定変更の自動段階的デプロイ　プログラムでのリソース作成
セキュア	アカウントがクラウド単独管理　ネットワーク境界防御に依存	企業ID管理とのアカウント同期　WAFのようなアプリケーション層防御の利用	全サービス間での認証認可　多層セキュリティ

図7.7　クラウド化に必要な各能力とそのフェーズ

　クラウドを最大限活用するためには、組織は変革フェーズに向かっていく必要があります。一方で、戦術フェーズ、戦略フェーズの過程で学ぶべきことも多く、組織の成長にあたってはどちらも非常に重要なフェーズとなります。特に戦術フェーズにおいて、わずかなコストメリットしか期待できない場合、クラウド適用を単なるプラットフォームの移動としか考えられず、すぐに戦略フェーズに進みたい気持ちに駆られるかもしれません。しかし、ひとつひとつのフェーズが次のフェーズへの基礎を築く準備段階となっているため、焦らずに一歩一歩取り組んでいくことが推奨されます。詳細は、以下のURLにあるクラウド適用フレームワークやデータセンター変革に関するホワイトペーパーを確認してください。

• 「Google Cloud導入フレームワーク」
　https://cloud.google.com/adoption-framework/?hl=ja
• Data Center Transformation with Google
　https://services.google.com/fh/files/misc/google_data_center_transformation.pdf

　なお、組織の現在の成熟度は、以下のURLでの質問に答えていくことで無料で診断することができます。次フェーズに進むための推奨アクションも確認できるためぜひ利用してください。

• 「Cloud Maturity Assessment」
　https://digitalmaturitybenchmark.withgoogle.com/cloud/

7

移行設計

移行先プロダクトの選択ポイント

　Google Cloudには、移行先として利用できるさまざまなプロダクトがあります。ここでは図7.8に、各プロダクトをどのようなポイントで選択するのか、参考となるディシジョンツリーを示します。

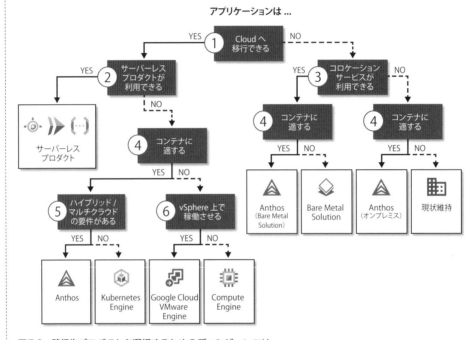

図7.8　移行先プロダクトを選択するためのディシジョンツリー
※ https://cloud.google.com/blog/topics/developers-practitioners/google-cloud-migration-made-easy より引用

　各ポイントでの判断基準は、次のとおりです。

① Cloudへ移行できる

　例えば、以下のような要件をクリアできるかを確認します。

- ワークロードはクラウドでサポートされている
- コンプライアンス対応の観点などを含めワークロードをクラウド環境へ移動できる
- 処理がオンプレミスのストレージシステムなどに依存していない

② サーバーレスプロダクトが利用できる

　フルマネージドのサーバーレスプロダクトは、クラウド事業者によるマネージドレベルが高いといったメリットがありますが、利用においてはいくつかの制限があります。そのため、表7.14を参考にして、要件が対象のサーバーレスプロダクトで実現できるかを確認をします。

表7.14　サーバーレスプロダクト利用において確認すべき要件の例

カテゴリ	要件
可用性	• 提供されるSLAは十分か • 予定される計画停止がある場合、許容できるか
性能／拡張性	• 現在、および、将来に予想される処理に堪えうるか • 業務の特性に適しているか（ピーク時、通常時、縮退時など）
運用／保守性	• 監視、バックアップが求めるレベルで可能か
移行性	• 利用を想定しているミドルウェア、プログラミング言語において 　◦ 利用している機能や言語がサポートされているか 　◦ 利用したいバージョンは選択可能か
セキュリティ	• 想定のアクセス制御が可能か

③ コロケーションサービスが利用できる

　ライセンスの要件といった稼働テクノロジーの制約により、Cloudへの移行は不可でも、データセンター管理やハードウェアの保守から解放されるコロケーションサービスを採用できるかを確認します。

④ コンテナに適する

　表7.15を参考にして、対象のワークロードがコンテナ化に適しているかを確認します。一般的に、Linux上で稼働する多くのワークロードがコンテナ化に適している一方、一部コンテナ化する意味がないものや、できないものがあります。

表7.15　コンテナ適合性とワークロード例

コンテナ適合性	OS	ワークロード例
高	Linux	• Web／アプリケーションサーバー • 急激に負荷がかかるサービス • 負荷の低い常時稼働サービス • 開発、ラボ、トレーニング環境
	Windows	• IIS 7以降がインストールされたサービス
低	Linux	• 特別なカーネルドライバが必要なサービス • ライセンスがハードウェアに依存するソフトウェア • 特定のハードウェアに依存する処理
	Windows	• IIS 7以降がインストールされていないサービス • デスクトップアプリケーション • RDPアプリケーション • VDIアプリケーション

7

移行設計

コンテナ技術活用の前提において、オンプレミス環境とクラウド環境の両方を利用するハイブリッド、または、AWSやAzureといった他社クラウドの利用も見込まれるかどうかを確認します。

⑥ vSphere上で稼働させる

現在利用しているテクノロジーや運用方法を変更することなく、現在vSphere上で稼働させているワークロードをそのままクラウドに移行する必要があるかを確認します。

COLUMN **データベース移行に関する参考記事**

本書執筆時点で公式ドキュメントに用意されている、データベース移行の記事を以下にまとめます。検討中の移行元、移行先のパターンがある場合はぜひ参考にしてください。

表7.16　データベース移行記事一覧

	移行元	移行先	記事URL
1	Oracle Database	Bare Metal Server for Oracle Database	https://cloud.google.com/bare-metal/docs/bms-planning?hl=ja
2	Oracle Database	Cloud SQL for MySQL	https://cloud.google.com/solutions/migrating-oracle-users-to-mysql-terminology https://cloud.google.com/solutions/moving-procedures-from-oracle-to-cloud-sql-for-mysql
3	Oracle Database	Cloud Spanner	https://cloud.google.com/solutions/migrating-oracle-to-cloud-spanner
4	PostgreSQL	PostgreSQL on Compute Engine	https://cloud.google.com/solutions/cloning-a-postgresql-database-on-compute-engine https://cloud.google.com/solutions/migrating-postgresql-to-gcp
5	PostgreSQL	Cloud Spanner	https://cloud.google.com/spanner/docs/migrating-postgres-spanner
6	MySQL	MySQL on Compute Engine	https://cloud.google.com/solutions/migrating-mysql-cluster-compute-engine-haproxy
7	MySQL	Cloud SQL for MySQL	https://cloud.google.com/solutions/migrating-mysql-to-cloudsql-concept https://cloud.google.com/sql/docs/mysql/replication/replication-from-external?hl=ja
8	MySQL	Cloud Spanner	https://cloud.google.com/solutions/migrating-mysql-to-spanner
9	Microsoft SQL Server	Cloud SQL for Microsoft SQL Server	https://cloud.google.com/solutions/migrating-data-between-sql-server-2008-and-cloud-sql-for-sql-server-using-backup-files https://cloud.google.com/solutions/migrating-data-between-sql-server-2017-and-cloud-sql-for-sql-server-using-backup-files

	移行元	移行先	記事URL
10	IBM Db2	IBM Db2 on Compute Engine	https://cloud.google.com/solutions/strategies-to-migrate-ibm-db2-to-compute-engine
11	DynamoDB	Cloud Spanner	https://cloud.google.com/solutions/migrating-dynamodb-to-cloud-spanner
12	MongoDB	MongoDB Atlas	https://cloud.google.com/solutions/mongodb-atlas-live-migration
13	HBase	Cloud Bigtable	https://cloud.google.com/solutions/migration/hadoop/hadoop-gcp-migration-data-hbase-to-bigtable
14	Netezza	BigQuery	https://cloud.google.com/solutions/migration/dw2bq/netezza/netezza-bq-migration-guide?hl=ja
15	Oracle Database	BigQuery	https://cloud.google.com/solutions/migration/dw2bq/oracle/oracle-bq-migration-guide?hl=ja
16	Amazon Redshift	BigQuery	https://cloud.google.com/solutions/migration/dw2bq/redshift/redshift-bq-migration-guide?hl=ja
17	Teradata	BigQuery	https://cloud.google.com/solutions/migration/dw2bq/td2bq/td-bq-migration-overview?hl=ja
18	SAP	BigQuery	https://cloud.google.com/solutions/sap/docs/bigquery-sap-export-using-sds

　また、該当データベースの組み合わせが存在するかの最新情報は以下のURLにあるCloud
アーキテクチャセンターのドキュメントより検索して確認することができます。

• 「Cloudアーキテクチャセンター」
https://cloud.google.com/docs/tutorials

Google Cloudを用いた エンタープライズシステム (クラウド移行プロジェクトの例)

最終章となる本章では、架空の企業のクラウド移行プロジェクトを例にして、オンプレミス環境からGoogle Cloudへのシステム移行の具体的な流れを確認します。これまでに学んだ内容の総復習として活用してください。

移行プロジェクトの進め方は、Chapter 7で説明した「移行するワークロードの評価」「移行計画の策定」「移行の実施」「移行後環境の最適化」の4つのステップに従います。クラウド移行プロジェクトを進めるにあたり、どのような考え方で要件を整理して、移行対象システムと移行方式を選定していくのか、あるいは、どのようにしてアーキテクチャ設計を行うのかを具体例を通して再確認します。

今回は、特に、オンプレミスで稼働するECサイトを「リフト＆最適化」のパターンでGoogle Cloudに移行する流れを見ていきます。はじめに、この架空の企業のシステム概要を説明して、その後、上記の4つのステップに従って検討を進めます。

8.1 架空企業とシステム

A社は日本国内に複数の店舗を保有する小売事業者であり、実店舗とECサイトを用いた小売事業を展開しています。近年ではECサイトの売り上げが急速に伸びており、売り上げ全体の50%を占めるようになりました。今後は、ECサイトを起点とした日本国外へのビジネス展開も計画しています。

現在のECサイトは、データセンターのオンプレミス環境で稼働しており、システムインテグレーターのB社が管理しています。しかしながら、ECサイトの取引量の拡大に伴い、システム基盤への柔軟なリソース追加が運用上の課題となり、販促キャンペーンへの対応にも課題が生じるなど、販売機会の損失にもつながる状況になりつつありました。また、ECサイトが利用するハードウェアの保守期限も迫っており、さらに、海外向けのビジネスの拡大に必要となる、海外のデータセンターの確保も検討が必要な状況にあります。

A社はECサイトの他にも、次のようなシステムを保有しており、社内業務で利用するバックオフィス系のシステムや、各店舗の売り上げを管理する店舗管理システムなども運用しています。

- 倉庫管理システム
- 店舗管理システム
- バックオフィスシステム
- データウェアハウス

これらのシステムも、ECサイトと同様のオンプレミス環境で稼働しており、運用コストなどが課題となっています。

そこで、A社では、ECサイトを含むすべてのシステムについて、パブリッククラウドへの移行を検討することにしました。クラウドへの移行は、Chapter 7で説明した、次の4つのステップで進めていきます。

- ステップ1：移行するワークロードの評価（8.2節）
- ステップ2：移行計画の策定（8.3節）
- ステップ3：移行の実施（8.4節）
- ステップ4：移行後環境の最適化（8.5節）

ステップ1では、移行で解決したい課題、移行に費やせる期間、移行対象システムと移行方式など、移行戦略を明確にします。詳細な検討プロセスはこのあとで見ていきますが、検討の結果、A社は次のような結論を導きます。このような結論に至った理由については、8.2節で説明します。

- 移行で解決したい課題
  - 優先度・高：コスト、スケーラビリティ、可用性、運用／保守性
  - 優先度・低：アジリティ
- 移行に費やせる期間：可能な限り短期間（半年間程度）
- 移行対象システムと移行方式：ECサイトをリフト＆最適化方式で移行

また、ステップ2以降では、パブリッククラウド移行後のアーキテクチャについて触れていきます。これまでの章で学習した内容を活かしながら、移行後のシステム設計を行います。

それでは、順を追って、各ステップを確認していきましょう。

8.2 移行するワークロードの評価

まずは、「移行するワークロードの評価」から始めます。このステップで最初に行う作業は、移行に対するビジョンを明確にすることです。その後、現状のシステム構成を調査して、各ワークロードをクラウドへ移行した場合に期待できる効果や、移行に伴う難易度を整理しながら、先に決定したビジョンに即して、移行するべきワークロードを決定します。ここでは、ビジョンの策定とワークロードのアセスメントの流れを説明します。

8.2.1　ビジョンの策定

　はじめに、移行に関するビジョンを策定します。ここでは、「移行によって、どのような課題を解決したいのか」「移行には、どのぐらいの期間を費やせるのか」といった大きな枠組みをステークホルダー（利害関係者）の間で議論して、合意を得ます。

　今後、移行計画を進めるにあたってさまざまな意思決定を行う必要がありますが、判断に迷った際は、ここで決定したビジョンに照らし合わせることで首尾一貫した判断を行うことができます。また、ステークホルダーとビジョンを共有することにより、移行プロジェクトに対するスポンサーシップを獲得する、あるいはステークホルダー間の意見の衝突を避けるといった効果もあります。それでは、先ほど説明したA社の現状を踏まえて、ビジョンの策定を進めましょう。

■ 移行によってどのような課題を解決したいか

　ここでは、移行によって解決するべき課題を決定します。A社のケースを見る前に、まずは、クラウド移行によって解決できる可能性のある課題を整理しておきます。一般には、クラウド移行によって、次のような課題を解消することができます。

- コスト：システムの開発／運用にかかるコストを削減する
- アジリティ：ビジネス要求の変化に対するシステム対応の俊敏性を高める
- インサイト：データの利活用によってビジネスに新しい示唆をもたらす
- スケーラビリティ：ユーザー増加などに応じて柔軟にシステム基盤を強化する
- 可用性：データセンター障害などへの耐性を強化する
- 運用／保守性：手動で実施していたリリース作業や監視作業を自動化する

　これらの一般的な課題点のうち、現在のシステム状況を踏まえて、クラウド移行によって解決するべき課題を具体的に決定します。この際、解決する／しない、といった単純な分類ではなく、それぞれの課題をどの程度改善、もしくは、解消したいのかを整理することが大切です。この「どの程度」の部分をできる限り具体的に整理することで、より自社の現状に合った移行計画を立てることができます。例えば、表8.1のようなポイントを整理するとよいでしょう。

表8.1　クラウド移行によって課題をどの程度解消するかの検討例

課題	説明	例
コスト	既存構成と比較してどれだけシステム開発／運用コストを削減できるか	「現状から*XX*%削減する」など
アジリティ	新規ビジネス要望に対してどれだけ俊敏にシステム対応できるか	「システムローンチまでに要する期間を*XX*%削減する」など
インサイト	新しいビジネスにつながるインサイトをシステムが示唆できるか	「機械学習技術を利用して今までできていなかった顧客分析を行う」など
スケーラビリティ	システムリソース使用率／データサイズの増加や、突発的なアクセス増に対して柔軟にスケーラビリティを発揮できるか	「データサイズの増加に伴いストレージサイズを拡張可能か」「アクセス数増加に応じてインスタンス数を増減できるか」など
可用性	サーバーダウンなどが発生した場合でも、継続的なシステム稼働が可能か	「冗長構成により有事のシステム切り替えが可能か」「RTO／RPOは基準を満たしているか」など
運用／保守性	運用／保守作業負荷を軽減する仕組みがあるか	「システム稼働状況のモニタリング機能や、ロギング機能が提供されているか」など

　ここまでを理解したうえで、A社のケースについて考えてみましょう。先に触れたように、A社のビジネスは従来の実店舗販売からECサイト販売へと売上比率がシフトしています。また、ECサイトを活用した海外へのビジネス展開も予定していることから、ECサイトの利用ユーザー数は今後も拡大傾向が続くと予想されます。そのため、このECサイトのシステムでは「ユーザー数の増加に追随できるスケーラビリティのあるシステム基盤」が必要になります。

　また、海外対応を含めて、ECサイトの顧客満足度向上を目的とした複数の新規機能追加も見込まれています。他の課題と比較すると優先度はやや落ちますが、アジリティの強化も考慮する必要があります。さらに、売り上げ全体に占めるECサイトの比率が増加していることから、ECサイトの停止はビジネスに重大な影響を及ぼします。そのため、システムの可用性を高めることも求められています。ただし、ECサイトを含めた社内の各システムの管理コストの増大は、社内でも問題視されつつあります。システム管理にかかわる人件費の削減など、コストの削減もクラウド移行によって解決するべき課題となりそうです。

　以上のようなA社の現状と、今後の展望をもとにして、システムとして対処すべき課題を明らかにしたうえで、実際に課題の解決を実現する移行計画を立てる必要があります。先ほどの表8.1に照らし合わせると、A社が取り組むべき課題は「コスト」「スケーラビリティ」「可用性」「運用／保守性」そして、やや優先度は落ちますが「アジリティ」に対応することがわかります。これらの課題の解消につながるように、移行対象システムと移行方式を決定する必要があります。

■ 移行にはどれくらいの期間を費やせるのか

　次に、今回の移行に費やせる移行期間について考えます。A社のビジネスは急速に拡大しており、各システムを利用するユーザー数および利用頻度も増加を続けています。特に、A社の顧客が直接に利用するECサイトはユーザーの増加に伴うリソースの追加を迅速に行うことが

求められますが、オンプレミスのシステム基盤では「ハードウェアの増設にリードタイムを要する」という課題があります。よりスケーラビリティの高いインフラへの移行を早急に実現する必要がありそうです。また、オンプレミスのハードウェアの保守期限も迫っている状況にもあることから、移行期間はできるだけ短くすることを目標として、「半年間程度」という期間を設定することにしました。

ここまでの検討結果をまとめると、次のようになります。

- 移行で解決したい課題
  - 優先度・高：コスト、スケーラビリティ、可用性、運用／保守性
  - 優先度・低：アジリティ
- 移行に費やせる期間：可能な限り短期間（半年間程度）

このビジョンを達成するには、どのシステムをどのような方式で移行するべきでしょうか。その答えを導くために、次項ではワークロードのアセスメントを行います。

8.2.2　ワークロードのアセスメント

ここでは、現在のシステム構成を調査して、ワークロードのアセスメントを行います。すなわち、保有するシステム資産の棚卸しを行って、それぞれのワークロードをクラウドに移行した場合に得られる効果（ビジョンの策定時に決定した解決するべき課題への貢献度）とクラウド移行の難易度を検討したうえで、移行対象のワークロードとその移行方式を決定します。

■ 移行によって期待できる効果

まずは、移行によって期待できる効果から確認していきます。クラウド移行によって期待できる効果は、ワークロードのユースケースやユーザー数、アクセス特性、今後の展望などによって変わります。一般的には、各ワークロードの持つ特性に応じて、表8.2のような効果を期待することができます。

表8.2　ワークロード特性ごとのクラウド移行で期待できる効果

ワークロード特性	クラウドに移行した場合に期待できる効果	詳細
人件費などインフラの運用管理コストが課題となっているワークロード	コスト	クラウドベンダーにハードウェアの管理などを任せられるといった特性を活かすことで、人件費の削減などコストメリットを獲得しやすい
ビジネス要求の変化が激しく、頻繁に機能追加などリリース作業が必要になるワークロード	アジリティ	クラウドサービスの提供するリリース作業を支援するプロダクトなどを活かすことで、アジリティメリットを獲得しやすい

ワークロード特性	クラウドに移行した場合に期待できる効果	詳細
システムにデータが蓄積されているがその利活用は十分できていないワークロード	インサイト	クラウドサービスの提供するデータ分析プロダクトを活かすことで、インサイトメリットを獲得しやすい
ユーザー数や蓄積しているデータサイズが今後増加傾向にある、またはリソース使用率が一定ではなく季節／時間等によって変動するワークロード	スケーラビリティ	クラウドサービスの提供する必要な分だけインフラリソースの追加を可能とする柔軟性を活かすことで、ワークロードへの流動的なアクセスに対するパフォーマンス最適化や、コスト最適化など、スケーラビリティメリットを獲得しやすい
データセンターダウンなどへの対策が必要になる高い可用性を要求されるワークロード	可用性	クラウドサービスの提供する各地区に分散されたシステムリソースを利用した冗長構成を組むなどして、可用性メリットを獲得しやすい
手動で監視しているシステムメトリクスが多いワークロード	運用／保守性	クラウドサービスの提供する監視／運用プロダクトを活かすことで運用／保守性のメリットを獲得しやすい

　A社の場合、今回のクラウド移行で解消すべき課題は「コスト」「スケーラビリティ」「可用性」「運用／保守性」および「アジリティ」でした。表8.2から、これらに対応するワークロード特性を確認したうえで、そのような特性を持つシステムを選定していきます。これらをクラウド移行の対象とすることで、ステークホルダー間で合意したビジョンを実現することにつながります。

■ 移行の難易度

　続いて、それぞれのワークロードについて、クラウド移行の難易度を検討します。はじめに、ワークロードごとに、次のような特性を整理しておきます。

- システムとしての重要度：システムが停止した際にビジネスの遂行に与える影響範囲
- システムの規模：移行対象になるシステムの規模感
- 利用しているテクノロジー：利用しているOS、ミドルウェア、フレームワーク、言語などのテクノロジー、およびそれらのクラウドでの対応状況
- システムリソースの要件：必要とするCPU、メモリなどのシステムリソース（単位時間あたりのアクセス数、バックエンドデータベースへのアクセス数、トランザクション数などをもとにして算出）
- ライセンス条件：システムが使用するソフトウェアはクラウドでの利用が許可されているか、既存のライセンスをクラウドに持ち込んで再利用できるかなど
- 他システムとの依存関係：関連システムとの結合度など
- アプリケーションの更新頻度：どのくらいの頻度でアプリケーションの更新作業が必要になるか
- コンプライアンス条件：データの保管場所に関する地理的な制限など

　このような特性を踏まえたうえで、クラウド移行の難易度を考えていきます。最初に考えるべきポイントは、システムの重要度です。基幹業務との関連性が高いシステムほど移行におけるビジネス上のリスクが大きく、移行の難易度が高くなる傾向があります。また、移行に伴うリファクタリングの量、すなわち既存のシステム構成に対する変更量も移行の難易度に大きく影響します。リファクタリングの量を見積もるには、移行対象になるシステムの規模、既存システムで利用しているテクノロジーやライセンス要件などを確認したうえで、移行対象のクラウドでそれらの利用がサポートされているかを確認する必要があります。

　次に、他のシステムとの依存関係を考えます。複数のシステムと密に結合したシステムでは、クラウド移行に伴ってシステム間の接続方法が変わるとシステム連携に想定外の不具合が発生するリスクが大きくなり、移行の難易度が高くなる場合があります。他にも、アプリケーションの更新頻度や、データの保存場所に関するコンプライアンス条件などが移行の難易度に影響します。これらについても、検討の基本情報として整理しておくとよいでしょう。このような要素をもとにして、移行の難易度を検討していきます。

　ここまで、移行によって期待できる効果と移行の難易度に関する一般的な検討ポイントを説明しました。これらをA社の環境に適用すると、どのような結果が得られるでしょうか。

　ここでは、A社の運用するECサイトを含めた5つの主要システムに関して、それぞれ、表8.3のような検討結果が得られたものとします。

表8.3　システム分類結果

システム	システム特性 ※右2列の値に影響する特性	移行によって期待できる効果 ※今回は該当システムを移行した場合の「コスト」「スケーラビリティ」「可用性」「運用／保守性」「アジリティ」の改善効果の高低を評価	移行の難易度
ECサイト	• ユーザー数／データサイズは増加傾向 • ビジネスのグローバル展開を予定 • インフラ管理コスト高 • ライセンス制約なし • 新規構築サービスのため他システム依存度低	高	低
倉庫管理システム	• 運輸事業者システムとの結合度高 • コンシューマー向け用途ではないためリソース使用率の変動幅も少ない	低	高
店舗管理システム	• 実店舗の売り上げは今後減少傾向でありユーザー数／データサイズは減少傾向 • ライセンス制約あり • 長年運用したサービスのため他システムとの結合度高	低	高
バックオフィスシステム	• 社内ユーザーのみが利用するためリソース使用率は少なく変動幅も少ない • 既存利用パッケージのライセンスはクラウド環境での利用をサポートしていない	低	高
データウェアハウス	• データサイズ増加に伴い、分析処理時間に課題が生じ始めている • 主にデータの可視化に利用しているのみでAIなどを利用した高度なデータ分析ができていない	低	低

　最後に、ここまでの結果をもとにして、実際に移行の対象とするシステムを決定していきます。移行の難易度が低く、かつ移行によって得られる効果が高いシステムが最初の候補となります。この観点からは、A社の場合、ECサイトが有力な候補となります。

　次に、移行方式について考えてみましょう。今回の計画では「できるだけ短期間で移行を完了する」という目標があり、さらにECサイトはA社のビジネスに大きな影響を持つため、クラウド移行に伴うシステム停止は可能な限り避ける必要があります。したがって、ビジョンに沿った必要範囲のクラウド移行のメリットを確保しつつ、移行に伴うリスクを抑えられる方式を選択するのが妥当といえるでしょう。

　A社が解決したい課題はいくつかありますが、アジリティについては対応優先度が低かった点を思い出してください。後ほど詳細を確認しますが、A社の場合、アジリティが低い理由は「アプリケーションのアーキテクチャが密結合している」という点にあります。したがって、アジリティを高めるには既存のアーキテクチャを変更する必要があり、改善の難易度も高くなります。一方、その他の課題については、既存のアーキテクチャを踏襲したままクラウドに移行することでも改善することができます。

　以上の点を踏まえ、A社は移行プロジェクトを2段階に分け、それぞれ次の移行方式で進めることを決定しました。

- プロジェクトステップ1：リフト＆最適化での移行
  - 基本的に大幅なアーキテクチャ変更を行わずリフト＆最適化方式で移行を行う。
  - 大幅なソースコードの変更が不要で、移行の難易度を抑えたままクラウドが提供するマネージドサービス等への移行が可能な場合は、それらを利用する

- プロジェクトステップ2：アーキテクチャのモダナイズ
  - アプリケーションのアーキテクチャを変更し、コンテナ技術などを利用したクラウドネイティブなアーキテクチャの導入を推進する
  - アプリケーションアーキテクチャの変更により、ステップ1で未達成だった、アジリティの改善を図る

　このあとは、Google Cloudへの移行における最初のステップを理解するため、上記の「プロジェクトステップ1」を中心に説明を進めます。「プロジェクトステップ2」は簡易的な説明にとどめているため、詳細については関連する公式ドキュメントを参考にしてください。

　次節では「移行計画の策定」として、移行後の具体的なアーキテクチャの設計を進めます。

8.3 移行計画の策定

「プロジェクトステップ1：リフト＆最適化での移行」を進めるために、ECサイトのアーキテクチャ設計を行います。はじめに、事前準備としてシステム要件とECサイトの現状を確認したうえで、移行後のアーキテクチャの概要を描きます。その後、システム設計の要素ごとに、詳細を確認していきます。

8.3.1 事前整理

はじめに、ECサイトのシステム要件を整理したうえで、現在のアーキテクチャに基づいて移行後のアーキテクチャの概要を決定します。

■ 要件の確認

システム要件を整理するにあたり、それぞれのステークホルダーからの新規ECサイトへの要求事項を確認します。ヒアリングのプロセスは割愛しますが、表8.4のような要求が上がってきたものとします。

表8.4　ステークホルダーごとの要求

関連ステークホルダー	要求分類	要求内容
ビジネス担当者（ビジネス要件を踏まえ、システム企画等を行う担当者）	コスト	• IT管理コストを削減して、システム投資の費用対効果を高めたい
	アジリティ	• 変化する市場の需要に対応するために俊敏にシステム対応をしたい
	スケーラビリティ	• ビジネスがスケールしてシステム使用量が増加しても、販売機会損失などが発生しないよう、ユーザーの需要を満たせるようにしたい
	可用性	• アプリのダウンタイムを最小限に抑えたい • 障害が発生した場合にも、コアビジネスが停止しないよう、必要十分なシステムの操作性が維持されるようにしたい
システム開発者（システムのインフラ、アプリケーション等の設計／開発を行う担当者）	コスト	• 必要な分だけリソースを利用するアーキテクチャを採用してコストを最適化したい • 開発環境／テスト環境／本番環境それぞれに関するコストを把握したい
	アジリティ	• 新機能の企画〜リリースまでの時間を減らしたい
	スケーラビリティ	• アクセス数に応じて変化するスケーラブルアーキテクチャを採用したい
	運用／保守性	• 障害の調査に費やす時間を最小限に抑えたい
システム運用者（システムの運用／保守業務を行う担当者）	運用／保守性	• リソース使用率などの監視作業を自動化したい • 繰り返し必要となるリリース関連作業などを自動化したい • 障害から自動的に復旧する仕組みを用意したい

続いて、関係者を集めて議論したうえで、ステークホルダーの要求に応えるためにシステムに求められる要件を決定します。ここでも要件定義のプロセスは割愛しますが、表8.5のように結果を整理できたものとします。それぞれの要件を具体的なシステム設計に落とし込めるよう、これまでの章で説明した、アカウント、ネットワーク＆セキュリティ、プロダクト（ECサ

イトのシステム本体）、そして監視／運用の4つの設計要素に分類して整理してあります。

表8.5　クラウド移行後のECサイトシステム要件

設計要素	関連するシステム要件
アカウント	• 開発環境／テスト環境／本番環境の3環境それぞれの要件に応じたコスト管理を可能とする • ID管理は継続してオンプレミスのActive Directoryを利用する • 3環境それぞれの要件に応じた権限管理を可能とする • 3環境共通で禁止すべき操作への制限設定を可能とする
ネットワーク& セキュリティ	• 開発環境／テスト環境／本番環境で独立したネットワーク制御を可能とする • ネットワーク管理者とインフラ／アプリケーション開発担当者の作業分離を可能とする（ネットワーク設計はネットワーク管理者が集約して行う） • フロントエンドアプリケーション、バックエンドアプリケーションは別サブネットに配置し、必要なアクセス以外は制限する • 所定の通信ルート以外の通信を遮断する • バックエンドアプリケーションに対するインターネットからの直接の通信は不可とするが、バックエンドアプリケーションからインターネット上の別システムへの通信は可能とする • オンプレミスと広い帯域幅（数Gbps程度）で、可用性の高い（サービスレベル規約（SLA）99.9%）通信を可能とする
プロダクト （システム本体）	【フロントエンド／バックエンドアプリケーション】 • アクセス負荷に応じた仮想マシンのオートスケール、意図しない仮想マシンのダウンに対する自動修復を可能とする • マルチゾーン冗長化構成を取り、可用性を向上させる • オートスケールする仮想マシンへの負荷分散を可能とする 【データベース】 • 冗長構成による高可用性を実現する • バックアップやポイントインタイムリカバリ（PITR）を含むリカバリを可能とする • ストレージサイズの自動拡張を実現する
監視／運用	• システムリソースの死活監視および使用率監視を可能とする • メッセージログの出力状況に応じたアラート通知を可能とする

■ 現在のアーキテクチャ

　続いて、オンプレミスで稼働する既存システムのアーキテクチャを確認します。インフラは仮想マシンを利用して構築されており、アプリケーションはフロントエンド層／バックエンド層／データベース層からなる典型的な3層Webアプリケーションです。既存のアーキテクチャの概要、そして表8.5で整理した設計要素ごとの主な構成要素と特徴をまとめると、図8.1および表8.6のようになります。

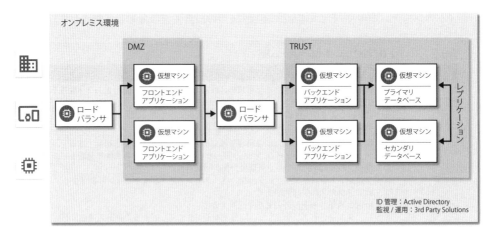

図8.1　オンプレミスでのECサイトアーキテクチャ

表8.6　オンプレミスのアーキテクチャ概要

設計要素	主な構成要素	オンプレミスのアーキテクチャ概要
アカウント	サードパーティID ソリューション（Active Directory）	• ID管理には Active Directory を利用 • 開発環境／テスト環境／本番環境の3環境があり、それぞれ独自のユーザーアクセス権限制御を実施
ネットワーク＆セキュリティ	各種物理ネットワーク機器（ロードバランサ、ルーター、スイッチ、ファイアウォールなど）	• ロードバランサを配置してバックエンドに複数台の仮想マシンを配置し負荷分散を実施 • ファイアウォールを利用してフロントエンドアプリケーション／バックエンドアプリケーション／データベースのサブネット間通信を制御 • ネットワーク管理チームと、インフラ／アプリケーション開発チームが分かれており、ネットワーク機器の設定は前者のチームが集約して実施
プロダクト（システム本体）	【フロントエンド／バックエンドアプリケーション】仮想マシン上のフロントエンド／バックエンドアプリケーション 【データベース】仮想マシン上のMySQL（高可用性構成）	【フロントエンド／バックエンドアプリケーション】 • フロントエンド／バックエンドに分かれた2層構造 • バックエンドアプリケーションからデータベースへのアクセスを実施 • アプリケーションは各コンポーネントの結合度が高いモノリシックなアーキテクチャ 【データベース】 • RDBMSには MySQL を利用 • レプリケーション構成による高可用性構成を実現 • 定期的にバックアップを取得し、ポイントインタイムリカバリ（PITR）にも対応 • ディスクサイズが不足した場合、手動でディスクを追加する運用を実施
監視／運用	サードパーティ監視ソリューション	• サードパーティ監視ソリューション等を利用し、仮想マシンの死活監視、リソース使用率監視や、特定のエラー状況に応じたシステム運用者へのアラート通知を実施

■ 移行後のアーキテクチャ

　ここまでに整理したシステム要件と既存のアーキテクチャをもとにして、クラウド移行後のアーキテクチャを検討します。今回は、移行方式としてリフト＆最適化を選定しているため、フ

ロントエンドアプリケーション／バックエンドアプリケーションといった既存の構成は変更せ
ず、既存の仮想マシン環境をGoogle Cloudの仮想マシン環境であるComupte Engineに移
行することにします。これにより、仮想マシン上で稼働するアプリケーション自体は、アーキ
テクチャを変更せずに移行することができます。

　また、データベースについては、マネージドサービスであるCloud SQLを利用します。リフ
ト＆シフト方式のようにアーキテクチャを極力変更しない方式であれば、オンプレミス環境と
同様に仮想マシン上のMySQLを利用するところですが、アプリケーションに対する大きな変
更を伴わない前提で、今回はリフト＆最適化方式として、Cloud SQLが提供するMySQLに移
行することにします。

　実際に設計したアーキテクチャは、図8.2および表8.7のようになります。それぞれの設計要
素の詳細は、後ほど順を追って説明していきます。まずは、大まかな全体像を捉えておいてく
ださい。

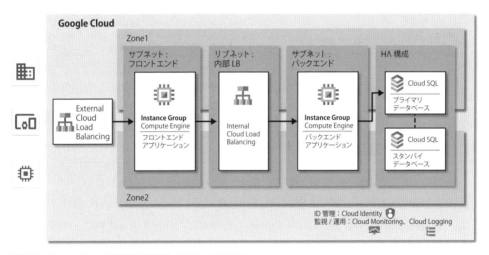

図8.2　Google Cloud移行後のECサイトアーキテクチャ

表8.7　移行後のアーキテクチャ概要

設計要素	主な構成要素	移行後のアーキテクチャ概要
アカウント	• Cloud Identity • Google Cloud Directory Sync • Resource Manager • Cloud Identity and Access Management（IAM）	• ID管理にはオンプレミスのActive Directoryを継続利用しつつ、Cloud Identityを構築し、Google Cloud Directory Syncを利用してActive DirectoryとCloud Identityの間でID情報の同期を行う • Resource Managerを利用して開発／テスト／本番の3環境を分離し、IAMを利用して各環境独自のユーザーアクセス権制御等を実施する • 3環境共通で禁止すべき操作は組織のポリシー機能を利用して禁止する

次ページへ続く

設計要素	主な構成要素	移行後のアーキテクチャ概要
ネットワーク&セキュリティ	・Cloud Load Balancing ・Virtual Private Cloud（VPC） ・共有VPC ・Cloud NAT ・Cloud Interconnect	・Cloud Load Balancingをフロントエンドアプリケーション前後に配置し、複数台の仮想マシンへの負荷分散を行う ・VPCを利用して、サブネット／ファイアウォール等を設計し、各種通信制御を行う ・共有VPCを用いて、ネットワーク管理チームとインフラ／アプリケーション開発チーム間の責任分界を行う ・Cloud NATを用いてバックエンドアプリケーションの仮想マシンからインターネットへの通信を可能とする ・Cloud Interconnectを利用して、オンプレミスとGoogle Cloudの通信を可能とする
プロダクト（システム本体）	【フロントエンド／バックエンドアプリケーション】 ・Compute Engine（マネージドインスタンスグループ（MIG）） 【データベース】 ・Cloud SQL	【フロントエンド／バックエンドアプリケーション】 ・Compute Engineのマネージドインスタンスグループ（MIG）機能を利用して、オートスケールや自動修復が可能な仮想マシン構成を実現する 【データベース】 ・Cloud SQLを利用して、各種要件を満たす高可用性構成を実現する ・定期的にバックアップを取得し、PITRにも対応する ・ストレージの自動拡張機能を利用してディスクサイズが不足した場合に対応する
監視／運用	・Cloud Monitoring ・Cloud Logging	・Cloud Monitoring、Cloud Loggingを利用し、仮想マシンの死活監視、リソース使用率監視や、特定のエラーの発生状況に応じてシステム運用者へのアラート通知を実施

このあとは、表8.5に整理した設計要素ごとのシステム要件と照らし合わせながら、移行後のアーキテクチャにおける各要素の具体的な設計ポイントを説明していきます。

8.3.2 アカウント設計

はじめに、アカウント管理に関連する設計を行います。ここでは、既存のアーキテクチャと先に整理したシステム要件に基づいて設計を進めます。Google Cloudの機能を利用してシステム要件をどのように実現していくのか、表8.5に示したシステム要件ごとに設計のポイントをまとめると、表8.8のようになります。

表8.8 アカウント管理関連のシステム要件

要件概要	設計ポイント	概要
・開発／テスト／本番の3環境それぞれの要件に応じたコスト管理を可能とする	リソース階層／請求先アカウント	・Resource Managerを利用してリソース階層を定義し環境を分離する
・ID管理は継続してオンプレミスのActive Directoryを利用する ・3環境それぞれの要件に応じた権限管理を可能とする	ID管理&アクセス管理	・Active DirectoryとCloud Identityの同期設定を行う ・リソース階層に応じたIAMポリシーの付与を行う
・3環境共通で禁止すべき操作への制限設定を可能とする	組織のポリシー	・組織レベルで不可とすべき操作の禁止設定を行う

それぞれの設計ポイントについて、さらに詳細を確認していきます。

■ リソース階層／請求先アカウント

　表8.8の1つ目のシステム要件を満たすには、開発／テスト／本番の3つの環境を何らかの方法で分割して管理する必要があります。ここでは、Chapter 2で説明した、Resource Managerによる「組織、フォルダ、プロジェクトを利用したリソース階層」を利用することにします。リソース階層を利用することにより、環境ごとの要件に応じた制御が可能になります。コスト管理については、請求をまとめたいグループごとに請求先アカウントを作成しておき、プロジェクトごとに請求先アカウントを使い分けることで、グループごとのコスト管理が可能になります。

　今回は、図8.3に示すようなリソース階層を定義します。はじめに、組織リソースの配下に、「開発環境」「テスト環境」「本番環境」という3つのフォルダを作成し、その配下に各環境で利用するプロジェクトを作成します。その後、開発／テスト／本番それぞれの環境に対して個別の請求先アカウントを作成し、対応する各プロジェクトに請求先アカウントを紐付けます。これにより、環境ごとに請求書を分け、コストを個別に管理することができます。

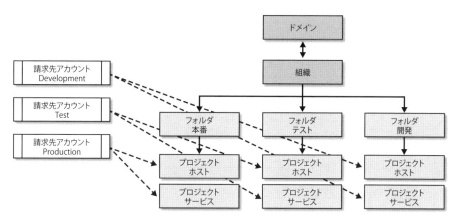

図8.3　リソース階層と請求先アカウント

　なお、具体的な請求内容については、請求書での確認はもちろんのこと、Cloud Consoleで用意されているレポート機能[※1]でも、さまざまなフィルタ機能を利用して請求状況を分析することができます。

　実際、今回は請求書を環境ごとに分ける目的で請求先アカウントを環境ごとに作成しましたが、単一の請求先アカウントを各環境に紐付けた場合でも、Cloud Consoleのレポート機能を利用することでプロジェクトごとの費用を確認することもできます。

※1　詳細は、Cloud Billingドキュメントの「請求レポートと費用傾向の表示」（https://cloud.google.com/billing/docs/how-to/reports ?hl=ja）を参照してください。

また、環境ごとに「ホストプロジェクト」「サービスプロジェクト」という2種類のプロジェクトを用意している理由は、表8.5で整理したネットワーク&セキュリティにかかわる要件「ネットワーク管理者とインフラ／アプリケーション開発担当者の作業分離を可能とする（ネットワーク設計はネットワーク管理者が集約して行う）」の実現にあたり、共有VPCという仕組みを利用するためです。共有VPCについては、このあと、8.3.3項にて説明します。ここでは、ネットワーク管理者が扱うプロジェクトが「ホストプロジェクト」、インフラ／アプリケーション開発担当者が扱うプロジェクトが「サービスプロジェクト」だと考えてください。

■ ID管理&アクセス管理

表8.8の2つ目のシステム要件を満たすには、オンプレミスのActive Directoryで継続してID管理を行う必要があります。これは、Chapter 2で説明した、Active DirectoryとCloud Identityの連携構成で実現できます。Google Cloud Directory Sync（GCDS）を利用して、Active Directoryに保存されたID情報をCloud Identityに同期することにより、オンプレミスのActive Directoryを認証のシングルソースとして利用できるようになります。この構成の場合、パスワード情報は、オンプレミスからGoogle Cloudには同期されないため、Active Directory Federation Services（ADFS）を利用した認証フローを設定する必要があります。構成イメージは下記のようになります。具体的な連携手順は、公式ドキュメント[※2]をご確認ください。

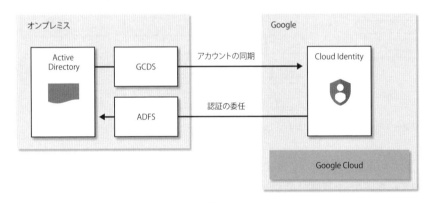

図8.4　Active DirectoryとCloud Identity連携

次に、各環境のアクセス管理に関する設計を行います。Chapter 2でも説明したように、誰（ID）がどのリソースに対してどのようなアクセス権（ロール）を持つかを定義するIAMポリシーは、「組織」「フォルダ」「プロジェクト」といったリソース階層に設定することにより、上

※2　詳細は、Cloudアーキテクチャのドキュメント「Google CloudとActive Directoryの連携」（https://cloud.google.com/architecture/identity/federating-gcp-with-active-directory-introduction）を参照してください。

位の階層に設定したポリシーを下位の階層に継承することができます。この仕組みを利用して、アクセス管理を行います。

　具体的な設定内容は、システムのユースケースや自社のセキュリティポリシーに応じて決定する必要がありますが、ここでは、次のような設計を行います。まず、A社のシステム開発、および、システム運用チームのメンバーについて、担当職務をいくつかのグループに分けて整理します。このグループごとにGoogleグループを定義して、適切なロールをGoogleグループに対して設定します。また、IAMポリシーはリソース階層間で継承されることを利用して、組織全体で適用すべきIAMポリシーは組織レベルで設定し、プロジェクト単位や請求先アカウント単位で適用すべきIAMポリシーはプロジェクトレベル、および、請求先アカウントレベルで設定しています。

表8.9　グループと権限作成例

担当職務	Googleグループ	ロール	IAMポリシー設定レベル
【組織の管理者】 組織で使用するリソース構造の編成など	gcp-organization-admins	・組織管理者	組織
【ネットワーク管理者】 ネットワーク、サブネット、ファイアウォールルール、およびクラウドルーター、ロードバランサなどのネットワークデバイスの作成など	gcp-network-admins	・共有VPC管理者 ・ネットワーク管理者 ・Compute Engineネットワーク管理者など	組織
【セキュリティ管理者】 アクセス管理や組織の制約ポリシーなどの組織全体のセキュリティポリシーの確立と管理など	gcp-security-admins	・セキュリティ管理者 ・Compute Engineセキュリティ管理者など	組織
【請求管理者】 請求先アカウントの設定とその使用状況の監視など	gcp-billing-admins	・請求先アカウント管理者 ・請求先アカウントユーザーなど	請求先アカウント
【システム運用者】 継続的インテグレーション、継続的デリバリー、モニタリング、システムプロビジョニングをサポートするエンドツーエンドのパイプラインの作成または管理など	gcp-devops	・プロジェクト編集者	プロジェクト（サービスプロジェクトのみ）
【システム開発者】 アプリケーションの設計、コーディング、テストなど	gcp-developers	・プロジェクト編集者	プロジェクト（サービスプロジェクトのみ）

　システム運用者、システム開発者のメンバーはネットワーク管理にかかわらないため、IAMポリシー設定レベルは、先に触れたサービスプロジェクトに限定しています。

　なお、ここでは、説明を簡単にするために、やや大まかな権限設計にとどめていますが、実際の環境では、Compute Engineなど、プロダクトごとに用意されたより詳細なロールの設定を検討してもよいでしょう。プロダクトごとに用意されたロールについては、各プロダクトの公式ドキュメントに説明がありますので、必要に応じて参照してください。

■ 組織のポリシー機能

IAMポリシーとは別に、組織全体で制御すべき操作に関しては、組織ポリシーを利用して対応します。Chapter 2で説明したように、組織ポリシーはクラウドリソースに対して許可／拒否の設定を行い、組織レベルで特定のリソースに対する操作を禁止することができます。今回は、組織ポリシーを利用して、次のような定義を行います。

- 特定の仮想マシンを除いて、外部IPの付与を禁止する
- 特定のリージョンに限定してリソースの配置を許可する

詳細な設定イメージについてはChapter 2を確認してください。

8.3.3　ネットワーク＆セキュリティ設計

アカウント設計と同様に、ネットワーク＆セキュリティについて、既存のアーキテクチャとシステム要件に基づいて設計を行います。表8.5に示したシステム要件ごとに設計のポイントをまとめると、表8.10のようになります。なお、ロードバランサについては、今回のECサイトのアーキテクチャ上、システム本体と密接に紐付くため、次の8.3.4項であわせて説明します。

表8.10　ネットワーク＆セキュリティ関連のシステム要件

要件概要	設計ポイント	概要
• 開発環境／テスト環境／本番環境で独立したネットワーク制御を可能とする • ネットワーク管理者とインフラ／アプリケーション開発担当者の作業分離を可能とする（ネットワーク設計はネットワーク管理者が集約して行う）	VPC分割と共有VPC	• 各環境レベルでVPCを分離する • 共有VPC機能を用いてネットワーク管理者によるネットワークの集中管理を可能とする
• フロントエンド／バックエンドアプリケーションは別サブネットに配置し、必要なアクセス以外は制限する	サブネット	• サブネットを分離して各アプリケーションを分離する
• 所定の通信ルート以外の通信を遮断する	アクセス制御	• ファイアウォールでアクセス制御を行う
• バックエンドアプリケーションに対するインターネットからの直接の通信は不可とするが、バックエンドアプリケーションからインターネット上の別システムへの通信は可能とする	インターネットへの通信	• Cloud NATを利用したインターネットへの通信設定を行う
• オンプレミスと広い帯域幅（数Gbps程度）で、可用性の高い（サービスレベル規約（SLA）99.9%）通信を可能とする	オンプレミスとの接続	• Dedicated Interconnectを利用した通信設定を行う

このあと、それぞれの設計ポイントについて説明していきますが、その前に事前準備として、VPCに関するネットワーク設計の基本的なポイントをまとめておきます。

■ VPCに関する基本設計ポイント

命名規則

基本的なポイントですが、長期的にVPCを運用していく際に重要になるのが、VPCの命名規則です。一定のルールに従った命名規則を利用することで、管理者はそれぞれのリソースの用途を把握して利用できるようになります。一例として、「会社名」「組織名」「システムコード」「リージョンコード」「環境コード」などを用いて命名するとよいでしょう。

VPCのサブネット作成モード

VPCの作成に際しては、サブネット作成モードとして自動モードとカスタムモードのいずれかを選択することができます[3]。自動モードは簡単に作成できて、デフォルトでいくつかのファイアウォール設定なども行われており、試験運用などに向いています。しかしながら、使用するリージョンやIPアドレス範囲などVPCネットワーク内に作成するサブネットを詳細に制御するために、本番環境での利用においてはカスタムモードを利用するとよいでしょう。

VPCの利用パターンと共有VPC

プロジェクトごとのVPCの利用パターンと、各利用パターンがフィットするユースケースは以下のとおりです。

表8.11　VPCの分割パターン

VPC利用パターン	フィットするユースケース
単一VPCを利用	システム開発／運用を行う複数のチームが存在するが、各チームがそれぞれ個別のVPCを制御する必要がない場合
複数VPCを利用	システム開発／運用を行う複数のチームが存在し、各チームがそれぞれのVPCを完全に制御する必要がある場合

また、エンタープライズ企業のシステム開発では、ネットワーク管理チームとインフラ、および、アプリケーション開発チームが分かれており、ネットワーク管理チームは、すべての環境のネットワークをまとめて管理することもよくあります。そのような場合は、Chapter 4で説明した共有VPCを利用することで、複数のプロジェクトに共通のネットワーク基盤をネットワーク管理チームがまとめて構築・管理することができます。共有VPCを利用する場合は、図8.3で示したように、ホストプロジェクト、サービスプロジェクトの2種類のプロジェクトを用意します。「ネットワーク管理チームがVPC、サブネット、ファイアウォールなどの設定をホストプロジェクトで行い、それをインフラ、アプリケーション開発チームがサービスプロジェクトに配置する仮想マシンなどのネットワーク基盤として利用する」といった使い方が可能になります。

---

[3]　詳細は、Virtual Private Cloudドキュメントの「VPC ネットワークの概要」（https://cloud.google.com/vpc/docs/vpc?hl=ja#subnet-ranges）を参照してください。

アクセス制御

　オンプレミスで、フロントエンドアプリケーション、バックエンドアプリケーション、データベースといった特定の用途で利用する仮想マシンをグループ化する場合、用途ごとに用意されたサブネットに配置し、サブネットのネットワークアドレスで識別することが多くあります。

　一方、Chapter 4でも説明したように、Google Cloudではそれに加え、用途ごとに用意したネットワークタグやサービスアカウントによって仮想マシンをグループ化することでサブネットに縛られない柔軟なグループ化も可能です。

　ネットワークタグやサービスアカウントによるグループ化だけでVPCのファイアウォールルールによるアクセス制御をすることもできますが、もう少し複雑な組み合わせでアクセス制御を行いたくなった場合は「アドレスレンジによる指定」も必要になります。そのような場合は、オンプレミスの場合と同じく、用途ごとにサブネットを用意するのも有効です。

　なお、可能な場合はネットワークタグではなくサービスアカウントの利用が推奨されます[4]。ネットワークタグは、必ずしも定義する必要がない「任意の属性値」であることに加えて、Compute Engineインスタンス管理者の権限が付与されたユーザーであれば、自由に編集することができます。そのため、該当のユーザーが誤ってネットワークタグを変更して、ネットワーク通信に問題が発生するというリスクがあります。サービスアカウントを利用すれば、IAMメンバーに対するサービスアカウントユーザーのロールの付与を制御することでサービスアカウントへのアクセスを制御できるので、より厳密な権限管理を行うことができます。

 ネットワークタグを利用する必要がある場合、万が一タグを変更された際にそれを検知する仕組みを導入することでリスクを減らすことも有効な手段です。例えば、Forsetiを使用すると、構成の変更を把握することができるため、問題の解決に役立ちます[5]。

インターネットへの通信

　インターネット上の外部APIサービスへのアクセスやOSのアップデートなどで、内部IPアドレスしか持たないVPC上の仮想マシンからインターネット上の外部リソースへのアクセスが必要になることがあります。このような場合は、「仮想マシンへ外部IPアドレスを付与する」「Cloud NATを介してインターネットへのアクセスを許可する」といった方法があります。Cloud NATを用いる場合は、仮想マシンが外部IPアドレスを持たずに済むので、インター

※4　詳細は、Virtual Private Cloudドキュメントの「VPCファイアウォール ルールの概要」(https://cloud.google.com/vpc/docs/firewalls/?hl=ja#service-accounts-vs-tags) を参照してください。

※5　詳細は、Cloudアーキテクチャセンターの「VPC設計のためのおすすめの方法とリファレンス アーキテクチャ」(https://cloud.google.com/architecture/best-practices-vpc-design?hl=ja#automation-monitor-tags) を参照してください。

ネットからの直接の通信を防ぐことができます。

オンプレミスとの通信

オンプレミスとVPCを接続する方法には、インターネット通信を除くと、

- Dedicated Interconnect
- Partner Interconnect
- Cloud VPN

という3つの選択肢があります。Google Cloudとオンプレミスとの通信に求められるセキュリティ要件やネットワークパフォーマンスの要件に応じて、適切なオプションを選択する必要があります。

　以上が、VPCに関するネットワーク設計の基本的なポイントのまとめです。ここからは、A社のシステムにおける具体的な設計ポイントを確認していきます。図8.2に示した移行後のアーキテクチャをネットワーク観点で補足したアーキテクチャを確認しておきましょう（図8.5）。

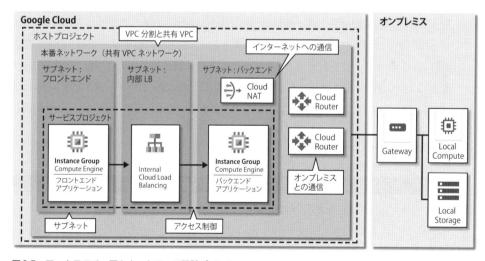

図8.5　アーキテクチャ図とネットワーク設計ポイント

　このあとは、図8.5に吹き出しで示したポイントを中心に説明を進めます。今回は、共有VPCを用いたネットワーク設計を行うため、このあとの作業は、共有VPCのホストプロジェクトにおいて、ネットワーク管理者が実施する必要がある点に注意してください。

■ VPC分割と共有VPC

　はじめに、VPCの分割単位を決定します。今回は、開発／テスト／本番という3つの環境があり、それぞれに独立したネットワーク制御を行う必要があります。また、各環境内に複数VPCを構築する要件はないため、プロジェクトごとにVPCを1つ構築することにします。

　また、今回はネットワーク管理チームとインフラおよびアプリケーションの開発チームが分かれており、「ネットワーク設定はネットワーク管理チームがまとめて行う」という役割分担が必要です。そこで、共有VPCを利用しつつ「VPCの設定は、ネットワーク管理チームがホストプロジェクト上で構成する」ことにします。ただし、共有VPCを構成するホストプロジェクトは3つの環境ごとに個別に用意して、環境ごとのネットワークの独立性を保つようにします。このあとの説明では、本番環境についてのみ説明しますが、他の2つの環境についても同様の設定を行う必要があります。

■ サブネット

　A社のECサイトは、フロントエンドアプリケーション層、バックエンドアプリケーション層、データベース層に分かれた構成になっており、図8.5に示したように、移行後も同様の構成を保ちます。したがって、ネットワーク構成も既存システムのネットワーク設計を踏襲して、それぞれのアドレスレンジをサブネットとして分ける構成にします。詳しくは後ほど説明しますが、フロントエンドアプリケーションはCompute Engineのマネージドインスタンスグループを利用して構築し、その前後には、外部ロードバランサと内部ロードバランサを配置します。このような構成において、それぞれのサブネットは表8.12のように設計します。

表8.12　サブネット設計

環境	サブネット用途	アドレスレンジ例	配置リソース
Google Cloud	フロントエンドアプリケーション	10.1.1.0/24	フロントエンド用マネージドインスタンスグループ
	内部ロードバランサ用プロキシ	10.129.0.0/23	内部ロードバランサ用プロキシ
	バックエンドアプリケーション	10.1.5.0/24	バックエンド用マネージドインスタンスグループ
オンプレミス	Google Cloud通信セグメント	192.168.10.0/24	Google Cloudとの通信用インスタンス等

　なお、今回の構成では以下2点に注意する必要があります。

- 内部ロードバランサにはプロキシ専用のサブネットを割り当てる必要がある（サブネットのサイズは「/23」を推奨）
- Cloud SQLはマネージドサービスであり、利用者が定義する上記のVPCとは別に配置することになる（Cloud SQLとの接続設定については8.3.4項の「バックエンドアプリケーション」（315ページ）を参照）

■ アクセス制御

　次に、アクセス制御のためのファイアウォール設計を行います。今回は「外部ロードバランサ→フロントエンドアプリケーション→内部ロードバランサ→バックエンドアプリケーション→Cloud SQL」の通信のみを許可します。これを実現するには、下記5つの通信を許可するファイアウォールルールを設定します。具体的な設定は、表8.13のようになります。

- 外部ロードバランサ→フロントエンドアプリケーションへの通信
- 外部ロードバランサ→フロントエンドアプリケーションへのヘルスチェック
- フロントエンドアプリケーション→内部ロードバランサへの通信
- 内部ロードバランサ→バックエンドアプリケーションへの通信
- 内部ロードバランサ→バックエンドアプリケーションへのヘルスチェック

　ロードバランサからフロントエンドアプリケーションといったコンポーネント間の通信を許可する設定に加えて、外部ロードバランサ[6]、および内部ロードバランサ[7]からのヘルスチェックに用いられる通信も許可する必要があります。具体的には、ヘルスチェックのアクセス元となるアドレスレンジ（35.191.0.0/16、130.211.0.0/22）から、ヘルスチェック対象（フロントエンドアプリケーション、バックエンドアプリケーション）への通信を許可します。

　なお、本書では説明を割愛しますが、オンプレミスとの通信を許可する設定や、（メンテナンス作業で仮想マシンにログインする必要がある場合に）仮想マシンへのSSH接続を許可する設定など、要件に応じてファイアウォールルールを追加する必要があります。

※6　詳細は、Cloud Load Balancingドキュメントの「外部HTTP(S)負荷分散の概要」（https://cloud.google.com/load-balancing/docs/https?hl=ja）を参照してください。
※7　詳細は、Cloud Load Balancingドキュメントの「内部HTTP(S)負荷分散の概要」（https://cloud.google.com/load-balancing/docs/l7-internal?hl=ja）を参照してください。

表8.13 VPC内部のファイアウォール制御設定例

用途	適用対象	アクセス元／先	プロトコルとポート
外部ロードバランサ→フロントエンドアプリケーションへの通信	フロントエンドアプリケーションのネットワークタグ、またはサービスアカウント	アクセス元：外部ロードバランサ • 35.191.0.0/16 • 130.211.0.0/22	tcp：フロントエンドアプリケーションの受付ポート番号
外部ロードバランサ→フロントエンドアプリケーションへのヘルスチェック	フロントエンドアプリケーションのネットワークタグ、またはサービスアカウント	アクセス元：ロードバランサのヘルスチェックプローブ • 35.191.0.0/16 • 130.211.0.0/22	tcp：フロントエンドアプリケーションヘルスチェック対象のポート番号
フロントエンドアプリケーション→内部ロードバランサへの通信	フロントエンドアプリケーションのネットワークタグ、またはサービスアカウント	アクセス先：内部ロードバランサ	tcp：バックエンドアプリケーションの受付ポート番号
フロントエンドアプリケーション以外→内部ロードバランサへの通信（ブロック）	すべてのインスタンス	アクセス先：内部ロードバランサ	tcp ※ポート番号の指定なし
内部ロードバランサ→バックエンドアプリケーションへの通信	バックエンドアプリケーションのネットワークタグ、またはサービスアカウント	アクセス元：内部ロードバランササブネット • 10.129.0.0/23	tcp：バックエンドアプリケーションの受付ポート番号
内部ロードバランサ→バックエンドアプリケーションへのヘルスチェック	バックエンドアプリケーションのネットワークタグ、またはサービスアカウント	アクセス元：ロードバランサのヘルスチェックプローブ • 35.191.0.0/16 • 130.211.0.0/22	tcp：バックエンドアプリケーションヘルスチェック対象のポート番号

　実際のファイアウォールの設定方法については以下のURLにある公式ドキュメントを参照してください。

- 「ファイアウォールルールの使用」（Virtual Private Cloud ドキュメント）
  https://cloud.google.com/vpc/docs/using-firewalls?hl=ja

■ インターネットへの通信

　今回のバックエンドアプリケーションは、インターネット上のシステムと通信する必要があります。そのため、先に説明したCloud NATを利用した接続設定を行います。具体的には、Cloud NATを配置するVPCおよびリージョンを選択し、NATゲートウェイにマップするサブネットとしてバックエンドアプリケーション用のサブネットを選択します。実際の設定方法については該当の公式ドキュメント[8]を参照してください。

※8　詳細は、Cloud NATのドキュメント「Cloud NATを構成する」（https://cloud.google.com/nat/docs/using-nat?hl=ja）を参照してください。

■ オンプレミスとの接続

　オンプレミスとGoogle Cloudの通信については、数Gbps程度の通信帯域と99.9%の可用性が求められました。この要件を満たすために、広い通信帯域に対応したDedicated Interconnectを選択して、可用性に関するサービスレベル規約（SLA）が定義された、図8.6の冗長化ネットワーク構成[※9]を採用します。オンプレミスとのルーティングにはCloud Routerを利用します。

　Dedicated Interconnectの設定方法については、Chapter 4を参照してください。

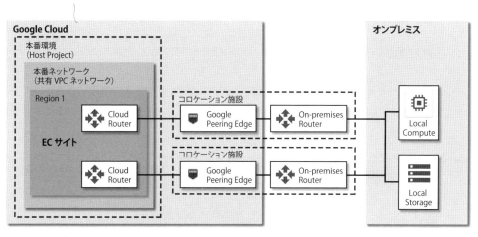

図8.6　オンプレミス/Google Cloud間ネットワーク構成

8.3.4　プロダクト設計

　アカウント設計とネットワーク&セキュリティ設計ができたので、次は、システムの本体となるフロントエンドアプリケーション、バックエンドアプリケーション、およびデータベースに関するプロダクト設計を行います。また、これらと密接にかかわる、ロードバランサの設計もあわせて行います。表8.5に示したシステム要件ごとに設計のポイントをまとめると、表8.14のようになります。

※9　詳細は、ネットワーク接続ドキュメントの「Dedicated Interconnectで99.9%の可用性を実現する」（https://cloud.google.com/network-connectivity/docs/interconnect/tutorials/dedicated-creating-999-availability?hl=JA）を参照してください。

8

Google Cloudを用いたエンタープライズシステム（クラウド移行プロジェクトの例）

表8.14　システム本体（フロントエンドアプリケーション／バックエンドアプリケーション／データベース）関連のシステム要件

要件概要	設計ポイント	概要
• アクセス負荷に応じた仮想マシンのオートスケール、意図しない仮想マシンのダウンに対する自動修復を可能とする • マルチゾーン冗長化構成を取り、可用性を向上させる	• フロントエンドアプリ • バックエンドアプリ	• Compute Engineのマネージドインスタンスグループ（MIG）を利用して仮想マシンのオートスケール、自動修復を設定する • MIGを複数ゾーンにまたがって配置し、可用性を向上させる
• マルチゾーン冗長化構成を取り、可用性を向上させる • バックアップやPITRを含むリカバリを可能とする • ストレージサイズの自動拡張を実現する	データベース	• Cloud SQLのHA構成を設定する • 自動バックアップ、PITR設定を行う • ストレージの自動拡張設定を行う
• オートスケールする仮想マシンへの負荷分散を可能とする	• 外部HTTP(S)負荷分散 • 内部HTTP(S)負荷分散	• 負荷分散ルールを設定する • ヘルスチェックを設定する

　それぞれのポイントの説明に入る前に、図8.7に示したアーキテクチャの全体像を再確認しておきます。アーキテクチャの全体像をイメージしたうえで、コンポーネントごとの設計ポイントを理解していきましょう。

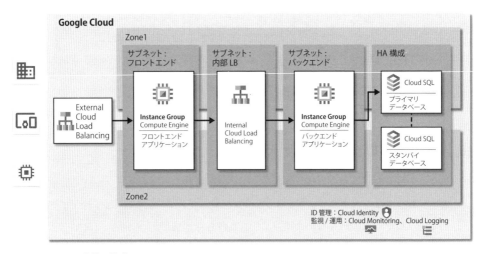

図8.7　システム本体の構成

　このアーキテクチャのポイントは、次のようにまとめられます。

- フロントエンドアプリケーションとバックエンドアプリケーションは、後述するCompute Engineのマネージドインスタンスグループ（MIG）を利用して構築することで、仮想マシンのオートスケール／自動修復が可能になる。
- マネージドインスタンスグループはロードバランサのバックエンドサービスとしても利用することができるので、マネージドインスタンスグループを利用することで、簡単に負荷分散

アーキテクチャを実現できる。

- データベースについては、Google Cloudのマネージドリレーショナルデータベースである Cloud SQLを利用して構築することで、可用性を向上させるための冗長化構成や、バックアップ／リストア、さらにストレージの自動拡張機能といった便利な機能を少ないセットアップのみで実現することができる。

- エンドユーザーとフロントエンドアプリケーションの間に位置する外部ロードバランサで、エンドユーザーからのリスクエストを受け付けることで、SSLの終端などセキュリティに関連する処理が実施できる。また、フロントエンドアプリケーションとバックエンドアプリケーションの間に位置する内部ロードバランサで、システムの可用性とスケーラビリティを高めることができる。

■ フロントエンドアプリケーション

フロントエンドアプリケーションはCompute Engineを利用して構築しますが、システム要件として、オートスケーリング、自動修復、マルチゾーンへの仮想マシンのデプロイメントがあり、これらを実現するためにマネージドインスタンスグループを利用します。これにより、可用性とスケーラビリティを強化したアーキテクチャが実現できます。インスタンスグループは、Chapter 5で説明したように、単一のエンティティとして、ひとまとまりに管理できる仮想マシンの集合のことで、インスタンスグループには、マネージドインスタンスグループ（MIG）と非マネージドインスタンスグループがあります。

表8.15　Compute Engineインスタンスグループの種類

インスタンスグループ	概要
マネージドインスタンスグループ	・オートスケーリング、自動修復、リージョン（マルチゾーン）デプロイメント、自動更新などを実現可能 ・グループ内には、異種OSなどで構成される異種仮想マシンを追加することはできない ・同じインスタンステンプレートから作成された同種の仮想マシンに対して、上記のような高度な仮想マシン管理を行う必要のあるユースケースに適している
非マネージドインスタンスグループ	・マネージドインスタンスグループが持つ上記のオートスケーリング等の機能は利用できないが、グループ内には異種OSなどで構成される異種仮想マシンを含めることができる ・異種仮想マシン間で負荷分散が必要な場合や、ユーザー自身で仮想マシンを管理したいといったユースケースに適している

インスタンスグループを構築するには、事前にインスタンステンプレートを用意する必要があります。インスタンステンプレートは、インスタンスグループで稼働する仮想マシンのひな型となるインスタンス定義のことで、マシンタイプやストレージタイプなど、仮想マシンの基本的な構成を指定することができます。

インスタンステンプレートとインスタンスグループの主要な設計ポイントを以下の表にまとめておきます。この他のポイントについては、それぞれの公式ドキュメントもあわせて参照してください。

表8.16　インスタンステンプレート設計ポイント

設計ポイント	概要
マシンタイプ[10]	メモリサイズ、仮想CPU数、永続ディスクの制限など、仮想マシンで使用できる仮想ハードウェアリソースセット。汎用／CPU最適化／メモリ最適化など複数存在するタイプから、システム特性に合ったものの選択や、CPU数／メモリサイズなどのカスタマイズも可能
ストレージタイプ[11]	可用性、パフォーマンスが異なる複数のストレージオプションが用意されている。ストレージに求められるスループットやIOPS要件に応じたものを選択する
起動設定	マネージドインスタンスグループ内で起動する仮想マシンは、起動後に必要なソフトウェアのインストールおよび起動、プログラムの実行といったセットアップが完了している必要がある。これを実現する方式として、2つのオプションが存在する • カスタムイメージの利用：事前にユーザー独自のカスタムイメージ[12]を用意し、インスタンステンプレートにてそれを利用する • 起動スクリプトの利用：ユーザー定義の起動スクリプト[13]を用意し、起動時に必要なセットアップを起動プロセス内で行う 事前に必要なソフトウェアがインストールされた状態で仮想マシン起動プロセスを開始する前者のオプションは、後者のオプションと比較して利用する仮想マシンの仕様を厳密に管理できる
配置リージョン	レイテンシを最小限にするために、エンドユーザーが最も多い場所に近いリージョンを選択するとよい。日本の場合、本書執筆時点で東京もしくは大阪リージョンを利用可能

表8.17　インスタンスグループの設計ポイント

設計ポイント	概要
インスタンスの最小数／最大数	オートスケールの幅（仮想マシン数）を指定する。最小インスタンス数が少ないほど常時起動する仮想マシンが減るためコストを抑えることができるが、その仮想マシン数で対処することができるリクエスト以上の負荷がかかった場合、オートスケールが実行されることになる。 オートスケールは仮想マシンの起動時間の影響などにより、瞬時に働くものではないことを考慮して、ワークロードの需要予測／負荷試験等を行ったうえで、インスタンスの最小数／最大数を設計するとよい。 ※なお、スパイク的な瞬発的アクセスが予測される場合、Compute Engineのオートスケール機能で対応するのではなく、App Engine、Cloud Runなどのサーバーレスプロダクトなどが適切な選択肢になりうることもあるため、システム特性を考慮して適切なプロダクトを選択するとよい
スケーリングポリシー	オートスケーラーを作成するには、オートスケーラーがグループをスケーリングするタイミングを判断するために使用する「スケーリングポリシー」を指定する必要がある。次のポリシーを使用したスケーリングを選択可能であるため、要件に応じて設定を行う • CPU使用率 • HTTP負荷分散の使用率 • Cloud Monitoringの指標
クールダウン期間	クールダウン期間は、オートスケールで仮想マシンが作成されたあと、新規作成された仮想マシンの情報をオートスケールのスケール判断に利用するまで、オートスケーラーが待機する秒数である。オートスケーラーが不正確なデータに基づいてスケーリング処理を行わないよう、クールダウン期間が、仮想マシンのCPU使用率が最初に安定するまでの時間よりも長いことを確認するとよい
ヘルスチェック	マネージドインスタンスグループ（MIG）内の仮想マシンへのヘルスチェック方式を指定する。ここで、ヘルスチェックは以下2種類を別々に定義することを推奨する • 負荷分散のためのヘルスチェック：ロードバランサが負荷分散先となる仮想マシンの起動状態を確認するためのヘルスチェック • 自動修復のためのヘルスチェック：インスタンスグループ内の仮想マシンが意図せず停止していた場合に、自動修復するためのヘルスチェック 前者は負荷分散に際し、高負荷などの理由で応答しない仮想マシンを検出し、ロードバランサがトラフィックをそうした仮想マシンに配信しないように設定する用途で使用される。 一方後者は、障害が発生した仮想マシンを検出して、該当の仮想マシンを再作成するための用途で使用されるため、前者のヘルスチェックほど積極的なタイムアウト値などを定義しないほうが望ましいといえる。同じヘルスチェックを使用すると、処理中で応答しない仮想マシンと、障害が発生した仮想マシンの区別ができなくなり、処理に時間がかかっているだけの仮想マシンを障害が発生したと認識してしまい、不必要な自動修復処理が実施される可能性があるためである

■ バックエンドアプリケーション

　バックエンドアプリケーションでも、フロントエンドアプリケーションと同様のシステム要件に対応するため、Compute Engineのインスタンスグループを利用します。設定上の基本的な考慮点はフロントエンドアプリケーションと大きく変わらないため、ここでは、バックエンドアプリケーションが担う重要な役割の1つであるCloud SQLとの接続についてのみ説明します。Compute EngineからCloud SQLへの接続方式には、大きく分けて表8.18に示す2種類の方法があります。

表8.18　Compute Engine→Cloud SQLへの接続オプション

接続オプション	概要
プライベートIPを利用した接続	Compute EngineでプライベートIPを使用してCloud SQLに接続する方法。Compute Engineは、Cloud SQLインスタンスと同じプライベート接続用に構成されたネットワーク上に存在する必要がある
パブリックIPを利用した接続	Compute Engineで外部IPを利用して接続する方法。この方法では外部IPとして静的IPアドレスを利用することになり、後述するCloud SQL Auth Proxyを利用しない場合は、Cloud SQL側で該当のIPアドレスを、接続を許可する承認済みネットワークとして設定する必要がある

　また、認証にはCloud SQL Auth Proxyを利用できます。Cloud SQL Auth Proxyプロセスを接続元の仮想マシン上で起動すると、データベースクライアントは、このプロセスを仲介して、Cloud SQLにアクセスすることができます。この構成を利用すると、承認済みネットワークやSSLの構成を必要とせず、安全にインスタンスへアクセスすることができます。今回はセキュアな通信を簡易な設定で実現できるCloud SQL Auth Proxyプロセスを利用することにします。

　なお、仮想マシン上のProxyプロセスが停止すると、その仮想マシン上のアプリケーションはCloud SQLへの接続ができなくなります。本番環境でCloud SQL Auth Proxyを利用する場合、このような状況を回避するため、Proxyが何らかの理由で終了した場合に自動的に再起動されるように、Proxyを永続サービスとして実行する必要があります[14]。例えばsystemd、upstart、supervisorなどのサービスや、Windowsの場合であれば、ProxyをWindowsサービスとして実行するといった方法を検討するとよいでしょう。

※10　詳細は、Compute Engineドキュメントの「マシンファミリー」(https://cloud.google.com/compute/docs/machine-types?hl=ja) を参照してください。

※11　詳細は、Compute Engineドキュメントの「ストレージオプション」(https://cloud.google.com/compute/docs/disks?hl=ja) を参照してください。

※12　詳細は、Compute Engineドキュメントの「イメージ」(https://cloud.google.com/compute/docs/images?hl=ja) を参照してください。

※13　詳細は、Compute Engineドキュメントの「起動スクリプトの起動」(https://cloud.google.com/compute/docs/startupscript?hl=ja) を参照してください。

※14　詳細は、Cloud SQLドキュメントの「Cloud SQL Auth Proxyについて」(https://cloud.google.com/sql/docs/mysql/sql-proxy?hl=ja#production-environment) を参照してください。

8

Google Cloudを用いたエンタープライズシステム（クラウド移行プロジェクトの例）

■ データベース

　Cloud SQLは、Google Cloudで利用できる、リレーショナルデータベースのマネージドサービスです。データベースの種類は、MySQL、PostgreSQL、Microsoft SQL Serverが選択できます。Cloud SQLを利用することで、多くの管理作業から解放され、短期間で可用性の高い、パフォーマンス向上に適したデータベース構成が実現できます。Cloud SQLの主な設計ポイントは表8.19のとおりです。

表8.19　Cloud SQLの設計ポイント

設計ポイント	概要
高可用性（HA）構成[15]	HA構成を有効化することで、マルチゾーン冗長化構成を取り、可用性を向上させる。HA構成を組むことでプライマリインスタンスが応答しなくなった場合、自動的にスタンバイインスタンスからデータを提供するようフェイルオーバされる。この構成によりダウンタイムが短縮され、クライアントアプリケーションで引き続きデータを使用できるようになる
バックアップ[16]	次の2種類のバックアップオプションが利用可能である。システム要件に応じて選択するとよい • オンデマンドバックアップ：いつでも実施可能なバックアップである。明示的に削除するか、インスタンスが削除されるまでバックアップは維持される • 自動バックアップ：4時間のバックアップ時間枠（9:00-13:00、10:00-14:00といった時間枠）を指定すると、その時間枠で自動的に実施されるバックアップである。バックアップの保持期間を指定し、その期間バックアップを保持することができる
ポイントインタイムリカバリ（PITR）[17]	ポイントインタイムリカバリ（PITR）機能を利用することができる。なお、MySQLでのPITRではバイナリログが使用されるが、これらのログは定期的に更新され、Cloud SQLの保存容量を使用する。予期しないストレージの容量不足を回避するには、PITRの使用時には後述のストレージの自動拡張機能を有効にすることを推奨する
ストレージの自動拡張[18]	利用可能なストレージが30秒ごとにチェックされ、利用可能なストレージが閾値サイズを下回ると、最大30TBに達するまで自動的にストレージ容量を追加することができる
メンテナンス対応[19]	Google CloudにてCloud SQLに対して、バグの修正、セキュリティ侵害の防止などを目的としたソフトウェアメンテナンスを行い、メンテナンス[20]を行う際には、Cloud SQLが再起動される可能性がある。この再起動によるサービス影響を抑えるためにいくつかの対応が可能である • メールでのメンテナンス通知の受信：事前にメンテナンスの通知を受けるための設定を行うことができる。これにより、メンテナンスを見込んだ事前対応が可能となる。また、所定の範囲でメンテナンスの時間枠を変更することもできる • メンテナンスウィンドウの設定：メンテナンスを許容できる曜日と時間を指定することができる

※15　詳細は、Cloud SQLドキュメントの「高可用性構成の概要」（https://cloud.google.com/sql/docs/mysql/high-availability?hl=ja）を参照してください。

※16　詳細は、Cloud SQLドキュメントの「バックアップの概要」（https://cloud.google.com/sql/docs/mysql/backup-recovery/backups?hl=ja）を参照してください。

※17　詳細は、Cloud SQLドキュメントの「ポイントインタイム リカバリ」（https://cloud.google.com/sql/docs/mysql/backup-recovery/pitr?hl=ja）を参照してください。

※18　詳細は、Cloud SQLドキュメントの「インスタンスの設定」（https://cloud.google.com/sql/docs/mysql/instance-settings?hl=ja#automatic-storage-increase-2ndgen）を参照してください。

※19　詳細は、Cloud SQLドキュメントの「Cloud SQL インスタンスのメンテナンス」（https://cloud.google.com/sql/docs/mysql/maintenance?hl=ja）を参照してください。

※20　メンテナンス中は、Cloud SQLインスタンスとの接続が平均90秒以内の時間切断されることになります。非常に大きなディスクのインスタンスや、メンテナンスの開始前に負荷が高いインスタンスの場合は、ダウンタイムが長くなる可能性もあります。

　表8.19以外にも、Cloud SQLではリードレプリカ[21]という、プライマリインスタンスから複製されたCloud SQLインスタンスを利用することができます。リードレプリカは読み取り専用のインスタンスで、使用することで読み取りリクエストや、分析目的の処理のオフロードなどを実現できるので、システム要件や、クライアントアプリケーションの負荷特性などを考慮して、利用を検討するのもよいでしょう。

■ 外部HTTP(S)負荷分散

　外部ロードバランサはエンドユーザーからの通信を受信し、フロントエンドアプリケーションへの負荷分散を行います。ここでは、Google Cloudが提供する外部HTTP(S)負荷分散を外部ロードバランサとして使用します。HTTP(S)負荷分散では、フロントエンドとしてリクエストの受け口となるIPアドレス、ポート、プロトコルなどの指定、そして、バックエンドとしてリクエストを流すサービス、および、URLパスに応じた送信先バックエンドを指定して利用します。

　今回はバックエンドとして、先に説明したフロントエンドアプリケーションのマネージドインスタンスグループを指定して利用します。また、ネットワーク&セキュリティ設計で説明したように、ロードバランサからバックエンドサービスに対するヘルスチェックが行われるため、対応するファイアウォールの設定が必要になります。外部HTTP(S)負荷分散の主な設計ポイントは次のとおりです。

【1】セッションアフィニティ

　アプリケーションがセッション情報を保持するようなステートフルアーキテクチャの場合、そのままでは冗長化した仮想マシン間でセッション情報を共有できません。そのため、この状態でロードバランシングを行うと、最初にアクセスした仮想マシンと別の仮想マシンに負荷分散された場合、セッション情報を正しく利用できなくなります。

　この課題への対応方法として、外部HTTP(S)負荷分散のセッションアフィニティ機能を利用することができます。セッションの識別キーは以下の選択肢があり、要件に応じて選択可能です。

- クライアントIP：同じ送信元IPアドレスからの接続は、同じ仮想マシンに転送される
- Cookie：ロードバランサが生成したCookieが同じである接続は、同じ仮想マシンに転送される。このCookieは最初のリクエスト時にクライアントに送信される

※21　詳細は、Cloud SQLドキュメントの「Cloud SQLのレプリケーション」(https://cloud.google.com/sql/docs/mysql/replication?hl=ja#read-replicas) を参照してください。

　なお、セッション情報を外部のRedis/Memcachedといったストレージに保存することでアプリケーションをステートレスにするといったアプローチもあります。Google CloudではRedis/MemcachedのマネージドサービスであるMemorystoreも提供されているため、アプリケーションアーキテクチャに応じたセッション管理方法を選択することがポイントとなります。

【2】コネクションドレイン

　コネクションドレインとは、仮想マシンがインスタンスグループから除外された時に、既存で進行中のリクエストを完了するための時間を確保するプロセスです。アプリケーション特性に応じた値を設定することで信頼性を高めることができます。

■ 内部HTTP(S)負荷分散

　フロントエンドアプリケーションとバックエンドアプリケーションの間に位置するのが、内部ロードバランサです。フロントエンドとバックエンドといった、アプリケーション内の異なるサービス、あるいは、階層間に配置することで、システムの復元性と柔軟性を高める効果が期待できます。

　内部HTTP(S)負荷分散は専用のサブネットに配置されるため、ネットワーク＆セキュリティ設計で説明したように、事前にそのサブネットを作成する必要があります。また、バックエンドサービスへのヘルスチェック、および専用のサブネットからのアクセスを許可するためのファイアウォール設定も必要です。

　内部HTTP(S)負荷分散の設計ポイントは外部HTTP(S)負荷分散と大きく変わらないため、詳細な説明は割愛します。

8.3.5　監視・運用設計

　次は、監視／運用に関する設計を行います。表8.5に示したシステム要件応じて、設計のポイントをまとめると、表8.20のようになります。それぞれのポイントを順に説明します。

表8.20　監視／運用関連のシステム要件

要件概要	設計ポイント	概要
システムリソースの死活監視を可能とする	システムリソースの死活監視	Cloud Monitoringを利用した稼働時間チェックを設定する
システムリソースの使用率監視を可能とする	システムリソースの使用率監視	Cloud Monitoringのリソース監視機能を利用する
メッセージログの出力状況に応じたアラート通知を可能とする	ログベースの指標	Cloud LoggingとCloud Monitoringを統合しログベースの指標機能を用いる

■ システムリソースの死活監視

Cloud Monitoringが提供する稼働時間チェック機能[22]を用いて、仮想マシンなどのリソース応答の死活監視を行います。また、稼働時間チェックが失敗した場合に、インシデントを作成するアラートポリシーを作成することで、メールやその他の方法でインシデントを通知することもできます。

■ システムリソースの使用率監視

Cloud Monitoringが提供するリソース監視機能を用いて、仮想マシンなどのCPU、メモリの使用率等を監視します。アラートポリシー設定[23]をすることで、監視する指標が指定した閾値に達したかなどをモニタリングすることができます。また、監視対象のリソースについては、仮想マシン単位での監視だけではなく、ビジネス的に意味を持つ複数の仮想マシンをグループとしてまとめ、そのグループのリソース状況について監視[24]することもできます。

■ ログベースの指標

Cloud LoggingとCloud Monitoringを統合し、ログベースの指標機能[25]を用いることで、特定のエラーの発生状況に応じたアラート設定を行うことができます。例えば、特定の条件に一致するログの発生状況に応じたアラートを設定することも可能です。

8.4 移行の実施

アーキテクチャの設計が完了したので、次は、いよいよ移行を実施します。ここでは、移行のポイントとなるコンポーネントとして、オンプレミス環境の仮想マシンで稼働していたサーバー群、すなわちフロントエンド／バックエンドアプリケーションサーバー、およびデータベースサーバーの移行について確認していきます。

8.4.1 アプリケーションサーバーの移行

オンプレミスで稼働する仮想マシンの移行方法は、Chapter 7でも整理したように、主に表8.21のような方法があります。

※22 詳細は、オペレーションスイートドキュメントの「稼働時間チェックの管理」(https://cloud.google.com/monitoring/uptime-checks?hl=ja) を参照してください。

※23 詳細は、オペレーションスイートドキュメントの「アラート ポリシーの種類」(https://cloud.google.com/monitoring/alerts/types-of-conditions?hl=ja) を参照してください。

※24 詳細は、オペレーションスイートドキュメントの「リソース グループの使用」(https://cloud.google.com/monitoring/groups?hl=ja) を参照してください。

※25 詳細は、オペレーションスイートドキュメントの「ログベースの指標の概要」(https://cloud.google.com/logging/docs/logs-based-metrics?hl=ja) を参照してください。

表8.21　仮想マシン移行方式の比較

	ユースケース	移行パターン	移行先	移行方法
1	vSphere環境をそのままクラウド化	リフト＆シフト	Google Cloud VMware Engine	VMwareエコシステム
2	多数の仮想マシンを移行	リフト＆最適化	Compute Engine	Migrate for Compute Engine
3	少数の仮想マシンを移行	リフト＆最適化	Compute Engine	仮想アプライアンスのインポート
4	仮想ディスクを移行	リフト＆最適化	Compute Engine	仮想ディスクのインポート

　今回のシステム要件には、「エンドユーザーからのリクエスト負荷が高まった場合などに稼働する仮想マシンの数を増やす」など、スケーラビリティを高める構成の実現が含まれています。そのため、8.3.4項で説明したように、フロントエンドアプリケーション、バックエンドアプリケーションともに、インスタンステンプレートをもとにしたマネージドインスタンスグループを利用しています。インスタンステンプレートの作成にあたっては、表8.16で示したポイントを踏まえて、カスタムイメージを利用します。

　これらの背景を踏まえて、今回は移行方法として「仮想ディスクのインポート」を選択します。この方法であれば、オンプレミス環境で動作する仮想マシンをCompute Engineのカスタムイメージとして読み込み、それをもとにインスタンステンプレートを作成することができます。あるいは、読み込んだカスタムイメージをもとに仮想マシンの構築および必要に応じた設定変更を行ったのち、設定変更が完了した仮想マシンをもとにインスタンステンプレートを作成するといったことも実現できます。

8.4.2　データベースサーバーの移行

　データベースサーバーについては、求められるシステム要件を満たすために、Cloud SQLに移行することになっていました。データベース移行方式としては、Chapter 7で整理したように表8.22の方式がありました。

表8.22　データベース移行方法一覧

	データベース移行方法	適用ユースケース		移行方法によるデータ変更	移行に伴うダウンタイム	特記事項
		同種間	異種間			
1	データベースエクスポートまたはバックアップ機能	○	○※26	不可	十分確保可能	シンプルであるため推奨
2	データベースレプリケーション機能	○	×	不可	ほぼゼロ	ダウンタイムを確保できない同種間移行に推奨
3	データベース移行システム	○	○	可能	ほぼゼロ	ダウンタイムが確保できない中で、データ変更が必要な場合の選択肢
4	差分クエリ	○	○	必須※27	ほぼゼロ	上記方法では対応できない場合の選択肢
5	BigQuery Data Transfer Service	×	○	可能	十分確保可能	移行先はBigQueryで、移行元がTeradata、Amazon S3、Amazon Redshiftなどである場合の選択肢

　今回は同種間のデータベース移行です。また、移行に伴うデータ構造等の変換は不要であり、移行に伴うダウンタイムについては最小限に抑える必要があります。このような理由から、今回は移行方式としてデータベースのレプリケーション機能を利用した移行方式を選択します。Chapter 7で触れたように、Database Migration Service[28]の利用も検討の余地がありますが、今回の移行プロジェクトでは、オンプレミスでMySQLの運用をするうえで培ったMySQLのレプリケーションに関するノウハウを活かした移行方式を選択することにしました。

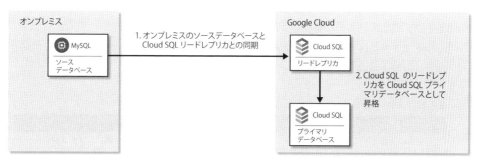

図8.8　外部レプリカプロモーションの移行イメージ

　この方法を利用する場合のポイントは、オンプレミスのソースデータベースとCloud SQLリードレプリカとの同期が完了したら、Cloud SQLのリードレプリカを用いて、Cloud SQLのパフォーマンスをテストすることです[29]。オンプレミスのソースデータベースにおける基準となる性能指標に対して、Cloud SQLのパフォーマンスが条件をクリアできていることを確認してから、Cloud SQLのリードレプリカをプライマリデータベースとして昇格させます。この手順をはさむことで、パフォーマンス面での課題がないことを確認したうえで、移行作業を完了させることができます。

　「プロジェクトステップ1：リフト&最適化での移行」に関する説明は以上になります。システム要件をもとにして、どのように移行後のアーキテクチャを設計し、既存のアーキテクチャからの移行を実現するか、それぞれのコンポーネントに対する主なポイントを確認してきました。
　次節では、「プロジェクトステップ2：アーキテクチャのモダナイズ」として、ステップ1で完了した移行後環境をさらに最適化するためのプロジェクトの流れを説明します。

※26　異種間の場合、別途データ変更への対応が必要
※27　差分クエリの要件として、多くの場合データ追加が必要
※28　詳細は、「データベース移行サービス」（https://cloud.google.com/database-migration）を参照してください。
※29　詳細は、Cloudアーキテクチャセンターの「MySQLからCloud SQLへの移行」（https://cloud.google.com/architecture/migrating-mysql-to-cloudsql-concept?hl=ja）を参照してください。

移行後環境の最適化

8.5.1 アプリケーションのモダナイズ

　プロジェクトステップ1では、オンプレミスからGoogle CloudへのECサイトの移行を完了しました。ただし、ステップ1では移行に伴うリスクを極力抑えた形での移行を優先したため、当初のシステム要件に対して、すべての要件を満たせたわけではありません。プロジェクトステップ2では、システム環境をよりクラウドに最適化して、現時点でクリアできていない要件を満たすことを目標とします。それでは、改めて、現状のアーキテクチャではクリアできず、残置された要求を確認してみましょう（表8.23）。

表8.23　ステークホルダーごとの要求（残置された要求）

関連ステークホルダー	関連メトリクス：改善したい課題
ビジネス担当者	• アジリティ：変化する市場の需要に対応するために俊敏にシステム対応をしたい
システム開発者	• アジリティ：新機能の開発に費やす時間を増やしたい
システム運用者	• 運用／保守性：繰り返し作業の自動化をしたい

■ 現在のアーキテクチャ

　まずは、図8.9に示した、プロジェクトステップ1完了時点でのアーキテクチャの特徴を確認してみましょう。

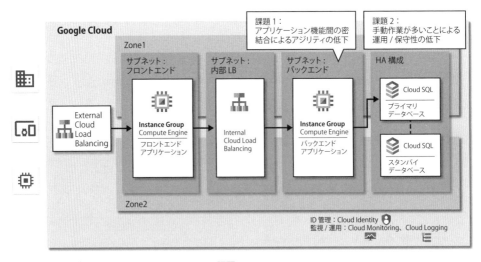

図8.9　ステップ1完了時のアーキテクチャとその課題

　ここでは、インフラのアーキテクチャだけではなく、ステップ1では詳細に触れなかった、ア
プリケーションのアーキテクチャについても、その概要を確認します。図8.10に示すように、
このシステムは、フロントエンドとバックエンドからなる構成で、バックエンドアプリケーショ
ンは複数の機能（ビジネスロジック）が複雑に結合している様子が読み取れます。

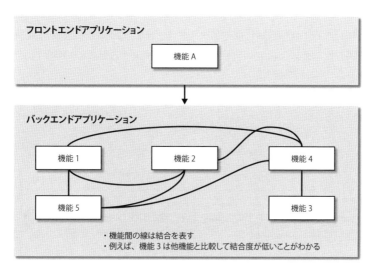

図8.10　アプリケーションアーキテクチャ

　このような状況を踏まえ、プロジェクトステップ2でクリアするべきシステム要件に対する、
現時点のギャップ（課題）を検討します。ここでは、次の2つの課題に注目します。

課題1：アプリケーション機能間の密結合によるアジリティの低下

　現在のアプリケーションアーキテクチャは、オンプレミスで稼働していたモノリシックアー
キテクチャのアプリケーションに対して、データベース接続処理の変更など、必要最小限の変
更を加えた状態です。モノリシックアーキテクチャとは、複数の機能やサービスを同一プロセ
ス上で稼働させる、名前のとおり一枚岩をほうふつとさせるアーキテクチャです。比較的容易
に設計・開発ができる一方、アプリケーションの規模が拡大するとアプリケーション内の機能
間の結合度が高まり、アプリケーション全体が複雑化します。それにより、開発のアジリティ
が落ちるリスクがあります。

課題2：手動作業が多いことによる運用／保守性の低下

　プロジェクトステップ1では、既存の開発プロセスと運用プロセスを大きく変更しない形で
の移行を実施したため、オンプレミスでの作業プロセスをそのまま踏襲した状態が残置されて
おり、新機能のリリース作業などについても手動でのプロセスに依存していました。そのため、

機能追加のたびに手動でのデプロイ作業が必要となり、その運用負荷からデプロイ回数が制限されるという課題があります。

■ 最適化後のアーキテクチャ

課題1への対応

上記2つの課題を解消するための最適化後のアーキテクチャを検討します。まず、課題1（アプリケーション機能間の密結合によるアジリティの低下）を解決するために、図8.11のアーキテクチャを設計しました。

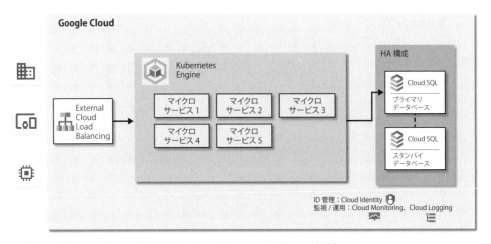

図8.11　プロジェクトステップ2最適化後のアーキテクチャ（課題1への対応）

プロジェクトステップ1の完了時点では、複数機能で構成されるモノリシックなアプリケーションがCompute Engineで稼働していました。プロジェクトステップ2では、このアプリケーションを構成する複数の機能を複数のマイクロサービスに分解して、Kubernetes Engineで実行します。つまり、モノリシックアーキテクチャからマイクロサービスアーキテクチャへの移行を行います。

マイクロサービスアーキテクチャは、システム開発のアジリティ強化などを目的に、近年、注目されているアーキテクチャです。モノリシックアーキテクチャと比較すると、一例として、表8.24のようなメリット／デメリットがあります。

表8.24 モノリシックアーキテクチャと比較したマイクロサービスアーキテクチャのメリット／デメリット例

メリット	デメリット
・アジリティの強化： ❶マイクロサービス単位での開発／テスト／デプロイが可能となりアジリティが強化される ❷マイクロサービスごとに担当チームを分けることで、各チームは、自分たちのチームで管理するマイクロサービスおよび、それと依存関係を持つマイクロサービスのみを考慮すればよくなり、チーム間の結合度が下がる ❸マイクロサービス単位で、最適な言語やフレームワークを選択できる。 ・障害耐性の向上：マイクロサービス間に明確な境界を作ることで、サービス単位で停止した場合の対処方法を確立しやすくなる	・システム全体での複雑さの増加： ❶サービスが細分化されることで、コンポーネント数が増えて全体構成が複雑化する ❷単一のサービスではなく、多くのサービス間のやり取りが発生することから、複数のサービス間の挙動を把握することが難しくなり可観測性が低下する可能性がある ・パフォーマンスレイテンシの増加：サービス間で通信を行うことで、システム系全体の機能を提供する形になるため、サービス間通信のレイテンシの影響等で、パフォーマンス低下が起きる可能性がある

このように、マイクロサービスアーキテクチャを採用することでアジリティを強化して開発効率を高めることができますが、モノリシックアーキテクチャにはなかった新しい課題も発生します。しかし近年、これらの課題を解決する手法やソリューションが次第に整備されてきており、マイクロサービスアーキテクチャを採用する企業も増えてきています。プロジェクトステップ2では、アジリティの獲得が重要な目的になっているので、A社においても、マイクロサービスアーキテクチャの採用による、アプリケーションのモダナイゼーションを推進することを決定しました。

マイクロサービスアーキテクチャの導入にあたっては、現在のIaaS環境（Compute Engine）から、マイクロサービスアーキテクチャに適したContainers as a Service（CaaS）環境（Kubernetes Engine）への移行を行います。Kubernetes Engineの実行環境であるコンテナは、コードをパッケージ化することで、それぞれのマイクロサービスを独自のコンテナ内で実行できるため、マイクロサービスアーキテクチャに適しています。マイクロサービスアーキテクチャへの移行においては、すべての機能を同時にマイクロサービスに変更することが難しい場合、段階的にマイクロサービスに置き換えていくアプローチも考えられます。図8.10のように、今回のアプリケーションアーキテクチャでは、バックエンドアプリケーションの「機能3」が、その他の機能との結合度が低いことがわかります。まずは、「機能3」のように結合度の低い機能からマイクロサービス化していくのも有効な手段になります。また、今回詳細は触れませんが、マイクロサービス化する際の、マイクロサービスの分割単位も既存のアプリケーションアーキテクチャ等を吟味して、設計することが重要です。

課題2への対応

次に、課題2（手動作業が多いことによる運用／保守性の低下）を解決するために、Kubernetes Engineと親和性の高いGoogle Cloudの開発支援ソリューションを活用した、図8.12のアーキテクチャを設計しました。

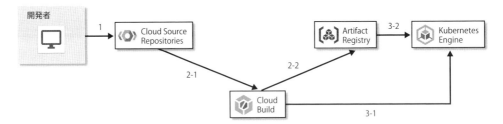

1　　開発したソースコードを Cloud Source Repositories へコミット
2.1　Cloud Source Repositories のソースコードをビルドしコンテナイメージを作成
2.2　作成したコンテナイメージを Artifact Registry へプッシュ
3.1　Cloud Build から Kubernetes Engine を操作
3.2　Artifact Registry へプッシュした Docker イメージを利用して Kubernetes Engine へコンテナをデプロイ

図8.12　ステップ2最適化後のアーキテクチャ（課題2への対応）

利用するプロダクトの概要は表8.25のとおりです。

表8.25　開発効率向上に役立つプロダクト

プロダクト	概要
Cloud Source Repositories	プライベートGitリポジトリとして利用できるプロダクト。単なるGitリポジトリではなく、このあと説明するCloud Buildとの親和性が高く、連携することでCloud Source Repositoriesへのソースコードコミットをトリガーとしてソースコードの自動デプロイなどを行える点も特徴
Artifact Registry	プライベートなDockerイメージの管理リポジトリとして利用できるプロダクト。単なるコンテナリポジトリとなるだけではなく、コンテナ脆弱性のスキャン機能なども兼ね備えている
Cloud Build	サーバーレスなCI/CDプラットフォームで、ビルド／デプロイ／テストの自動化を支援するプロダクト。先に説明したCloud Source Repositories、Artifact Registry等と高い親和性を持ち、Cloud Source Repositoriesへのコードコミットをトリガーとして、ビルド作業を行うといったことが可能。なお、Cloud Source Repositories以外にも、GitHub、Bitbucketといったソースコードリポジトリへのコミットをトリガーとしたビルド作業の実施も可能である

　これらを導入すると、アプリケーションのソースコード変更からデプロイまでの流れは以下のようになります。CI/CDプラットフォームを導入することで多くの作業が自動化され、開発効率の向上に寄与することがわかります。クラウドへの移行を検討する際には、システム本体のみではなく、このような開発プラットフォームの改善も検討するとよいでしょう。

1. 開発したソースコードを Cloud Source Repositories へコミット
2. コミットをトリガーに Cloud Build がビルド作業を行い、作成した Docker イメージを Artifact Registry にプッシュ
3. Cloud Build が Kubernetes Engine を操作し、Artifact Registry へプッシュした Docker イメージを利用して、Kubernetes Engine へコンテナをデプロイする

■ 移行にあたってのポイント

　最適化後のアーキテクチャ設計ができたので、このアーキテクチャに移行する際のポイントを確認します。ここでは、個別のプロダクトの詳細には踏み込まず、移行計画の策定において考慮するべきポイントを説明します。

【1】移行対象の機能を決める

　アプリケーションのマイクロサービス化にあたって、まず行うべき作業は「移行対象とする機能の選択」です。今後のシステム構成への影響はもちろん、システムへの依存性が高いビジネスにおいては、今後のビジネス戦略にも影響を及ぼす可能性もあります。そのため、技術的な難易度だけではなく、表8.26のような複数の視点から検討する必要があります。

表8.26　移行対象とする機能を選択する際の検討ポイント

検討の観点	概要
ビジネスプロセス面での評価	アプリケーションアーキテクチャ変更にはリスクがつきものであり、特に初期の移行にあたってはチームに十分なノウハウがない場合も多い。そのような場合は、メインの業務に支障をきたさないよう、ビジネスに不可欠な機能は初期の移行対象からは除外し、ノウハウが蓄積されたのちに、徐々に重要度の高い機能の移行にシフトしていくとよい
設計と開発面での評価	他の機能やデータへの依存度が最も少なく、アーキテクチャの変更にあたり、既存システムへの影響が少ない機能を移行対象に選定するとよい。依存度を確認するには、以下のような確認項目への回答を整理するのも有効 ・この機能はどのデータを使用するのか ・この機能はどのくらいのデータを使用しているのか ・この機能が正常に機能するために他の機能を必要とするか ・この機能の変更によって影響を受ける機能はいくつあるか ・この機能にネットワークまたは接続の要件があるか ・この機能の現在の設計がリファクタリングにどのように影響するのか
運用面での評価	カットオーバーまでのダウンタイムを容認できる機能かどうかを検討するとよい。ビジネス背景などから常時稼働が必要な機能を移行する場合は難易度が高くなる可能性があるため、最初の移行対象としてはダウンタイムが許容される機能を選択するのがよい
チームの評価	マイクロサービスアーキテクチャの価値を高めるには、システムアーキテクチャだけではなく、チーム構成にも目を向ける必要がある。マイクロサービスの利点にも記載したように、マイクロサービスの開発／運用は独立したチームで実施することが多い。そのため、最初の移行を実施する際は、該当の機能を管理できる独立性の高いチームに紐付く機能を選定するとよい

【2】アプリケーションとデータの移行戦略について

　アプリケーションアーキテクチャの変更は、移行に際して、最も難しいポイントになりえます。アプリケーション内部で結合度の高い機能を移行する場合はもちろん、周辺システムとの結合度が高い場合は、外部システムに対する影響も考慮しながら慎重に変更を進める必要があります。

　また、マイクロサービスアーキテクチャでは、それぞれのマイクロサービスは自身が管理するデータを個別のデータベースに保存します。そのため、移行前のモノリシックアプリケー

ションが保有するデータの一部をマイクロサービス固有のデータベースに移行する必要があります。データ移行については、システム、および、ビジネス要件に応じて最適な方法を選択する必要があります。マイクロサービスに特有の方法論というわけではありませんが、一般には、次のような点を考慮する必要があります。

- 移行が必要なデータの量はどれくらいか
- このデータはどのくらいの頻度で変更されるのか
- カットオーバーまでのダウンタイムを許容できるか
- 現在のデータ整合性モデルは何か

これらのポイントを明確にしたうえで、データの移行方法を決定するとよいでしょう。

8.6　まとめ

　最終章となる本章では、移行の大きな流れ（「移行するワークロードを評価する」「移行計画をする」「移行を実施する」「移行後環境を最適化する」）を架空の企業のケースを用いて確認しました。ここでは、移行対象システムの選定やシステム要件の定義など、クラウド移行プロジェクトの全体的な検討プロセスに加えて、個々の技術的な設計ポイントを紹介しました。

　オンプレミスからのクラウド移行においては、従来のシステム開発の知見に加えて、クラウドならではの開発・運用手法も理解する必要があり、一定の学習コストがかかります。しかしながら、オンプレミスのシステムでは解消が困難な課題にも対応することができるなど、学習コストを上回るメリットが得られることも事実です。今回のA社のシナリオが、読者の皆さんが開発・運用するシステムの課題解決の参考になれば幸いです。

エンタープライズ企業のシステムでは、さまざまなITベンダーが提供するサードパーティソリューションを利用しているケースも多くあります。Google Cloudで提供するソリューションを利用することで、サードパーティソリューションが提供する機能を代替できる場合もありますが、各サードパーティベンダーのサポート状況に応じて、Google Cloud上でもこれらのソリューションを継続利用できる場合があります。

利用にあたっては、各ITベンダーのサポート状況をご確認のうえ、以下の方法をご検討ください。

方法1：Google Cloud Marketplaceの利用

Google Cloud Marketplace[30]は、Google Cloudで動作するソフトウェアパッケージの提供を行うサービスであり、Cloud ConsoleのCloud Marketplaceページでソフトウェアパッケージを選択して、簡単な操作でそれらのパッケージをデプロイして利用できます。まずは、利用したいサードパーティソリューションがGoogle Cloud Marketplaceで提供されているかを確認するとよいでしょう。

方法2：Bring Your Own Licence (BYOL)での利用

利用したいソリューションがGoogle Cloud Marketplaceで提供されていない場合は、該当のソリューションのライセンス提供元がGoogle Cloudに対するBYOLを許可していることを確認したうえで、BYOLを検討します。Compute Engineには、**単一テナントノード**という構築オプションがあります。単一テナントノードは、特定のユーザー専用にCompute Engineを提供する物理サーバーを用意するオプションで、提供される仮想マシンの機能などは、通常のCompute Engineと同等になります。単一テナントノードを使用すると、仮想マシンが稼働する物理サーバーの範囲が限定されるので、ソケット単位、または、コア単位のライセンス要件に抵触せずに既存のソフトウェアが使用できます。ただし、GPUやローカルSSDなどについて、構成上の制限があります。詳細については、公式ドキュメントを参照してください。また、BYOLの利用にあたっては、Chapter 1のコラム（28ページ）に記載したBare Metal Solutionも移行対象の選択肢として検討できます。

※30　詳細は、Google Cloud Marketplaceドキュメントの「Google Cloud Marketplaceとは」（https://cloud.google.com/marketplace/docs?hl=ja）を参照してください。

Google Cloudに関連する認定資格

Google Cloudには、表8.27に示したように、基礎スキルを確認するAssociate、各分野に特化した高度なスキルを確認するProfessional、そして、特に深い知識で業界をリードするFellowのレベル別の認定資格があります。

なお、Fellowはノミネーション制で、ハンズオン、パネル面接を通過する必要があります。それ以外の資格はすべてご自身で申し込み可能で、試験会場または自宅などからのオンライン試験により取得が可能です。

表8.27　Google Cloud認定資格一覧

	レベル	資格名	スキル概要
1	Associate	Cloud Engineer	プロジェクトのデプロイ、モニタリング、管理を行う基礎スキル
2	Professional	Cloud Architect	ビジネス目標を推進するソリューションを設計、開発、管理するスキル
3	Professional	Cloud Developer	Googleの推奨する実践方法とツールを使用しながらスケーラブルで可用性の高いアプリケーションを構築するスキル
4	Professional	Data Engineer	データを収集、変換、公開してデータに基づく意思決定が可能なスキル
5	Professional	DevOps Engineer	サービスの信頼性確保と迅速なデリバリーの適度なバランスを保つために開発プロセスの効率的な運用を行うスキル
6	Professional	Security Engineer	組織が安全なインフラストラクチャを設計、実装できるように支援するスキル
7	Professional	Network Engineer	ネットワークアーキテクチャを実装、管理するスキル
8	Professional	Collaboration Engineer	ユーザー、コンテンツ、インテグレーションについて統括的に考慮しながら具体的な構成、ポリシー、セキュリティ対策に変換するスキル
9	Professional	Machine Learning Engineer	実績のある機械学習モデルと技術の知識を活用してビジネス課題を解決するモデルの設計、ビルド、製品化をするスキル
10	Fellow	Hybrid Multi Cloud	Anthosによって要件に合わせたハイブリッドマルチクラウドソリューションを設計するスキル

おわりに

　私たち筆者は、「Google Cloudを活かして、エンタープライズシステムが抱える課題を解決し、ビジネスの成長につなげてほしい」という想いで本書を執筆しました。

　Google Cloudを始め、クラウドコンピューティングを利用することで、利用者は多くのメリットを得ることができます。しかし、長年オンプレミスで稼働してきたシステムをクラウドへ移行するのは、多くの苦労を伴うことが多いのもまた事実です。

　実際、エンタープライズシステムの開発・運用には厳しい要件が伴うことも多く、その要件を満たすためには、アカウント設計、セキュリティ設計といったシステムの土台をなす技術要素の検討や、時には社内外、複数のステークホルダーと泥臭い調整作業などが必要になることもあると思います。このような、リスクを伴う厳しいチャレンジを前に、システム更改のタイミングにおいて、従来の仕様を踏襲するといった判断をしてしまうケースが多いのも現実です。

　しかし、チャレンジをしないこともまた、将来に向けたリスクにつながることもあります。もし長年稼働しているシステムが何らかの理由で更改タイミングを迎えた場合は、クラウドコンピューティングを選択肢の1つとして検討することをおすすめします。

　本書が、このようなチャレンジに立ち向かう皆さまのお役に立てれば幸いです。最後までご愛読いただき、ありがとうございました。

遠山 雄二

INDEX

索引

著者・監修者紹介

▎著者／監修　遠山 雄二

　Google Cloudのカスタマーエンジニア。大手SIerで通信事業者の大規模基幹系システムの開発／更改案件にアプリケーションエンジニア、ITアーキテクトとして従事した後、2019年より現職。技術知識を活かして、さまざまなお客様のビジネス課題を解決することに強い情熱を持っており、Google Cloudでは業界／業種を問わず、インフラ、アプリケーション、データ分析など、フルスタックで幅広く、お客様の課題解決に努めている。

▎著者　矢口 悟志

　Google Cloudのカスタマーエンジニアリング技術部長。工学博士。大手SIerにて、金融機関や通信事業者の大規模システムの開発構築案件にITアーキテクトとして参画。2010年頃からパブリッククラウドのエンタープライズへの導入を中心に活動し、金融、製薬、小売、メディアなど幅広い業種でのクラウドの活用を促進。現在は、金融サービス、ヘルスケア・ライフサイエンスのお客様のデジタルトランスフォーメーションの支援を務めている。

▎著者　小野 友也

　Google Cloudのカスタマーエンジニア。大手SIerで証券会社向けのアプリケーション開発の現場にて提案・開発〜リリース・運用まで幅広く経験を積む。その後、インフラエンジニアとしてプライベートクラウドの構築〜運用、サービス開発を経験。2019年より現職。新しいテクノロジーを活用できる機会を常に楽しみにしている。岡山出身。趣味はテニスと囲碁。

▎著者　渡邊 誠

　Google Cloudのカスタマーエンジニア。金融業界のお客様の技術支援を任務として日々活動中。これまでは、金融業界にてアプリケーション開発、PMを経験したのちに、外資系ベンダーへ転職、ストレージ・データ管理、クラウドテクノロジーを活用する活動を行う。2019年より現職、アプリケーションのモダナイズ、データの利活用を中心に取り組んでいる。

▎著者　岩成 祐樹

　Google Cloudのカスタマーエンジニア。大手SIerでインハウスツールの開発、CI/CD導入支援、アジャイル開発のR&Dなどを経験した後、2017年より現職。特にCI/CDなどの自動化に関して興味を持ち、翔泳社主催のCodeZine Academyでの講師をはじめ、技術書の執筆、技術支援など、社内外で技術に携わる活動に取り組んでいる。鳥取出身。趣味はキャンプ。

- Twitter ID：@yuki_iwanari

▌著者 久保 智夫

Google Cloudのカスタマーエンジニア。ダイヤルアップ時代にインターネットと出会ったことを契機にインターネットの世界に飛び込む。大手ISPにて文教からMVNO、ゲームに至る幅広い業界のインフラ設計構築やPM業務に携わる。その後B2B向けECのインフラ部門やクラウド専業インテグレーターでインテグレーションおよびチームマネジメント業務に従事。2018年より現職。自ら設計したエルゴノミクスキーボードを世に送り出すことが直近の野望。

▌著者 村上 大河

Google Cloudのカスタマーエンジニア。デジタルネイティブからエンタープライズまで幅広い業界の問題を解決するための技術的な提案活動を日々行う。インフラ技術（分散アーキテクチャ、分散データベース）や開発・運用プロセス（スクラム開発、SRE）に対して興味を持ち、関連するトレーニング提供、講演、執筆活動を行う。2010年から7年間、大手SIerにてR&D、社内開発の効率化、多くの開発案件の技術支援を担当した後、2017年から現職。

▌著者 星 美鈴

Google Cloudのパートナーエンジニア。学生時代、研究でスライムを大量生産してぷにぷにと遊ぶ。楽しんでいたものの、実験が大変すぎてITで楽したいと外資系IT企業へ就職。そこではストレージ、OS、MWのエンジニアおよびインフラプリセールスとして活動。苦労して構成していたオンプレのレプリケーションなどが、クラウドでは「ぽちっとなでOK」といったことを目の当たりにし、その魅力にとりつかれ、2020年にGoogle Cloudへ転職。転職後は、カスタマーエンジニアとしてさまざまなお客様と会い、もっともっと多くの方にGoogle Cloudを知ってもらいたい、それなのに手が全然足りない！と感じ、今は一緒に広めてくれるパートナーさんをサポートするパートナーエンジニアとして活動。趣味は筋トレと読書。

- Twitter ID：@3_and_planet

▌監修 中井 悦司

1971年4月大阪生まれ。ノーベル物理学賞を本気で夢見て、理論物理学の研究に没頭する学生時代、大学受験教育に情熱を傾ける予備校講師の頃、そして、華麗なる（?）転身を果たして、外資系ベンダーでLinuxエンジニアを生業にするに至るまで、妙な縁が続いて、常にUnix/Linuxサーバーと人生を共にする。その後、Linuxディストリビューターのエバンジェリストを経て、現在は、Google Cloudのソリューションズ・アーキテクトとして活動。

最近は、機械学習をはじめとするデータ活用技術の基礎を世に広めるために、講演活動のほか、雑誌記事や書籍の執筆にも注力。主な著書は、『[改訂新版]プロのためのLinuxシステム構築・運用技術』『[改訂新版]ITエンジニアのための機械学習理論入門』（いずれも技術評論社）、『TensorFlowとKerasで動かしながら学ぶディープラーニングの仕組み』（マイナビ出版）など。

┃ 監修　佐藤 聖規

　お客様のビジネスの成功のために技術支援や新サービスの利用促進などを行う Google Cloud カスタマーエンジニアリング技術本部長。システムインテグレーターでの R&D や IT アーキテクト、IT ベンダーのコンサルタントを経て現職。

　ライフワークとして、技術書籍執筆やイベントでの講演も多く手がけてきた。 主な著書は『[改訂第3版]Jenkins実践入門』（技術評論社）、『コンテナ・ベース・オーケストレーション Docker/Kubernetesで作るクラウド時代のシステム基盤』『Java逆引きレシピ 第2版』（いずれも翔泳社）など。

装丁　　轟木 亜紀子（株式会社 トップスタジオ）
DTP　　株式会社 シンクス
編集　　山本 智史

エンタープライズのための Google Cloud
クラウドを活用したシステムの構築と運用

2022年1月18日　初版第1刷発行

著者／監修	遠山 雄二（とおやま・ゆうじ）
著者	矢口 悟志（やぐち・さとし）、小野 友也（おの・ゆうや）、
	渡邊 誠（わたなべ・まこと）、岩成 祐樹（いわなり・ゆうき）、
	久保 智夫（くぼ・ともお）、村上 大河（むらかみ・たいが）、
	星 美鈴（ほし・みすず）
監修	中井 悦司（なかい・えつじ）、佐藤 聖規（さとう・まさのり）
発行人	佐々木 幹夫
発行所	株式会社 翔泳社（https://www.shoeisha.co.jp）
印刷・製本	株式会社 加藤文明社印刷所

©2022 Google Asia Pacific Pte. Ltd.

※本書は著作権法上の保護を受けています。本書の一部または全部について（ソフトウェアおよびプログラムを含む）、株式会社 翔泳社から文書による許諾を得ずに、いかなる方法においても無断で複写、複製することは禁じられています。
※本書のお問い合わせについては、iiページに記載の内容をお読みください。
※乱丁・落丁はお取り替えいたします。03-5362-3705までご連絡ください。

ISBN978-4-7981-7418-1　　　　　　　　　　　　　　Printed in Japan